解密 CCRC 中国养老社区
经典案例模式解析

中原集团 昱言养老工作室
北京大学国家治理研究院国家治理与老龄产业政策研究课题组 著

中国建筑工业出版社

图书在版编目（CIP）数据

解密 CCRC 中国养老社区经典案例模式解析 / 中原集团 昱言养老工作室，北京大学国家治理研究院国家治理与老龄产业政策研究课题组著 . — 北京：中国建筑工业出版社，2019.8（2021.11重印）
ISBN 978-7-112-23923-8

Ⅰ. ①解⋯　Ⅱ. ①中⋯　②北⋯　Ⅲ. ①养老-社区服务-研究-中国　Ⅳ. ① D669.6

中国版本图书馆 CIP 数据核字（2019）第 129973 号

责任编辑：封　毅　张瀛天
责任校对：焦　乐

解密 CCRC 中国养老社区经典案例模式解析
中原集团　昱言养老工作室
北京大学国家治理研究院国家治理与老龄产业政策研究课题组　著

*

中国建筑工业出版社出版、发行（北京海淀三里河路9号）
各地新华书店、建筑书店经销
北京建筑工业印刷厂制版
北京市密东印刷有限公司印刷

*

开本：787×1092毫米　1/16　印张：19　字数：305千字
2019年9月第一版　2021年11月第二次印刷
定价：**88.00元**
ISBN 978-7-112-23923-8
　　（34224）

版权所有　翻印必究
如有印装质量问题，可寄本社退换
（邮政编码 100037）

编委会

顾　　　问：黎明楷　王浦劬

主　　　编：张坤昱

副　主　编：毛彦芳　邢亚平　潘　盼

编 写 团 队：中原集团　昱言养老工作室

　　　　　　北京大学国家治理研究院国家治理与老龄产业政策研究课题组

特 邀 专 家：江　毅　李光松　李子辰　张　浩　郑　嵘

昱言养老工作室简介

　　中原集团昱言养老工作室成立于 2016 年，是国内从事养老产业研究、项目咨询、运营顾问和营销推广的专业机构。秉承"老者安之"的初心，积极推动同业交流和行业发展。工作室与北京大学国家治理研究院成立"国家治理与老龄产业政策研究课题组"，从事多项养老课题的深入研究；积极推动养老行业与房地产行业的跨界整合，是中国房地产业协会老年住区试点办公室；与多家高校、研究机构和企业建立了合作关系。

　　昱言养老工作室依托强大的行业研究及专业服务实力，专注于养老产业政策与发展趋势研究，核心城市养老数据库建立与信息发布，养老项目战略规划与落地方案，运营服务实践经验整合与分享，运营管理人才培训以及养老行业知识创新与传播。工作室整合行业优秀的产、学、研、用资源，以城市养老数据库为基础，构建了完整的顾问咨询生态链：

　　➢ **养老地图及数据库**　　发布全国首张养老地图——北京城市养老地图纸质版以及依托 PC 端的养老地图和依托微信端的养老地图小程序，形成"三位一体"的立体化数据呈现模式。整合养老机构、老年大学和养老产品服务商等数据信息，构建了 B 端和 C 端的交流渠道，搭建了完整的 B 端和 C 端数据库，发布养老行业月报、养老品牌报告等，并将在全国重点城市陆续开展。

- **咨询顾问** 为政府和企业等提供专业咨询服务。针对企业的存量物业改建养老服务设施以及各类增量项目（如 CCRC 养老、养老机构等新建养老服务设施）提供选址、定位、业态组合、运营模式、测算及运营顾问服务。目前已经于国内众多一线的养老服务企业、房地产企业等建立良好合作关系并获得高度认可。
- **培训研究** 建立微课堂、线下专业活动如行业沙龙、实干家分享会等，促进行业交流与学习；出版专业书籍，建立相关培训课程组织行业培训和国内外经典项目游学
- **营销推广** 作为业内知名的自媒体，拥有 20 多家媒体矩阵，承接多次行业论坛和深度的闭门会议，为项目和企业定制营销推广策略，整合上百家媒体资源强势发声，共同推进行业交流与发展。

序 一

随着国民平均寿命的延长与生育率的下降，人口老化是大部分发达国家都在面对的结构性问题。中国在享受了二三十年的人口红利所推动的经济高速发展后，也一样走上了发达国家的老路，逐渐要面对人口老化这道难题。老龄人口的康养有很庞大的需求，它既可以是一个潜在的社会问题，同时也是一个很有潜力的市场。中原集团在2016年让北京分公司的顾问团队成立了昱言养老工作室，第一个原因就是看到已经有不少企业进入这个市场，作出各样的摸索与尝试，这就需要有专业的队伍去梳理总结经验，引导行业发展方向，这对于我们的顾问工作是一个不错的商机。另一个原因是觉得这本身是一件非常有意义的事，如果中原的参与能协助这个行业实现可持续发展，引入社会资金去缓解政府在提供养老福利的压力，同时又能改善老龄人口的生活质量，这对于社会、对于国家都是好事。

昱言养老工作室成员不多，但都怀着特别浓郁的情怀来推进这件有意义的工作，秉承着理论与实践相结合的理念，确实做了不少事情。2016年11月，昱言养老工作室与北京大学国家治理研究院成立了国家治理与老龄产业政策研究课题组，借助了学术机构的资源来强化自身的理论知识与政策解读能力。2017年，昱言养老工作室成为中国房地产业协会养老地产与大健康产业委员会中国老年宜居居住试点工程办公室，增加了对具体项目的了解。及后，通过半年时间的实地调研，走访了北京市的养老服务设施，完成了北京市也是全国第一张养老地图。2018年7月27日，养老地图小程序上线，进一步方便老年人与其家属查找养老服务信息。此外，昱言养老工作室举办了并积极参与了不少行业会议、论坛、研讨会，在短短的两三年时间内成功建立了自身在老人康养领域的专业形象。

在这段时间的工作中，昱言养老工作室接触了若干CCRC养老社区，认为这类养老模式比较适合我国，但相关的文献还是欠缺，所以就计划出一本关于CCRC养老社区案例研究和运营模式解析的书籍，为推进这模式加速发展尽一点绵力。

CCRC 全名 Continuing Care Retirement Communities，这种社区起源于美国，至今已经有 100 年左右的发展历史，根据美国的研究，入住 CCRC 养老社区的老人的平均余寿要比非入住此类社区的老人高 1.5 倍。原因除了是有较好的护理服务照顾外，也因为这类社区让老人的社交圈子不至于随着年龄增长而越来越小，从而获得较佳的心理健康。从我国第一个 CCRC 养老社区运营至今已经有 10 多年的时间，目前在各地都有一些项目，有学习美国的，也有学习欧洲的、日本的，但毕竟文化有差异、经济环境也不同，如何将 CCRC 概念在中国本土化发展正是业内人士都在努力探索的课题。

本书采取理论与实践经验相结合的结构，主要分为三个部分：第一部分是对于 CCRC 养老社区与我国老龄化现象的综述，第二部分是目前我国具有代表性的 CCRC 养老社区的案例，第三部分是业内专家的实操经验分享。由于我国 CCRC 养老社区的发展还只是处于初期摸索阶段，本书也未能从中作出完整的结论性分析，仅希望行业的践行者能在不同个案、不同业内专家的经验中获得启发，从而推动 CCRC 养老社区的发展再进一步，也让中国老年康养事业的发展更上一层楼。

中原地产中国大陆区主席
黎明楷

序 二

公共服务可以分为生产性服务和生活性服务，老年服务属于生活性公共服务。在青年型社会和成年型社会中，老年人口占总人口的比例有限，相应的老年服务在生活性公共服务中占据的比例也较低。随着人口结构向老年型社会的转变，老年人口占比越来越重，养老服务将会成为未来社会生活性公共服务的重要组成部分，甚至会改变国家公共服务体系的基本格局。长远来看，养老服务不仅仅是一个社会问题，更是关系国计民生的重要战略问题。在我国人均国民收入不高的情况下，养老服务有效需求和有效供给的严重不足，是发展养老服务的主要矛盾。养老服务是重大的民生问题，老年是每个人最终都要经历的阶段，养老需求的满足程度将对劳动力阶段人口的生产积极性以及老年人口的稳定性产生重要影响。因此，发展养老服务需要动员全社会的力量，需要政府、社会和市场三大公共服务的供给机制协同运行。

我国正处于全面建成小康社会的关键阶段，公共服务的供给虽然取得了长足进步，也仍存在许多需要完善的地方。从1999年进入老龄社会，我国的老龄化进程仅20年，政府在发展养老服务上发挥主导作用毋庸置疑。但是，要把养老服务带来的潜在机遇转变为现实机遇，必须举全社会之力，发挥三大公共服务供给机制各自和协同作用：政府要从"下场踢球"回归到制定规则、创造条件、加强监管等职能上来，在市场经济逐渐成熟的条件下，努力创造条件，充分发挥市场作用，推动养老服务发展；市场和社会需要在政府的领导和指引下，积极地提供多元化的养老服务，满足不同老年人群体的需求。政府、市场和社会三者共同打造有支持、有指导、有供给、有创新、有监管的良性有序的供给体系。

目前，我国的养老服务体系正在经历着从传统家庭养老向现代社会养老的转型。转型期更需要发展多样化的养老服务，首先坚持基本公共服务"均等化"，坚持重点优先、人人共享养老服务的原则，逐步实现"普惠"的养老服务体系；其次要扩大养老服务资源，吸引社会力量参与养老服务，扩大养老服务市场，满足多样化的老年群体需求；再次，要实现养老资源供给主体从单一的政府统包转向多元化的社会供给，不断加强放管服力度和创新政企合作的模式；最后，需要加大政府购买服务的力度，"市场能够提供的，尽量交由市场提供"，不断扩大购买范围，让社会力量成为养老服务业的主体。

提到社会力量举办养老服务，CCRC养老社区值得一提。该类型的养老服务设施起源于美国，在国外已经取得了长足的发展，形成了比较成熟的模式。CCRC养老社区引入我国之后，一直处于各个开发商各自摸索的阶段，虽然有成功的企业模式，但是，尚未形成清晰成熟的行业模式，无论是理论研究层面还是实践层面的研究都十分有限。

2016年11月，北京大学国家治理研究院与中原集团昱言养老工作室联合成立国家治理与老龄产业政策研究课题组，致力于通过校企跨界联动，以产、学、研、创、用为建设机制，理论与实操相结合，聚合行业优质资源、实现产业联动，筹人、筹智、筹财，实现多方共赢，砥砺前行，共同推进老龄产业的研究和成果转化。课题组成立伊始便有出版学术和实务研究书籍的计划，几经研讨，最终决定书籍内容为国内的CCRC养老社区案例研究和业内专家的实操经验分享。读书不易，写书亦不易，国内的CCRC养老社区项目鱼龙混杂，经过编委会多次研究讨论选出了部分具有代表性的案例，并不断搜集资料、走访项目、验证数据，最终形成本书的案例书稿。虽然编委会力求真实，但是受各方面条件的限制，本书仍难免有不足和疏漏之处，期待读者斧正。

北京大学国家治理研究院院长

王浦劬

前　　言

人口老龄化是世界性问题，对人类社会产生的影响深刻而持久。我国是世界上老年人口数量最多的国家，老龄化速度最快，应对人口老龄化问题任重道远。十九大报告中指明了新时代中国特色养老事业的发展方向，构建养老、孝老、敬老政策体系和社会环境，推进医养结合，加快老龄事业和产业发展。

中原集团昱言养老工作室自成立以来就致力于聚合优质产业资源，构筑集产、学、研、用、创为一体的养老及大健康产业生态圈，出版发行了全国重点城市养老地图，形成了详实的养老行业数据库；推出昱言养老和昱言养老地图两个公众号，分别面向B端和C端客户，为行业发声；基于对行业的认知、基于数据库的积累。基于行业资源的整合，工作室为各类养老项目提供专业咨询服务。为了推动工作的深入发展和行业进步，工作室先后与北京大学政府管理学院成立国家治理与老龄产业政策研究课题组，是中国房地产业协会老年住区试点办公室，与多家高校、研究机构和企业等举办多场行业交流会议。

随着工作室对行业研究和交流的深入，我们发现，国内已经有不少CCRC养老社区，但是缺乏关于CCRC养老社区方面著作。伴随养老行业的深入发展，CCRC养老社区也由"南亲北太"时期进入百家争鸣、百花齐放的"春秋战国"时期，未来将会向专业化、理性化的方向发展。为此，昱言养老工作室联合北京大学政府管理学院成立国家治理与老龄产业政策研究课题组、中国房地产业协会养老地产与大健康产业委员会，邀请业内专家共同研究探讨，经过两年多的筹谋准备，几易其稿，终于完成本书的撰写工作。本书的内容分为三篇：

第一篇：人口老龄化与CCRC

本篇将就我国人口老龄化的现状、机遇与挑战，我国的养老政策，CCRC养老社区的概念、发展阶段以及在我国的发展状况等进行分析和解读。

第二篇：CCRC项目观

本篇将针对我国典型的CCRC养老社区案例项目进行系统的研究，经过多维度分析和多次筛选，最终选定燕达国际健康城、杭州金色年华·金家岭退休生活社区、上海天地健康城和新东苑·快乐家园作为精选案例，深入系统地研究案例的发展背景、规划设计、产品情况、配套和适老化设施、服务体系、医疗资源、收费标准、运营状况等；同时选定泰康之家·燕园、恭和家园、万科随园嘉树·良渚、上海康桥亲和源作为普通案例，研究项目发展脉络。

第三篇：CCRC 专家谈

本篇将邀请行业专家就 CCRC 养老社区发展模式、项目规划设计、营利模式、养老信托模式的构建、智慧养老的应用、筹开与采购等方面分模块撰稿，分享其在 CCRC 养老社区领域里最前沿的经验和从业心得。

在此，特别感谢中原集团创始人施永青先生、中原地产中国大陆区主席黎明楷先生、北京大学政府管理学院成立国家治理与老龄产业政策研究课题组、中国房地产业协会老年住区委员会在本书的撰写过程中给予的支持；感谢燕达国际健康城、杭州金色年华·金家岭退休生活社区、天地健康城、新东苑·快乐家园等项目提供的数据支持和字斟句酌的修改；感谢天华建筑研究院北京天华建筑设计有限公司养老业务负责人郑嵘先生、昱言养老工作室创始人张坤昱女士、养老自媒体公众号【养老有话说】创始人李子辰先生、中信信托养老信托业务执行经理江毅先生、泰康保险集团医养研发部总经理张浩先生、北京睿佳医联健康管理有限公司 CEO 李光松女士等为本书撰写的专家稿……还有很多人为本书提供了各种各样的支持和帮助，不能一一言表，均致以诚挚的感谢！

尽管如此，本书仍有遗憾，期待以后弥补。本书的不足和谬误之处，欢迎指正，邮件请发 maoyf9@centaline.com.cn。

中原集团昱言养老工作室

2019 年 5 月 4 日

目　　录

第一篇　人口老龄化与 CCRC 1
- 第一章　我国的人口老龄化现状、挑战与机遇 2
- 第二章　我国养老政策概览 17
- 第三章　CCRC 养老社区概述 30
- 第四章　我国现有 CCRC 养老社区分析 36

第二篇　CCRC 项目观 51
- 第五章　案例选取标准及分析指标说明 52
- 第六章　燕达国际健康城——京津冀养老一体化示范单位 54
- 第七章　金色年华·金家岭退休生活社区——探索新型养老服务模式的先行者 77
- 第八章　天地健康城——大学校园般的退休生活综合社区 100
- 第九章　新东苑·快乐家园——海派文化智慧养老综合社区 121
- 第十章　泰康之家·燕园 141
- 第十一章　恭和家园 154
- 第十二章　万科随园嘉树·良渚 163
- 第十三章　上海康桥亲和源 173

第三篇　CCRC 专家谈 185
- 第十四章　我国 CCRC 养老社区规划设计 188
- 第十五章　我国 CCRC 养老社区盈利模式分析 212
- 第十六章　我国 CCRC 养老社区营销实践与研究浅析 228
- 第十七章　CCRC 养老社区的金融化营销模式 244
- 第十八章　智慧养老平台助力 CCRC 养老社区建设优秀实践分享 258
- 第十九章　CCRC 养老社区采购供应链管理 274

第一篇

人口老龄化与 CCRC

第一章 我国的人口老龄化现状、挑战与机遇

截至 2017 年底，我国 60 岁及以上老年人口有 2.41 亿人，占总人口 17.3%；预计到 2050 年前后，我国老年人口数将达到峰值 4.87 亿，约占总人口的三分之一……有关老年人口的统计数据不同的场合屡屡被强调。我国人口老龄化形势严峻，老龄人口呈现爆发式的增长趋势，人口老龄化成为 21 世纪我国社会的常态。那么，到底什么是老龄化，我国的老龄化现状如何，会给社会发展带来哪些挑战和机遇呢？

一、我国的人口老龄化现状

1. 人口老龄化

人口老龄化的定义是老年人口在人口中的比例（也被称为老年比或老龄系数）的提高过程或人口平均年龄不断提高的过程。根据联合国国际人口学会编著的《人口学词典》对人口老龄化的定义，当一个国家或地区 60 周岁以上人口所占比例达到或超过总人口数的 10%，或者 65 周岁以上人口达到或超过总人口数的 7% 时，即可被称为老龄化国家或者地区，其人口即称为"老年型"人口。我国 1996 年颁布的《中华人民共和国老年人权益保障法》明确规定了我国的老年人是指六十周岁以上的公民。

人口老龄化既是不断变换的动态过程，也是静态的数据。动态的人口老龄化包含两方面含义：一方面是指老年人口的相对增多，在总人口中所占的比例不断上升的过程；另一方面是指社会人口结构呈现老年状态并且进入老龄化社会的过程。静态的人口老龄化是指在某个时间节点上，老年人口占总人口的比重。

2. 我国的人口老龄化

1999 年我国 60 周岁及以上老年人口占总人口的比重超过 10%，正式进入老

龄化社会。根据民政部数据显示，截至 2017 年年底，我国 60 周岁及以上老年人口数量已经达到 2.41 亿，占总人口的比重为 17.3%，其中 65 周岁及以上老年人口 1.58 亿，占总人口的比重为 11.4%。未来，我国老年人口持续增长的趋势将会继续，根据国家老龄委预测，到 2053 年我国老年人口将达到 4.87 亿，占全国总人口的 34.8%，约占全球老年人口的四分之一左右。届时，中国不仅是全球人口最多的国家，也是全球老年人口最多的国家。

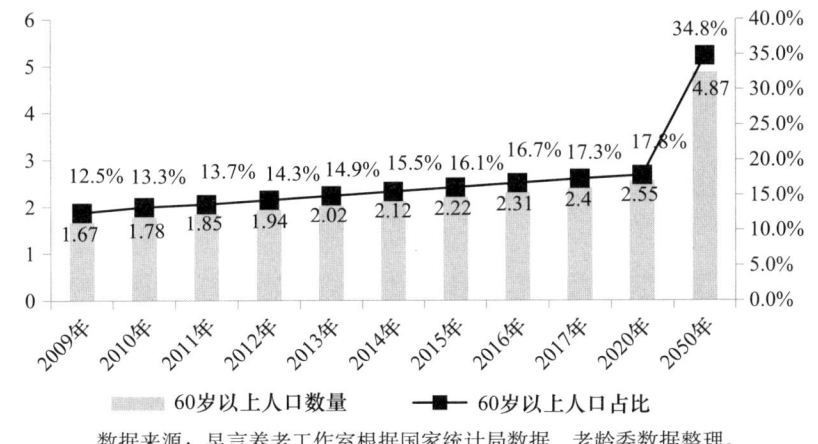

数据来源：昱言养老工作室根据国家统计局数据、老龄委数据整理。

图 1.1-1　2009～2050 年我国老年人口老龄化状况

3. 我国的老龄化发展阶段

自从 1999 年进入老龄化社会之后，我国的老龄化进程不断加深。全国老龄办公室李志宏等人的研究发现，21 世纪的 100 年中我国的人口老龄化进程可以分为以下四个发展阶段：

第一阶段：**快速人口老龄化阶段（1999～2022 年）**。老年人口数量从 1.31 亿增至 2.68 亿，人口老龄化水平从 10.3% 升至 18.5%。此阶段的典型特征是少儿人口数量和比重不断减少，劳动力资源供给充分，是我国社会总抚养比相对较低的时期，有利于我国做好应对人口老龄化的各项战略准备。

第二阶段：**急速人口老龄化阶段（2023～2036 年）**。老年人口数量从 2.68 亿增至 4.23 亿，人口老龄化水平从 18.5% 升至 29.1%。此阶段的总人口规模达到峰值并转入负增长，老年人口规模增长最快，老龄问题集中爆发，是我国应对人口老龄化最艰难的阶段。

第三阶段：深度人口老龄化阶段（2037～2053年）。老年人口数量从4.23亿增至4.87亿的峰值，人口老龄化水平从29.1%升至34.8%。此阶段总人口负增长加速，高龄化趋势显著，社会抚养负担持续加重，我国将成为世界上人口老龄化形势最为严峻的国家。

第四阶段：重度人口老龄化平台阶段（2054～2100年）。老年人口增长期结束，由4.87亿减少到3.83亿，人口老龄化水平始终稳定在三分之一上下。这一阶段，少儿人口、劳动年龄人口和老年人口规模共同减少，各自比例相对稳定，老龄化高位运行，形成一个稳态的超级老龄化社会。

二、我国人口老龄化特征

我国的人口老龄化受到特殊的政策环境和社会环境的影响，目前呈现如下特征：

1. 老年人口数量大，增长速度快，以低龄老人为主

截至2017年年底，我国60周岁及以上老年人口数量已经达到2.41亿，占总人口的比重为17.3%。而2017年世界上人口超过2亿的国家仅有五个——中国、印度、美国、印度尼西亚、巴西，我国的老龄人口接近于印度尼西亚的总人口数。预计到2053年我国老龄人口达到峰值，将有4.87亿，届时将分别占亚洲老龄人口的五分之二和世界老龄人口的四分之一。

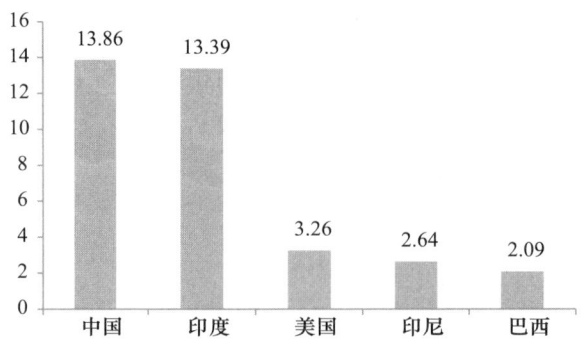

数据来源：昱言养老工作室根据世界银行数据整理。

图1.2-1　2017年世界人口超过2亿的国家人口数量（单位：亿）

我国老龄人口的增长速度也非常快。2000年第五次人口普查时，我国老年人口数量是1.3亿，2010年第六次人口普查时，我国老年人口数量上升至1.78亿，10年间增加了0.48亿，增长率为36.38%。

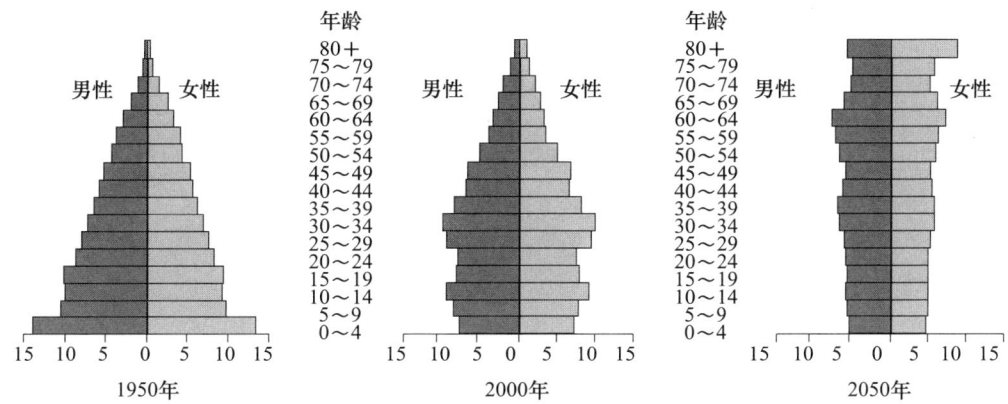

数据来源：World Population Prospects：The 2004 Revision（2005）。

图1.2-2　1950～2050年我国人口金字塔

2015年，我国老龄人口中，低龄（60～69岁）老年人口占56.1%，中龄（70～79岁）老年人口占30.0%，高龄（80岁及以上）老年人口占13.9%，目前我国低龄老年人口的数量超过中高龄老人总和。这说明，我国目前的老龄人口以新中国成立前后5年的低龄老龄人口为主，老龄人口内部的年龄结构相对年轻。

2. 老龄人口区域分布不均匀

根据第六次人口普查数据绘制的胡焕庸人口分布线显示，我国人口分布呈现出明显的东南多，西北少的状态：占国土面积43.24%的东南地区聚集了全国94.41%的人口，平均人口密度为325.84人/平方公里；而占国土面积56.76%的西北地区仅分布了全国5.59%的人口，平均人口密度为14.68人/平方公里。老龄人口的分布与总人口的分布密切相关，也呈现出区域分布不均的现象。

2015年，我国大陆除西藏外，均已经进入老龄化社会，但是各省区之间差异较大，人口老龄化最严重的是重庆，老年人口已经达到总人口的22.4%。作为人口大省的广东省老龄化水平仅10.82%，这与广东省是我国人口净流入省有关，大量的外来劳动力的涌入降低了广东省的老龄化水平。

2015年大陆各省常住人口老龄化情况（单位：万人）　　表 1.2-1

地区	总人口数	60岁以上人口数	60岁以上人口比重	65岁以上人口数	65岁以上人口比重
全国合计	137462	21739	15.81%	14331	10.43%
广东	10849	1174	10.82%	794	7.32%
山东	9847	1706	17.33%	1115	11.32%
河南	9480	1216	12.83%	828	8.73%
四川	8204	1748	21.31%	1144	13.94%
江苏	7976	1575	19.75%	1087	13.63%
河北	7425	1102	14.84%	733	9.87%
湖南	6783	1152	16.98%	797	11.75%
安徽	6144	1110	18.07%	745	12.13%
湖北	5852	969	16.56%	633	10.82%
浙江	5539	984	17.76%	653	11.79%
广西	4796	810	16.89%	558	11.63%
云南	4742	591	12.46%	368	7.76%
辽宁	4382	797	18.19%	506	11.55%
福建	3839	558	14.54%	359	9.35%
黑龙江	3812	492	12.91%	300	7.87%
陕西	3793	589	15.53%	373	9.83%
江西	3664	658	17.96%	385	10.51%
山西	3664	461	12.58%	305	8.32%
贵州	3530	579	16.40%	379	10.74%
重庆	3017	677	22.44%	454	15.05%
吉林	2753	501	18.20%	313	11.37%
甘肃	2600	378	14.54%	255	9.81%
内蒙古	2511	368	14.66%	238	9.48%
上海	2415	433	17.93%	277	11.47%
新疆	2360	280	11.86%	183	7.75%

第一篇　人口老龄化与 CCRC

续表

地区	总人口数	60岁以上人口数	60岁以上人口比重	65岁以上人口数	65岁以上人口比重
北京	2171	306	14.09%	208	9.58%
天津	1547	230	14.87%	147	9.50%
海南	911	121	13.28%	87	9.55%
宁夏	668	85	12.72%	45	6.74%
青海	588	70	11.90%	47	7.99%
西藏	324	19	5.86%	13	4.01%

数据来源：《中国城市养老指数蓝皮书》（2017年）。

3. 高龄化、空巢化、少子化交织

高龄化趋势明显。随着物质生活条件的改善和医疗技术的进步，我国人口的平均预期寿命不断增加，2017年我国人口平均预期寿命为76.7岁。与平均预期寿命延长相伴而生，高龄化人口迅速增加。2000年第五次人口普查时，我国80岁以上高龄人口数量约为1200万，而2010年第六次人口普查时，这一数据已经上升到了2100万左右，10年间增长了75.04%。

我国高龄人口增长情况（单位：人）　　表1.2-2

年龄组	五普数据	六普数据	增长量	增长率
80～84岁	7989158	13373198	5384040	67.39%
85～89岁	3030698	5631928	2601230	85.83%
90～94岁	783594	1578307	794713	101.42%
95～99岁	169756	369979	200223	117.95%
100岁及以上	17877	35934	18057	101.01%
合计	11991083	20989346	8998263	75.04%

数据来源：昱言养老工作室根据国家统计局第五次人口普查数据、第六次人口普查数据整理。

空巢化比例较高。随着计划生育政策的执行和人们生育观念的改变，我国的家庭规模也由传统的大家庭向现代化小家庭转化，"421"是目前主要的家庭结构。在居住结构中，1人户家庭占比从1995年的5.89%上升到2015年的13.14%，2人户家庭占比则相应从13.73%上升到25.28%；与之相反，4人及

以上家庭户所占的比例逐年下降，这说明我国的家庭规模逐渐小型化，子女与老人同住的现象减少。随着平均预期寿命的延长，家庭生命周期也在延长，加之家庭规模小型化，导致空巢期延长，空巢老人增加。截至2015年，我国空巢老年人家庭人口共有3124万人。空巢老人的生活照料和精神慰藉将成为重要的社会问题。

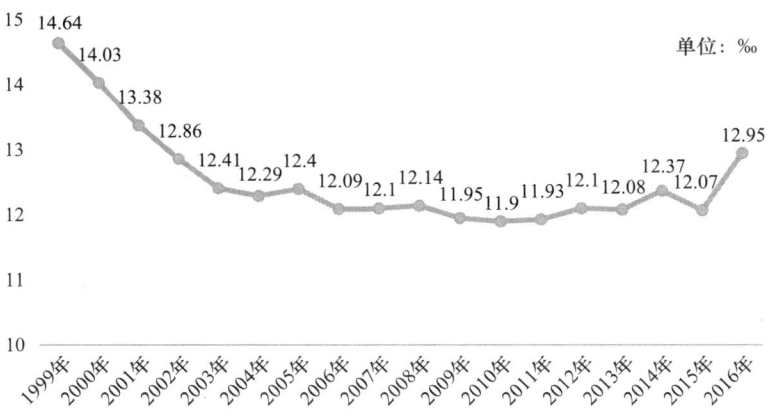

数据来源：昱言养老工作室根据国家统计局数据整理。

图 1.2-3　我国 2009～2016 年人口出生率

少子化严重。受政策的影响，近30年来我国的出生率下降迅速，1999年我国进入老龄化社会时，出生率仅为14.64‰，已经进入少子化社会。此后的10多年间，出生率持续下降，二胎政策实施以来有所回升但是上升幅度不大。从绝对数量看，1980年后出生人口为2.28亿，1990年后出生人口为1.75亿，而2000年后新生人口只有1.46亿，20年时间内，出生人口减少了36%。少子化问题导致家庭供养资源减少，需要寻求社会资源解决养老问题。

4. 未富先老，未备先老

未富先老。经济发达国家一般是在人均GDP超过1万美元时进入老龄化社会。1999年末我国进入老龄社会时的年人均GDP仅840美元。而与我国差不多同时进入老龄化社会的新加坡的年人均GDP是25000美元。1990年日本的老龄化水平为17.4%，同期的年人均GDP为24738美元；2017年我国的老龄化水平达到17.3%，同期的年人均GDP为8583美元。在老龄化水平相似的情况下，我国的年人均GDP仅相当于日本的三分之一。

未备先老。我国人口老龄化超前于经济社会发展，养老、医疗等问题是在城乡社会经济二元结构的背景下同步爆发的，不仅解决时间不够，而且这些问题相互交织、错综复杂，在整体上对经济社会发展造成放大效应。此外，社会发展制度建设的滞后和社会公共政策的不足与近年来的经济高速增长形成鲜明对照，在社会发展方面，特别是事关民生的收入分配、教育、医疗、住房、社会保障等方面的改革步履蹒跚，养老、医疗等社会保障制度尚不健全，农村的老年社会保障制度发展更是严重滞后。面对急速的人口老龄化，无论是养老、医疗，还是长期照料服务和公共资源分配等社会管理和社会政策体系，都处在"未备先老"状态，解决不好将会影响整体社会的良性运行与协调发展。

5. 老年人慢性病患病率高且多病并存，失能率高

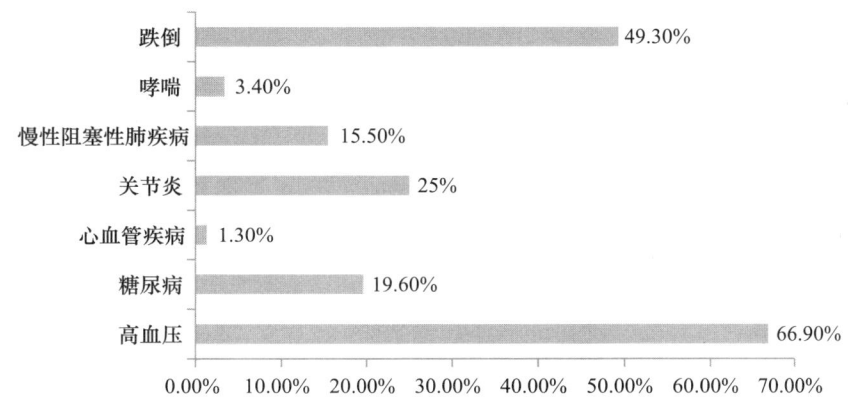

资料来源：昱言养老工作室根据联合国《中国老龄化与健康国家评估报告》（2016年）整理。

图 1.2-4　2016 年我国老年人主要慢性病患病率

根据中国老龄科研中心 2011 年的调查显示，中国 60 岁以上老年人余寿中有三分之二时间处于带病生存状态。联合国的研究也表明我国 60 岁以上的老年人至少患有一种慢性疾病的比例为 66.9%，高血压、跌倒和关节炎是老年人常见的三大慢性病。老年人的慢性病具有发病率高、多病共存、病程长等特点，对医疗的依赖性高。

随着年龄的增长，老年人发生生理性退化和病理性退化的比例增加，失能的比例上升。据第六次人口普查数据显示，2010 年我国生活不能自理的老年人数量为 520.22 万人，占老年人总量的 2.95%，占总人口的 0.39%。

解密 CCRC 中国养老社区经典案例模式解析

六普数据老年人健康状况分析　　　　　　表 1.2-3

年龄	合计	健康		基本健康		不健康但生活能自理		生活不能自理	
		数量	占比	数量	占比	数量	占比	数量	占比
总计	17658702	7738173	43.82%	6945041	39.33%	2455267	13.90%	520221	2.95%
60～64 岁	5832034	3544309	60.77%	1886697	32.35%	349849	6.00%	51179	0.88%
65～69 岁	4102100	1983773	48.36%	1631110	39.76%	425190	10.37%	62027	1.51%
70～74 岁	3285665	1157974	35.24%	1486618	45.25%	553276	16.84%	87797	2.67%
75～79 岁	2376437	661836	27.85%	1088881	45.82%	522731	22.00%	102989	4.33%
80～84 岁	1326258	271333	20.46%	571783	43.11%	377457	28.46%	105685	7.97%
85～89 岁	551616	93290	16.91%	217857	39.49%	170520	30.91%	69949	12.68%
90～94 岁	149441	20740	13.88%	51084	34.18%	46290	30.98%	31327	20.96%
95～99 岁	31564	4463	14.14%	9907	31.39%	8973	28.43%	8221	26.05%
100 岁及以上	3587	455	12.68%	1104	30.78%	981	27.35%	1047	29.19%

数据来源：昱言养老工作室根据国家统计局第六次人口普查数据整理。

三、我国人口老龄化带来的挑战

如此庞大的老年人口和快速的老龄化速度是世界各国都未曾遇到的严峻形势，特别是我国正处于经济和社会转型的关键时期。那么，人口老龄化的挑战到底有哪些呢？

1. 老龄化趋势严重，人口年龄结构老化

2017 年，全国 60 岁及以上人口 2.41 亿，占总人口的 17.3%，其中 65 岁及以上人口 1.58 亿，占总人口的 11.4%。预计到 2020 年，老年人口达到 2.55 亿，老龄化水平达到 17.8%，其中 80 岁以上老年人口将达到 3067 万人；2025 年 60 岁以上人口将达到 3 亿，人口年龄结构老化严重。

2. 传统养老观念和养老模式难以为继

我国传统的养老观念是养儿防老，养老主要依赖于家庭内部资源解决。但是工业社会和现代化打破了这种家庭内部的平衡，使得传统的家庭范围内的代际赡

养关系转变为社会范围内的事情,养老资源也由内部家庭资源转向寻求外部社会资源,越来越多的老年人需要依靠社会化的养老制度。

计划生育政策使中国快速实现了人口的转变,低出生率、低死亡率和低人口增长率的人口增长模式导致家庭子女数量减少,家庭规模缩小,人口结构快速老化,传统家庭的养老、抚幼等功能逐渐弱化,当前家庭比过去更加脆弱,用于老年人照料方面的家庭资源变得稀缺,家庭内部的代际关系被迫社会化。未富先老和未备先老的现状使社会养老资源也处于稀缺状态,独生子女家庭、失独家庭等家庭形态的出现也加剧了养老问题。老年人从家庭中可以获得的养老资源逐渐减少,许多家庭的老年照料功能很难实现。

老年人家庭地位下降,代际倾斜严重。首先,传统社会中,人生七十古来稀,计划生育制度下的生育率迅速下降,"421"家庭结构中儿童成为家庭中的核心,家庭资源首先向儿童流动。其次,传统社会中,社会变迁速度缓慢,老年人的知识和经验积累尤为重要。现代文化日新月异,家庭中的两代人甚至多代人经历的社会历程不同,形成的思想观念和行为方式等都不同,出现代沟。多代同居容易导致家庭矛盾,大家长式的家庭结构瓦解,家庭小型化。

3. 养老政策体系有待进一步完善

我国的养老政策一直随着社会的发展而变化。20世纪80年代是"政府来养老",90年代是"政府帮养老",进入21世纪以来是"养老不能靠政府"再到"构建多层次养老服务体系"。2013年至今,国家相继出台养老相关文件70余个,发文部门更是涉及21部委,从养老设施建设、用地、政府购买服务、社会资本进入、医养结合、养老服务体系建设、互联网+养老、智慧养老、标准化建设、人才培养、养老服务补贴、金融支持、税费优惠等各个方面支持鼓励养老服务业的发展,以期建成"以居家为基础、社区为依托、机构为补充、医养结合的养老服务体系"。虽然政策涉及的范围广泛,但是需要进一步完善和加强政策的可操作性。

4. 养老金保障力度有限

资金缺口严重。过去相当长的一段时间内,我国实行的是考虑横向平衡的现收现付制的养老金制度，这种制度无法实现资金积累。一旦符合领取退休金的人口骤增时，将会导致入不敷出的局面。虽然近来我国正在将这种养老金制度向现收现付制和基金积累制混合的模式改革，但是资金缺口依然十分严重，据有关部门预测，2000～2025年期间的资金缺口将累计达到1.8万亿元。

养老金替代率低。养老金替代率是指劳动者退休时的养老金领取水平与退休前工资收入水平之间的比率，它是衡量劳动者退休前后生活保障水平差异的基本指标之一。世界银行建议如果退休后生活水平与退休前相当，养老金的替代率需要达到70%以上，我国基本养老保险的目标替代率在60%左右，实际上我国基本养老保险的替代率在不断下降，目前大约只有40%左右，不能满足退休群体的养老需求而企业年金覆盖范围非常小，第三支柱的商业养老保险尚未发展完善，因此我国养老体系的保障力度比较有限。

长照险试点。2016年6月27日人力资源社会保障部办公厅颁布《人社部关于开展长期护理保险制度试点的指导意见》确定实施长期护理保险制度试点，首批15个试点城市分别为：河北承德市、吉林长春市、黑龙江齐齐哈尔市、上海市、江苏南通市和苏州市、浙江宁波市、安徽安庆市、江西上饶市、山东青岛市、湖北荆门市、广东广州市、重庆市、四川成都市、新疆生产建设兵团石河子市。在这15个试点城市中，有些城市已经在积极推进制度试点，如青岛、长春和南通等，有些城市只是出台了相关政策，因为财政负担的问题，尚无实质进展。

5. 社会化养老服务体系正在发展中

目前，我国的养老服务模式主要有三种：传统的家庭养老、机构养老以及社区居家养老。传统的家庭养老依然是绝大多数老年人选择的养老方式，机构养老和社区养老尚处于发展中。2009年北京市提出推广"9064"养老服务新模式，"十一五"期间上海提出了"9073"养老模式。不管是"9064"模式还是"9073"模式都强调："90%"的老年人在社会化服务协助下通过家庭照顾养老，"6%"或"7%"的老年人通过政府购买社区照顾服务养老，"4%"或"3%"的老人入住养老服务机构集中养老。其后各地纷纷效仿跟随或"9064"或"9073"的养老模式。毋庸置疑"9064"或"9073"养老模式的核心要义是养老服务的社会化，即我国养老事业发展的方向将从传统的家庭养老，逐步转变为以专业化、人性化、市场化为主要特点的社会化养老。但是，这两种模式涉及老人、家庭、政府、企业等多重角色，这些角色目前的定位并不清晰。

CCRC 养老社区所强调的一站式、全方位、持续化的养老服务，是一种以人为本的养老服务理念，为老年生命进程的不同阶段提供深度贴合的健康照护服务。作为复合型养老社区，CCRC 养老社区融居家、社区和机构三种养老方式于一体，既保留了居家养老的亲情和舒适，又配置了大量适老化娱乐、休闲、康养场所，同时引入专业机构为入住老人提供持续照料和医护服务。CCRC 养老社区实现了居住人群、产品形态、服务功能的复合，将成为我国多元化养老服务体系中非常重要的有机组成部分。

6. 养老服务人员不足

2016 年日本 65 岁以上老人 346 万，所需要护理老人约 207 万人，有 149 万养老从业人员。以此推算，我国 60 岁以上老年人至少也需要养老护理员 600 多万。但是根据《2016 中国民政统计年鉴》数据显示，全国养老机构专业技术技能人员仅 19.56 万人，供需差距非常明显。

2013 年《国务院关于加快发展养老服务业的若干意见》（国发〔2013〕35 号）发布以来，我国一线养老护理员的培养培训工作主要由两类主体来完成：一类是开设老年服务与管理等养老专业的各类中高职院校。截至 2017 年 8 月，全国共有 159 所院校开设有老年服务与管理专业，大多属于 2015 年以后建立，年毕业生规模在 1000～1500 人。另一类是由民政部门、人社部门、中国社会福利协会等部门主持开办的资格认证和培训教育。截至 2016 年 3 月 31 日，全国养老护理员培训基地 59 家、举办 338 期养老护理员职业技能鉴定，累计鉴定合格人数 24086 人。养老服务人员远不足以满足行业需要。

同时，在机构从事一线护理服务的养老护理员素质偏低，社会地位低、收入待遇低、学历水平低、流动性高、职业风险高、年龄偏高等问题也限制了养老服务的发展。

四、我国人口老龄化带来的机遇

虽然严峻的人口老龄化给我国经济和社会发展造成了诸多挑战。但是，任何事情都有两面性，我们也应该看到，人口老龄化也带来了许多机遇和新的经济增长点。

1. 养老政策频出，国家从战略高度积极应对老龄化

2013年至今，国务院等21个部委相继出台多项养老相关文件，从多方面鼓励支持养老事业的发展，构建以居家为基础、社区为依托、机构为补充、医养相结合的养老服务体系。

为了更好地应对老龄化问题，统筹康养产业政策和制度建设，深入推进"医养"融合，加快老龄事业和产业发展，国务院进行机构改革时设立国家卫生健康委员会，主要职责是拟订国民健康政策，协调推进深化医药卫生体制改革，组织制定国家基本药物制度，监督管理公共卫生、医疗服务和卫生应急，负责计划生育管理和服务工作，拟订应对人口老龄化、医养结合政策措施等。同时，保留全国老龄工作委员会，日常工作由国家卫生健康委员会承担；民政部代管的中国老龄协会改由国家卫生健康委员会代管。

2. 家庭养老向社会化养老过渡，带来新的市场机遇

国家卫生计生委发布《中国家庭发展报告2016》指出我国家庭规模日益小型化（平均规模为不足3人）。传统的家庭照料功能弱化，近九成家庭有不同程度的照料需求，其中近四成家庭面临"上有老、下有小"的照料现实，有双重照料需求。八成以上完全自理老人的生活照料首选依靠自己，仅有54.4%的不完全自理老年人有其他成员家庭照料，完全失能老人主要由子女照料，近20%的完全失能老人缺乏他人照料。随着低龄健康老年人逐渐步入高龄阶段，这一困境将更加突出。在家庭资源无法满足老年人照料需求的条件下，寻求社会资源解决养老问题是社会发展的必然。如此庞大的老年人群存在多种需求，这将给社会力量参与养老市场带来众多的市场机遇。

3. 老年人需求旺盛且供给不足，市场潜力巨大

《中华人民共和国 2017 年国民经济和社会发展统计公报》显示，2017 年底，我国共有养老服务机构 2.9 万个，其中养老服务床位 714.2 万张，每千人床位数约为 30 张，与"十三五"养老规划每千人拥有养老床位数 35～40 张尚有差距。根据全国老龄工作委员会预测，我国养老产业规模到 2030 年有望达 22.3 万亿元，未来 10～15 年是养老产业快速发展时期。与庞大的养老产业规模相比，我国养老服务供给不充足，多元化的养老服务体系尚在构建中，未来的市场潜力巨大。

4. 养老服务由保障生活向享受生活扩展，推动养老服务多元化

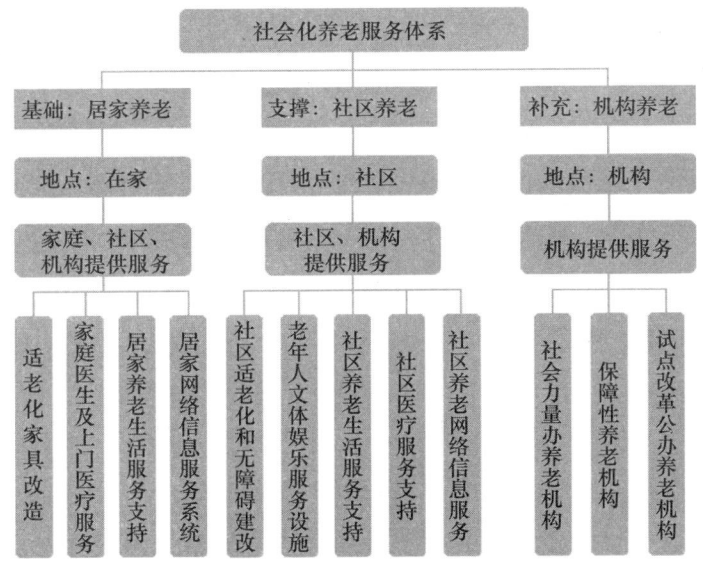

图 1.4-1　社会化养老服务体系

生活照料、经济支持、心理慰藉和医疗保障是老年人最主要的四大照料需求。在传统的家庭养老模式下，家庭几乎承担了所有的老年人照料需求：家庭成员是生活照料的提供者，家庭资源是经济支持的主要来源，家庭成员间和谐的关系和崇高的家庭地位满足了老年人含饴弄孙、共享天伦和被尊重的精神需求。因为物质条件简单，过去的老年人生活照料主要以保障生活为主，随着生活水平的提高，老年人开始转变观念，享受生活。这也会推动养老服务区深入挖掘更多的

老年人需求点，提供多元化的养老服务。养老服务的提供主体也由政府兜底向多元化主体参与养老服务的发展转变。

5. 养老产业发展进入高潮，养老产品市场前景广阔

老年用品的概念是 1997 年由中国老龄委员会提出的，老年用品行业是为老年人提供符合其特殊生理特点的产品，满足老年人的基本生活需求，提供特殊生活便利的工业生产业态，它涵盖了因老年人特殊需要而产生的多个领域，主要可分为生活用品、保健食品、交通工具和康复器材四大类。随着养老服务市场的发展进入黄金期，与老年人生活息息相关的养老服务用品也会蓬勃发展。近年来，以生活用品与保健食品为主的老年用品业传统结构正在发生变化，交通工具、康复保健等助听、助看、助行、助浴的老年用品比例正加快上升，老年用品呈多元化发展态势，但远未满足现有的老年消费需求。2016 年调查显示，国内市场每年提供的老年人产品还不到需求的 10%。目前老年人中有 78.91% 仍急需老年用品，27.44% 急需老年食品，8.72% 急需老年服装，27.54% 急需老年助听、助看、助行、助浴用品。老年用品行业前景广阔。

第二章 我国养老政策概览

"孝文化"是中华民族优良的文化传统,古代关于"孝"的记载众多,如二十四孝的故事,《孝经》中"夫孝,天之经也,地之义也,人之行也",将"孝"视为诸德之本;《弟子规》更是将"入则孝"作为开篇第一章。

新中国成立以来,我国政府出台了很多老龄相关的政策。特别是1999年我国进入老龄社会以后,老龄化带来的社会问题不断凸显,为了积极地应对人口老龄化的挑战,党和政府不断出台政策,鼓励、引导、支持养老服务产业的发展。

一、我国古代的老龄政策

我国古代的老龄政策不能完全称之为老龄政策,但是已经具备老龄政策的雏形。我国历代的法令都有规定,凡需赡养老人者,可以减免其徭役和赋税,有罪者可以减轻其刑罚;同时都把"不孝"定为十恶大罪之一,不肯抚养甚至辱骂殴打父母或祖父母者,都要被官府严厉处治;甚至在可以通过"举孝廉"任命官员。

《礼记·王制篇》说:"周人养国老于东胶,养庶老于虞庠。""凡养老,有虞氏以燕礼,夏后氏以飨礼,殷人以食礼,周人修而兼用之。五十养于乡,六十养于国,七十养于学,达于诸侯。""五十杖于家,六十杖于乡,七十杖于国,八十杖于朝,九十者,天子欲有问焉,则就其室,以珍从。""八十者,一子不从政;九十者,其家不从政;废疾非人不养者,一人不从政;父母之丧,三年不从政。"

《孝经》中说:"夫孝,天之经也,地之义也,民之行也。""人之行,莫大于孝。""教民亲爱,莫善于孝。""夫孝,德之本也。"《孝经》提出了天子、诸侯、卿大夫、士、庶人各个等级所应遵守的基本规范,将子女孝顺父母看作是天经地义的法则,是人们应该身体力行的规范,成为我国两千多年来的文化经典之一。

二、我国现代的老龄政策

1949年以来,我国老龄政策的发展可以分为四个阶段:

第一阶段:1949～1978年

在这一阶段中,我国的人口结构尚处于"年轻型",老年人占比较低,人口寿命短。因此还没有"老龄政策"这一概念,但出台了一些后来被老龄政策包含在内的政策文件,如新中国成立后不久颁布的《农村五保供养工作条例》。1952年《关于全国人民政府、党派、团体及所属事业单位的国家工作人员实行公费医疗预防的指示》建立了公费医疗制度。1958年《关于安排一部分老干部担任各种荣誉职务的通知》是我国最早涉及老有所为思想的政策。1965年9月,中共中央批转卫生部党委《关于把卫生工作重点放到农村的报告》,强调加强农村基层卫生保健工作,推动了农村合作医疗制度的发展。

第二阶段:1979～1999年

1978年我国实行改革开放政策,市场化经济开始发展,部分城市开始进入老龄化社会,比如上海1979年进入老龄化社会,我国政府未雨绸缪开始关注老龄化问题。1982年联合国在维也纳召开"第一次老龄问题世界大会",124国家的代表团和162个联合国专门机构、非政府组织等共1000人参加会议,并通过了《1982年维也纳老龄问题行动计划》,推动世界各国对老龄化问题的深入研究。1991年第46届联合国大会确认了《老年人原则》,通过了"独立、参与、照顾、自我充实和尊严"五项行动原则。我国参加了维也纳老龄会议并成立了全国老龄工作委员会,随后又成立了中国老年学会并于1986年加入国际老年学会,还在国内开展了多次老年学科讨论会,许多学者积极参与国际老年学术活动和合作研究,政府开始越来越重视老龄问题。在此阶段,我国从中央到地方陆续成立了老龄工作机构,国家从立法角度关注老龄化问题,相关部委出台了一系列的相关制度。

首先,将老年人问题上升到法律高度。1982年12月实施的《宪法》规定:"中华人民共和国公民在年老、疾病或者丧失劳动能力的情况下,有从国家和社会获得物质帮助的权利"。1996年,全国人大八届21次会议通过了我国历史上

第一部专门的老年人立法——《中华人民共和国老年人权益保障法》,从立法的角度确立了老龄工作和老龄政策在政府工作中位置,老龄问题意识开始被政府和社会逐步接受。

其次,出现养老服务的规划。1994年,国家计委(中华人民共和国国家计划委员会简称,成立于1952年,2003年改组为国家发展和改革委员会)等10部门制定出台了《中国老龄工作七年发展纲要(1994—2000年)》,这是我们国家第一个老龄规划。规划指出:有关部门和全社会力量,调动广大老年人的积极性,从实际出发,有计划、有步骤推进老龄事业的发展,实现老有所养、老有所医、老有所为、老有所学、老有所乐的目标。

最后,发布第一批养老服务规章。民政部等部门制定出台了1993年的《国家级福利院评定标准》、1997年的《农村敬老院管理暂行办法》、1999年的《社会福利机构管理暂行办法》等一系列有利于养老服务机构发展和规范管理的制度和标准,促进养老服务由单纯的保障基本生活向集居住、医疗、护理、康复、娱乐等领域扩展,养老服务多元化发展起步。

第三阶段:2000～2012年

1999年我国进入老龄化社会,人口老龄化带来的社会问题开始逐渐凸显,老龄工作正式列入政府工作日程。这一阶段,养老服务开始社会化和市场化发展,养老服务内容多元化,养老服务、养老服务业及社会养老服务体系建设成为关键词。党和政府制定出台了一系列更加具体的政策法规,形成"家庭养老为基础、社区服务为依托、社会养老为补充"的核心理念。

首先,养老服务纳入国家规划。《中国老龄事业发展"十五"计划纲要(2001-2005年)》(2000年)、《中共中央关于制定国民经济和社会发展第十一个五年规划的建议》(2005年)、《国务院关于印发中国老龄事业发展"十二五"规划的通知》(2011年)、《国务院办公厅关于印发社会养老服务体系建设规划(2011-2015年)的通知》(2011年)等文件提出了社会养老服务体系内涵和定位、指导思想和基本原则、目标和任务、保障措施等,标志着养老服务开始纳入国家规划。

其次,提出发展养老服务业,建立养老服务体系。2006年,《国务院办公厅转发全国老龄委办公室和发展改革委等部门关于加快发展养老服务业意见的通知》指出鼓励和调动社会力量,采取公建民营、民办公助、政府补贴、购买服务等多种形式，推动养老服务业发展。这是我国第一次正式提出发展养老服务业。2006年第二次全国老龄工作会议首次提出建立"以居家养老为基础、社区服务为依托、机构养老为补充"的中国特色养老服务体系，2008年全国民政工作会议将这一养老服务体系修改为"以居家为基础、社区为依托、机构为补充"，得到普遍认可，这标志着我国养老服务业开始体系化发展。

再次，重视居家养老在养老服务体系中的基础作用。2000年国务院办公厅转发民政部等11部门制定的《关于加快实现社会福利社会化的意见》，明确了"在供养方式上坚持以居家为基础"。2008年全国老龄办、发展改革委等10部门发布了《关于全面推进居家养老服务工作的意见》指出：居家养老服务是指政府和社会力量依托社区，为居家的老年人提供生活照料、家政服务、康复护理和精神慰藉等方面服务的一种服务形式。它是对传统家庭养老模式的补充与更新，是我国发展社区服务，建立养老服务体系的一项重要内容。

最后，重视机构养老在养老服务体系中的补充作用。早在1997年民政部1号令发布了《农村敬老院管理暂行办法》，进入2000年之后，国家更加重视养老机构在养老服务体系中的补充作用并制定了多项政策，如2000年《老年人社会福利机构基本规范》，2003年发布《老年人居住建筑设计标准》，2008年发布《城镇老年人设施规划规范》，2009年发布《民政部公安部关于加强社会福利机构消防安全工作的通知》，2010年发布《老年养护院建设标准》，2011年民政部发布了《农村五保供养服务机构管理办法》和《光荣院管理办法》。但是，需要关注的是，这些政策主要聚焦于福利保障型养老机构的规范管理。

第四阶段：2013年至今

2013年国务院颁布《国务院关于加快发展养老服务业的若干意见》，提出了加快发展养老服务业的总体要求、主要任务和政策措施，为破解养老难题、拓展消费需求、稳定经济增长发挥重要作用，因此，2013年也被业内称为"养老元年"。此后，围绕养老服务、老龄事业、老龄产业、医养结合、智慧养老、养老金融等关键词，政府相关部门密集出台了多部法律法规和技术标准文件。我国养老服务进入新的发展时代，养老政策法规也进入了一个新的发展期。

第一，养老服务体系由"三位一体"向"四位一体"转变。2016年《民政事业发展第十三个五年规划》和2017年国务院《"十三五"国家老龄事业发展和养老体系建设规划》提出建立"以居家为基础、社区为依托、机构为补充、医养相结合"的养老服务体系,标志养老服务从"三位一体"到"四位一体"的转变。

第二,医养结合成为新的趋势。2014年国家发展改革委、民政部、国家卫计委《关于组织开展面向养老机构的远程医疗政策试点工作的通知》,2015年《国务院办公厅转发卫生计生委等部门关于推进医疗卫生与养老服务相结合指导意见的通知》,2016年相继印发《国家卫生计生委、办公厅、民政部办公厅关于印发医养结合重点任务分工方案的通知》《民政部卫生计生委关于做好医养结合服务机构许可工作的通知》等有关政策相继发布,强调医养结合的重要性。《"十三五"国家老龄事业发展和养老体系建设规划》(2017年)更是将"医养结合"上升到养老服务体系中,促进了养老服务体系实现"三位一体"到"四位一体"的转变。2017年《医疗机构基本标准(试行)》颁布,取代1994年9月1日起施行的《医疗机构管理条例实施细则》,深化医疗领域供给侧结构性改革不断深化和"放管服"力度,有利于推动医养结合的发展。

第三,养老服务改革和质量管理。2013年民政部发布了《养老机构设立许可办法》和《养老机构管理办法》,规范了养老机构的管理运营。2014年住房城乡建设部等发布《关于加强养老服务设施规划建设工作的通知》,民政部等发布《关于推进城镇养老服务设施建设工作的通知》,国家发展改革委等部门发布《关于加快推进健康与养老服务工程建设的通知》等文件促使养老服务改革和发展成为社会关注点。

在养老服务质量管理方面,2015年《国家发展改革委民政部关于规范养老机构服务收费管理促进养老服务业健康发展的指导意见》和《民政部关于加快推进养老服务工程建设工作的通知》等颁布实施。2016年《国务院办公厅关于全面放开养老服务市场提升养老服务质量的若干意见》《中国人民银行民政部银监会证监会保监会关于金融支持养老服务业加快发展的指导意见》发布,民政部等11部门《关于支持整合改造闲置社会资源发展养老服务的通知》等,国家各部门加快养老院服务质量建设监督管理工作。

第四,标准化建设提上日程。民政部和国家标准委2014年出台了《民政部关于加快推进民政标准化工作的意见》,2017年出台了《养老服务标准体系建设指南》等文件，制定了养老设施建筑设计、机构规范等技术标准。2017年民政部、质检总局、国家标准委《养老机构服务质量基本规范》《养老机构服务质量基本规范》《养老机构服务标准体系建设指南》等一系列文件，完善和提高养老院服务质量的长效机制。

第五，智慧养老成为新的发展点。2017年，工业和信息化部、民政部、国家卫生计生委制定了《智慧健康养老产业发展行动计划（2017-2020年）》指出：到2020年，形成覆盖全生命周期的智慧健康养老产业体系，建立100个以上智慧健康养老应用示范基地，培育100家以上具有示范引领作用的行业领军企业，打造一批智慧健康养老服务品牌。《智慧健康养老产品及服务推广目录（2018年版）》的公布，对我国2018年智慧养老产业的发展做出了具体的规划。

2013年以来我国主要养老政策盘点　　　　　表 2.2-1

序号	政策名称	出台时间	政策关键词	主要内容
1	《国务院关于加快养老服务业的若干意见》	2013年9月	综合性	到2020年，建成以居家为基础、社区为依托、机构为支撑的养老服务体系
2	《国务院关于促进健康服务业发展的若干意见》	2013年9月	医养结合 社区养老 养老保险	推进医疗机构与养老机构等加强合作；发展社区健康养老服务；积极开发养老服务相关的商业健康保险产品
3	《关于做好政府购买养老服务工作的通知》	2014年8月	综合性	到2020年，基本建成比较完善的政府购买养老服务制度
4	《关于加快推进健康与养老服务工程建设的通知》	2014年9月	综合性	到2020年，全面建成以居家为基础、社区为依托、机构为支撑的养老服务体系，每千名老人拥有养老床位数达到35～40张
5	《商务部民政部发布公告鼓励外国投资者在华设立营利性养老机构从事养老服务》	2014年11月	社会资本	鼓励外国投资者在华独立或与中国公司、企业和其他经济组织合资、合作举办营利性养老机构
6	《关于鼓励民间资本参与养老服务业发展的实施意见》	2015年2月	社会资本	鼓励民间资本参与居家和社区养老服务；鼓励民间资本参与机构养老服务；支持民间资本参与养老产业发展

第一篇　人口老龄化与CCRC

续表

序号	政策名称	出台时间	政策关键词	主要内容
7	《国务院办公厅关于印发全国医疗卫生服务体系规划纲要（2015-2020年）的通知》	2015年3月	医养结合	推进医疗机构与养老机构加强合作； 发展社区健康养老服务
8	《关于印发中医药健康服务发展规划（2015-2020年）的通知》	2015年4月	医养结合	积极发展中医药健康养老服务
9	《关于推荐医疗卫生与养老服务相结合指导意见》	2015年11月	医养结合	到2017年，医养结合政策体系、标准规范和管理制度初步建立，80%以上的医疗机构开设为老年人提供挂号、就医等便利服务的绿色通道，50%以上的养老机构能够以不同形式为入住老年人提供医疗卫生服务；到2020年，该比例均提升为100%
10	《关于印发中医药发展战略规划纲要（2016-2030年）的通知》	2016年2月	医养结合	发展中医药健康养老服务，推动中医药与养老融合发展，促进中医药医疗资源进入养老机构、社区和居民家庭
11	《关于金融支持养老服务业加快发展的指导意见》	2016年3月	金融支持	该规划目标到2025年，从金融组织体系、信贷产品、融资渠道、保险体系、金融服务等各个方面为养老服务业提供金融支持
12	《关于促进医药产业健康发展的指导意见》	2016年3月	综合性	开发建设一批集养老、医疗、康复与旅游为一体的医药健康旅游示范基地，进一步健全社会养老、医疗、康复、旅游服务综合体系
13	《国民经济和社会发展第十三个五年规划》	2016年3月	医养结合 养老保险	完善基本养老保险制度，构建多层次的养老保险体系； 推动医疗卫生和养老服务相结合
14	《关于2016年深化经济体制改革重点工作的意见》	2016年3月	医养结合 养老保险 社会资本	深化养老服务业综合试点改革，全面放开养老服务市场； 鼓励民间资本、外商投资进入养老健康领域； 推进多种形式的医养结合； 推进个人税收递延型商业养老保险试点、住房反向抵押养老保险试点，出台加快发展现代商业养老保险的若干意见

续表

序号	政策名称	出台时间	政策关键词	主要内容
15	《关于做好医养结合服务机构许可工作的通知》	2016年4月	医养结合	支持医疗机构设立养老机构；支持养老机构设立医疗机构
16	《民政事业发展第十三个五年规划》	2016年6月	综合性	全面建成以居家为基础、社区为依托、机构为补充、医养结合的多层次养老服务体系，全面开放养老服务市场
17	《"健康中国2030"规划纲要》	2016年10月	医养结合	推荐老年医疗卫生服务体系建设，推动医疗卫生服务延伸至社区、家庭；健全医疗卫生机构与养老机构合作机制，支持养老机构开展医疗服务；推进中医药与养老融合发展，推动医养结合；鼓励社会力量兴办医养结合机构
18	《关于确定2016年中央财政支持开展居家和社区养老服务改革试点地区的通知》	2016年11月	社区养老居家养老	确定北京市丰台区等26个市（区）作为2016年中央财政支持开展居家和社区养老服务改革试点地区
19	《关于支持整合改造闲置社会资源发展养老服务的通知》	2016年11月	综合性	鼓励社会力量通过股制制、股份合作制、PPP等模式整合改造限制社会资源发展养老服务；鼓励盘活存量用地用于养老服务设施建设
20	《国务院办公厅关于全面放开养老服务市场提升养老服务质量的若干意见》	2016年12月	综合性	到2020年，养老服务市场全面放开，准入条件进一步放宽，养老服务和产品有效供给能力大幅提升
21	《国务院关于印发"十三五"国家老龄事业发展和养老体系建设规划的通知》	2017年2月	综合性	到2020年，居家为基础、社区为依托、机构为补充、医养结合的养老服务体系更加健全
22	《智慧健康养老产业发展行动计划（2017-2020年）》	2017年2月	智慧养老	到2020年，形成覆盖全生命周期的智慧健康养老产业体系，建立100个以上智慧健康养老应用示范基地，培育100家以上具有示范引领作用的行业领军企业，打造一批智慧健康养老服务品牌

第一篇 人口老龄化与CCRC

续表

序号	政策名称	出台时间	政策关键词	主要内容
23	《关于印发〈服务业创新发展大纲（2017-2025年）〉的通知》	2017年6月	综合性	全面放开养老服务市场，加快发展居家和社区养老服务，支持社会力量举办养老服务机构，鼓励发展智慧养老
24	《医疗机构基本标准（试行）》（以下简称《标准》）	2017年6月	医养结合	替换了1994年的旧版标准。《标准》对综合医院中医医院、中西医结合医院、民族医医院、专科医院、口腔医院、肿瘤医院、儿童医院、精神病医院、传染病医院、心血管医院、血液病医院、皮肤病医院、整形外科医院、美容医院、康复医院、疗养院等的设立标准进行了明确规定
25	《国务院办公厅关于制定和实施老年人照顾服务项目的意见》	2017年6月	综合性	发展居家养老服务，为居家养老服务企业发展提供政策支持；加大推进医养结合力度，鼓励医疗卫生机构与养老服务融合发展；倡导社会力量兴办医养结合机构
26	《关于运营政府和社会资本合作模式支持养老服务业发展的实施意见》	2017年8月	社会资本	鼓励运营政府和社会资本合作（PPP）模式推进养老服务业供给侧结构性改革，加快养老服务业培育与发展
27	《关于确定第二批中央财政支持开展居家和社区养老服务改革试点地区的通知》	2017年11月	综合性	确定北京市西城区等28个市（区）位第二批中央财政支持开展居家和社区养老服务试点改革地区
28	《民政部 财政部 关于确定第三批中央财政支持开展居家和社区养老服务改革试点地区的通知》	2018年5月	社区养老居家养老	确定北京市通州区等36个市（区）为第三批中央财政支持开展居家和社区养老服务改革试点地区
29	《民政部办公厅关于贯彻落实国务院常务会议精神做好取消养老机构设立 许可有关衔接工作的通知》	2018年7月	机构审批	研究决定取消养老机构设立许可，在提请修法后实施
30	《中国银保监会关于扩大老年人住房反向抵押养老保险开展范围的通知》	2018年7月	养老金融	进一步深化商业养老保险供给侧结构性改革，积极发展老年人住房反向抵押养老保险，对传统养老方式形成有益补充，满足老年人差异化、多样化养老保障需求

续表

序号	政策名称	出台时间	政策关键词	主要内容
31	《民政部办公厅关于进一步做好养老服务领域防范和处置非法集资有关工作的通知》	2018年8月	养老金融	为进一步防范养老领域非法集资风险，维护金融管理秩序，保障老年人合法权益
32	民政部《养老机构等级划分与评定》（征求意见稿）广泛征求意见的通知	2018年9月	机构评级	《标准》即将印发，拟建立全国统一的养老机构等级评定管理制度
33	《国务院办公厅关于印发完善促进消费体制机制实施方案（2018—2020年）的通知》	2018年10月	机构审批	取消养老机构设立许可，推动医养结合，研究出台医养结合机构服务和管理指南，深入开展长期护理保险试点。开展养老机构服务标准体系建设和养老机构服务质量专项行动

资料来源：昱言养老工作室根据政府网站资料整理。

三、我国主要的老龄政策分析

我国政府各部门为了大力发展民生，推动养老事业的发展而颁布的几百项法律法规和政策中，具有里程碑意义的有：《中华人民共和国老年人权益保障法》（1996年），该法律的发布早于我国进入老龄化社会的时间，标志着中国老年人权益保障工作从此走上法制化的轨道和我国政府应对老龄化问题是有超前意识的；《国务院关于加快养老服务业的若干意见》（2013年），该《意见》颁布于我国养老服务业快速发展，以居家为基础、社区为依托、机构为支撑的养老服务体系初步建立的关键时期，开启了我国养老事业的新纪元，因此2013年也被业内称为"养老元年"；《养老机构设立许可办法》（2013年），该办法的颁布明确了规定了养老机构设立的相关事宜以及适用的范围，加强了对养老机构的监督和管理工作，为了从审批程序上加快养老服务业的发展，2018年李克强总理提出取消养老机构设立许可制度；《关于推进医疗卫生与养老服务相结合的指导意见》（2015年），推动了医疗机构和养老机构的融合发展。

1.《中华人民共和国老年人权益保障法》

1996年我国颁布第一部老年人专项法律——《中华人民共和国老年人权益

保障法》，法律内容分为总则、家庭赡养与扶养、社会保障、参与社会发展、法律责任和附则共六章50条，此次立法明确规定了我国的老年人是指六十周岁以上的公民。

2012年12月十一届全国人大常委会第30次会议修订了《中华人民共和国老年人权益保障法》，修订后的《中华人民共和国老年人权益保障法》分总则、家庭赡养与扶养、社会保障、社会服务、社会优待、宜居环境、参与社会发展、法律责任、附则共九章85条，新法自2013年7月1日起施行。新法把积极应对人口老龄化上升为国家的一项长期战略任务，把老年人的基本需求上升为政府责任，确定了老龄服务体系建设的基本框架和老年人监护制度，将"家庭养老"修改为"居家养老"，突出了对老年人的精神慰藉，增加了社会优待的内容，增加了宜居环境建设的内容。此次修订还规定每年农历九月初九为老年节，同时首次将"与老年人分开居住的家庭成员，应当经常看望或者问候老年人"，也就是说将年轻人"常回家看看"写进法律，不常看望老人将违法。2015年4月24日第十二届全国人民代表大会常务委员会第十四次会议做了第二次修正，修订后的法律增强了实践性。2018年12月29日，《全国人民代表大会常务委员会关于修改〈中华人民共和国劳动法〉等七部法律的决定》修改了《中华人民共和国老年人权益保障法》的部分内容，如删除设立养老机构的条件，增加了"县级以上人民政府民政部门负责养老机构的指导、监督和管理，其他有关部门依照职责分工对养老机构实施监督。"

2.《国务院关于加快养老服务业的若干意见》

2013年9月13日国务院办公厅颁布《国务院关于加快发展养老服务业的若干意见》，意见指出了我国老龄工作的总体要求、主要任务、政策措施、组织领导等方面的要求，明确了我国养老服务业发展的发展目标是"到2020年，全面建成以居家为基础、社区为依托、机构为支撑的，功能完善、规模适度、覆盖城乡的养老服务体系。养老服务产品更加丰富，市场机制不断完善，养老服务业持续健康发展。"《意见》统筹把握了兼顾事业和产业、兼顾当前和长远、兼顾中央和地方、兼顾城镇和农村四个方面的关系，是我国养老服务政策体系中具有里程碑意义的文件，2013年《国务院关于加快发展养老服务业的若干意见》颁布之后，我国的养老服务业有了实质性发展，养老服务政策层出，因此，2013年也被称为"养老元年"。

3.《养老机构设立许可办法》

2013年6月27日民政部部务会议通过的《养老机构设立许可办法》（以下简称《办法》）规定了养老机构设立的条件和程序、许可管理、监督检查、法律责任以及适用的范围，自2013年7月1日起施行。《办法》以老年人权益保障法的规定为依据，细化了养老机构设立许可的条件和程序，提出了养老机构管理服务的内容和要求，是保障老年人合法权益的重要举措。《办法》规定各地民政部门内部在许可上可做适当分工，实行分头负责、统一发证，即经不同部门批准设立的养老机构，最后都由社会福利部门颁发统一编号的《养老机构设立许可证》，强化了对养老机构设立的监督和管理工作。

为了加快养老服务业的发展，深化养老机构改革和放管服，简化审批程序，2018年7月18日，国务院总理李克强主持召开的国务院常务会议上指出，取消养老机构设立许可。随后民政部办公厅颁布《民政部办公厅关于贯彻落实国务院常务会议精神做好取消养老机构设立许可有关衔接工作的通知》研究决定取消养老机构设立许可，在提请修法后实施。2018年10月《国务院办公厅关于印发完善促进消费体制机制实施方案（2018-2020年）的通知》指出在养老领域要"取消养老机构设立许可。建立养老机构分类管理制度，加快推进公办养老机构转制为企业或开展公建民营，建立健全养老领域公建民营相关规范，着力解决托底保障职能与公建民营不协调问题。编制实施国家积极应对人口老龄化中长期规划，支持各类市场主体增加养老服务供给。推动医养结合，研究出台医养结合机构服务和管理指南，深入开展长期护理保险试点。开展养老机构服务标准体系建设和养老机构服务质量专项行动。推动社区养老服务设施全覆盖。"

4.《关于推进医疗卫生与养老服务相结合的指导意见》

2015年国务院办公厅转发国家卫生计生委、民政部等九部门联合制定的《关于推进医疗卫生与养老服务相结合的指导意见》（以下简称《意见》）。《意见》指出："到2017年，80%以上的医疗机构开设为老年人提供挂号、就医等便

第一篇　人口老龄化与CCRC

利服务的绿色通道，50%以上的养老机构能够以不同形式为入住老年人提供医疗卫生服务，老年人健康养老服务可及性明显提升。""到2020年，所有医疗机构开设为老年人提供挂号、就医等便利服务的绿色通道，所有养老机构能够以不同形式为入住老年人提供医疗卫生服务，基本适应老年人健康养老服务需求。"为了实现上述目标，鼓励养老机构与周边的医疗卫生机构开展多种形式的协议合作；养老机构可根据服务需求和自身能力，按相关规定申请开办老年病医院、康复医院、护理院、中医医院、临终关怀机构等，也可内设医务室或护理站，提高养老机构提供基本医疗服务的能力；充分依托社区各类服务和信息网络平台，实现基层医疗卫生机构与社区养老服务机构的无缝对接；鼓励社会力量举办医养结合机构以及老年康复、老年护理等专业医疗机构；鼓励医疗卫生机构与养老服务因地制宜的融合发展。

第三章　CCRC养老社区概述

一、CCRC养老社区概念

CCRC（Continuing Care Retirement Community），持续照料退休社区，是通过为老年人提供自理、介助、介护一体化的居住设施和服务，使老年人在健康状况和自理能力变化时，依然可以在熟悉的环境中继续居住，并获得与身体状况相对应的照料服务的老年宜居住区，如美国的太阳城。CCRC养老社区起源于美国教会创办的组织，至今已经有100多年的历史。有统计显示，美国居住在CCRC养老社区中的老年人平均余寿要比非居住在CCRC养老社区的老年人高出8～10岁，同时医疗保健费用的支出减少30%。在美国，人性化的CCRC养老理念受到了老年人的普遍欢迎与认可。CCRC养老社区通常选择在距离市中心约一小时车程内的交通便利的城市周边地区。

CCRC养老社区的服务对象是退休之后的老年人，按照入住老年人的身体状况，可以分为三类类型：

1）自理老人，即在社区中有独立的住所并且生活能够自理的老年人。社区为这种类型老年人提供基本的生活照料服务，如餐饮、清洁和衣物清洗等；为满足老年人精神生活的需求，社区提供多样化的休闲、娱乐、学习设施，组织各种形式的活动，如老年大学、兴趣协会、节庆活动等，丰富老年人的日常生活；同时，社区还为老年人提供健康管理和医疗服务，如定期体检、建立健康档案、基本的医疗照护等。

2）介助老人，即生活需要照料的老年人。当入住老人的日常生活需要他人帮助照料时，他们将从自理区域转入介助区域。介助区域的居住个体是分开的，但公共设施在同一个区域。介助老人除了享受基本的社区服务之外，还包括日常生活照护，如饮食、穿衣、洗浴、洗漱及医疗护理等，社区还会针对介助老人的特点和需求提供与他们的身体状况相适应的各类活动，丰富其日常生活。

3）介护老人，即生活完全不能自理，需要护理服务的老年人。当居住者生活完全不能自理，完全需要依赖他人的照料时，他们将转入介护区域，得到社区提供的 24 小时有专业护士照料的监护服务。有些社区还可以提供临终护理服务。

二、我国 CCRC 养老社区的发展历程

CCRC 养老社区属于舶来品。虽然我国是 1999 年进入老龄社会的，但是受到我国传统的家庭养老观念和计划经济时期单位办社会体制的影响，我国老年人对养老、养老社区等养老设施存在较大偏见，比如住在机构就等于被家人抛弃，不孝子女才会把父母送入养老机构，养老机构经常打骂虐待老人……因此，养老机构、养老社区在我国的发展一直比较缓慢。

"南亲北太"开启了我国 CCRC 养老社区的发展源头。如今，经历了 2016 年和 2017 年两次股权转让的上海亲和源已经成了宜华健康的全资子公司，而北京太阳城也逐渐沦为地产项目，运营难以为继。长江后浪推前浪，"南亲北太"之后，新的 CCRC 项目不断涌现。如，2003 年金色年华·杭州金家岭退休生活社区开始立项，2008 年项目开业运营；2006 年北京通州东侧燕郊的燕达国际健康城动工，2011 年 8 月 1 日投入运营；2008 年泰康开始关注养老，2015 年泰康之家的旗舰养老社区——燕园开业运营……我国养老社区开始萌芽。综观国内 CCRC 养老社区的发展，大致分为两个阶段：

1. 学习模仿阶段

CCRC 养老社区源于美国，经历了近 100 年的发展已经比较成熟。我国早期的 CCRC 养老社区投资者基本都是出国取经，有的甚至是照搬国外的模式，如泰康之家、北京太阳城学习的是美国模式，天地健康城引进的是澳大利亚的管理经验，九如城与韩国的养老服务运营商合作。但是，发达国家的社会保障体系完善，养老模式是接力式的，即每代人只有一个义务就是哺育孩子，老人赡养问题被推向社会的一种单向循环养老模式。而我国的养老模式是反哺式的，即父母抚育子女，子女长大后再赡养父母的一种双向循环养老模式，养儿防老的观念根深

蒂固。虽然发达社会的 CCRC 养老社区的运营经验丰富，但是单纯的学习引进基本都遇到了水土不服问题。

2. 本土化阶段

痛定思痛，投资者开始寻求本土化的路径。此时，投资者开始将引入的国外经验与我国的实际情况相融合发展。此阶段早期的项目追求空间设计的舒适感，逐渐形成老年住宅设计、装修等的硬件标准，后期更关注服务，逐渐形成中国特色的 CCRC 养老社区模式。项目拓客期缩短，会员制、长租、短租、产权销售等多种方式促进了项目的去化，项目开始实现运营平衡。同时，品牌价值将会受到越来越多的关注。未来，我国 CCRC 养老社区的开发、建设、运营、服务提供等环节开始分化并各自出现专业的供应商，品牌价值更加凸显。

三、我国 CCRC 养老社区的典型特征

发展至今，我国的 CCRC 养老社区尚未形成比较明确的发展模式，但是从项目发展的核心资源来看，大致可以分为以下四类优势资源：

1. 土地资源优势：CCRC 养老社区萌芽时期多为资源型模式，如金色年华·杭州金家岭退休生活社区、燕达国际健康城一期等，这类项目入市较早，社会对养老社区的接受度较低。项目主要依托低廉的土地资源发展。项目虽然是社区型，但是收费模式多参照机构收费模式，收取床位费和服务费，收费相对较低，部分项目开始收取会员费，如亲和源康桥社区。

2. 注重产品打造：随着 CCRC 养老社区的发展和人口老龄化的加重，越来越多的企业试水养老社区，土地成本上升，企业难以获得廉价的土地资源。为了收回项目投资，企业试图寻求通过适老化空间和细节的打造、适老化产品的布置等硬件设施的升级来提升项目质感，打造舒适的老年生活方式引导客户消费，如泰康之家·燕园一期等。此类项目的收费模式多样化，如产权销售、会员制、长租、短租、大额押金、保险模式等。

3. 关注服务：伴随 CCRC 养老社区的硬件设施不断提升和完善形成一定的行业标准，硬件设施不在作为为项目的核心优势。客户追求品质生活，土地成本

上升，硬件设施完善的条件下，服务体系和人员素质等软件成为吸引客户的关键，如万科随园嘉树·良渚。

4. 提升品牌意识：CCRC养老社区发展成熟，硬件和软件形成标准化，市场进入品牌兼并发展时期，品牌大鳄出现。养老服务品牌成为吸引并留住客户的核心因素。

四、我国CCRC养老社区发展环境

CCRC养老社区的发展离不开政策环境、人口环境、经济环境和社会环境等条件的支持。我国发展CCRC养老社区的条件如何呢？

1. 我国CCRC养老社区的政策环境

2013年以来，政府出台了诸多养老政策，大力引导、鼓励、支持养老事业的发展。2018年7月18日李克强总理在主持召开国务院常务会议时更是指出取消养老机构设立许可等17项行政许可事项。但是，这些政策一般涉及主体都是指养老机构或者养老服务设施，CCRC养老社区在我国出现已经十多年，尚未有明确的政策条文予以规范。目前已经开业的CCRC养老社区基本上是按照养老机构的设立流程审批的。随着CCRC养老社区的发展和养老服务体系的成熟，针对CCRC养老社区的专项立法规范和政策的出台值得期待。

2. 我国CCRC养老社区的人口环境

自2010年进入老龄化社会以来，我国老年人口数量一直在不断增加。根据全国老龄办最新的统计，2017年全国新增老年人口首次超过1000万，我国60岁及以上老年人口达2.4亿，占总人口比重达17.3%。预计到2050年前后，我国老年人口数将达到峰值4.8亿，占总人口的34.8%。庞大的老年人口数量是我国CCRC养老社区发展的基础。

3. 我国CCRC养老社区的经济环境

2010年至2017年，我国城镇居民的人居可支配收入翻番，居民消费能力提升，特别是 CCRC 养老社区的目标客户——高净值人群不断增加。根据 2017 年 12 月份民生财富联合社科院国家金融与发展实验室以及东方国信发布的《2017 中国高净值人群数据分析报告》显示我国拥有高净值人群（即可投资资产 600 万元以上人群）达 197 万人，其中 36～55 岁的中年人占七成（这部分人是核心高净值人群，因为他们在决策、发展和消费等方面均为中流砥柱，是投资和消费活跃度最高的群体），三成高净值人群汇聚在广东、上海和北京。高净值人群可投资资产规模接近 65 万亿元。在年龄阶段上，36～55 岁共计占比七成左右。其中，46～55 岁是高净值人群比例最多的区间，为 39%；其次是 36～45 岁，占比 31%。在教育水平上，拥有本科学历的人群比例最高，为 36.8%；其次是高中学历，为 27.0%，再次是硕士学历，为 25%；拥有博士学历比例为 1.5%，高中以下学历人群比例为 8.8%。需要特别关注的是 46～55 岁是高净值人群占比最多的年龄段，这部分人知识水平高，思想观念相对开放，消费能力强，追求生活品质。但是他们的生育期正处于我国的计划生育时期，子女数量少，家庭规模小型化，难以负担其养老需求，需要可以满足其需求的品质型养老项目的出现。而定位中高端的 CCRC 养老项目恰好可以满足这一需求。

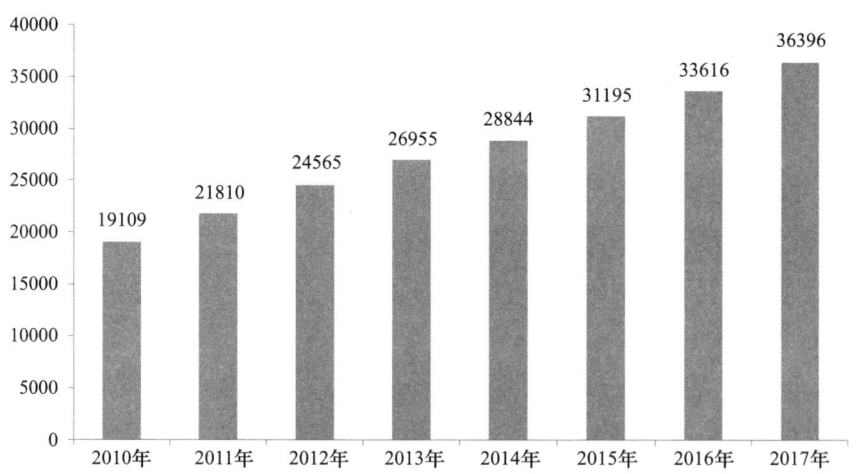

数据来源：国家统计局《中国国民经济与社会发展统计公告》（2010—2017 年）。

图 3.4-1　2010～2017 年我国城镇居民人均可支配收入（单位：元）

4. 我国 CCRC 养老社区的社会环境

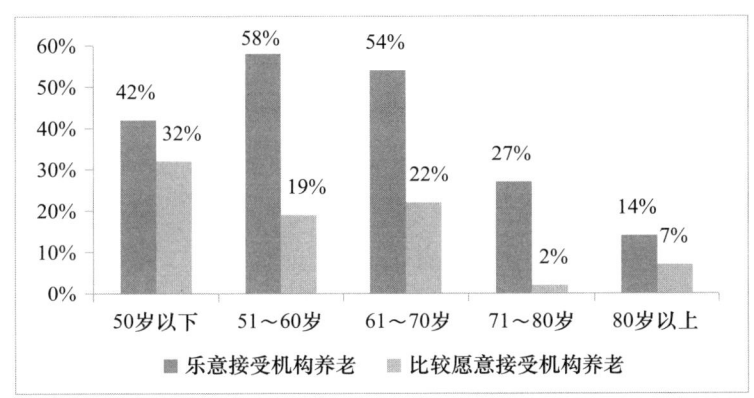

数据来源：昱言养老工作室调研数据（2018 年）。

图 3.4-2　北京市老年人养老意愿和养老方式调研

我国老年人传统的养老观念是养儿防老，随着家庭规模的缩小、421 家庭结构或者 422 家庭结构的固化、社会化养老方式的完善，越来越多的人会选择社会化养老方式。根据昱言养老工作室对北京市 2000 名老年人进行的养老意愿和养老方式的调研结果显示：50 岁以下、51～60 岁、61～70 岁三个年龄段人口乐意接受机构养老的比例均超过了 40%，比较愿意接受机构养老的比例基本也超过了两成。这说明，我国新进入老龄阶段的老年人对养老机构的接受度提高，养老观念更加开放。CCRC 养老社区发展的社会环境变好。

第四章 我国现有 CCRC 养老社区分析

CCRC 养老社区源于美国，属于舶来品，虽然在我国经过 10 多年的发展已经有不少项目，但是并没有形成比较完善的发展模式或者说是发展规律。昱言养老工作室一直致力于养老项目的研究，经过深入的系统的研究得出如下结论，希望可以对行业的发展有所贡献。

一、CCRC 养老社区选址

目前我国 CCRC 养老社区项目可以分为单一核心城市型 CCRC 养老社区项目、多核心城市型 CCRC 养老社区项目以及旅养结合型 CCRC 养老社区项目，主要分布在京津冀区域、长三角区域、珠三角区域、西南区域以及海南省；影响项目分布的主要因素有政策条件、经人口条件（老龄化水平）、经济发展、交通条件、周边资源等因素；在城市内部的区位选择上，CCRC 养老社区项目一般位于城市郊区交通便捷的区域。

1. 我国 CCRC 养老社区的选址分类

1）单一核心城市型 CCRC 养老社区项目

单一核心城市型 CCRC 养老社区项目通常建于某个人口老龄化严重、经济发达的城市郊区，项目客户主要来源于这一核心城市，绝大多数 CCRC 养老社区项目都属于这种类型。比较典型的项目如位于北京燕郊的燕达国际健康城，因为紧邻北京的地缘优势，项目北京客源占到 90% 以上；如天津的康宁津园，天津本地客户占到了九成左右。

2）多核心城市型 CCRC 养老社区项目

多核心城市型 CCRC 养老社区项目一般位于经济发达的城市群腹地，项目所属城市本身的老龄化人口不足以支撑项目发展，但是可以依托便捷的交通网络、优良的生态环境、高性价比的消费等因素吸引周边大城市的老年人口来此养老。这类项目对周边城市群的依赖性极强，在我国集中分布在长三角区域，比如地处长三角城市群核心腹地的乌镇雅园。2013年10月乌镇雅园第一次开盘，同年年底，乌镇全镇总人口57129人，其中城镇人口10468人，显然，项目的目标客源不是乌镇。同期，乌镇周边的上海、苏州、宁波、无锡、湖州等均已进入老龄化。依托乌镇国家5A级景区的生态环境、古镇的人文以及长三角便捷的交通网，项目大量的客户来自周边这些城市。同类型的项目还有平安保险在桐乡的合悦江南、保利在西塘的西塘越等。

3）旅养结合型CCRC养老社区项目

随着旅游业的快速发展，老年人在旅游群体中占的比例不断升高，使得与旅游、养生资源结合的养老项目逐渐升温。旅养结合型CCRC养老社区项目一般位于生态资源良好或者有某种特殊的养生资源且交通较为便捷的地方，比如旅游资源丰富的成渝地区，气候环境特殊的海南省等。典型的项目有泰康之家·三亚海棠湾度假村（三亚）、泰康之家·吴园（苏州）等。

2. 我国现有CCRC养老社区布局分析

目前我国CCRC养老社区项目主要分布在京津冀区域、长三角区域、珠三角区域、西南区域以及海南省等或经济发达或老龄化水平严重或生态资源和气候条件有优势的区域或兼而有之的区域：

1）京津冀区域：京津冀区域是我国经济发达，老龄化比较严重的区域之一，其中北京和天津的户籍人口老龄化程度均已经接近四分之一。随着京津冀一体化进程和北京首都非核心功能的外移，北京市养老功能将逐渐向外扩散转移至周边区域。该区域比较具有代表性的CCRC养老社区项目有燕达国际健康城、泰康之家·燕园、康宁津园以及云杉镇等。

2017年底京津冀区域老龄化状况　　表4.1-1

	60岁以上人口数量（万）	60岁以上人口占比
全国	24100	17.3%
北京（户籍）	333.3	24.5%
天津（户籍）	246.06	24.4%
河北（户籍）	1332	17.2%

数据来源：2018年北京、天津、河北民政部门统计数据。

2）长三角区域：根据 2016 年 5 月国务院批准的《长江三角洲城市群发展规划》，长江三角洲城市群（简称长三角城市群）包括：上海，江苏省的南京、无锡、常州、苏州、南通、盐城、扬州、镇江、泰州，浙江省的杭州、宁波、嘉兴、湖州、绍兴、金华、舟山、台州，安徽省的合肥、芜湖、马鞍山、铜陵、安庆、滁州、池州、宣城等 26 市，占地面积 21.17 万平方公里，区域范围包括"一市三省"。长三角城市群区域是我国经济最发达的区域，该地区的老龄化程度也十分严重。此区域特别是长三角核心城市的 CCRC 养老社区代表性项目比较多，如上海的天地健康城、新东苑·快乐家园、亲和源康桥社区，杭州的万科随园嘉树·良渚、金色年华·金家岭退休生活社区，乌镇的乌镇雅园，桐乡的平安·合悦江南等。

2017 年长三角城市群区域老龄化状况 表 4.1-2

	60 岁以上人口数量（万）	60 岁以上人口占比
全国	24100	17.3%
上海（户籍）	479.8	33.2%
江苏（常住）	1756.21	22.51%
浙江（常住）	1080.08	21.77%
安徽（常住）	1135.9	18.16%

数据来源：2018 年上海、江苏、浙江、安徽等民政部门统计数据。

3）珠三角区域：珠三角区域包括广东省的广州、深圳、珠海、东莞、佛山、中山、惠州、江门和肇庆等九个市，这也是我市场经济经济发达的区域，但是与京津冀区域和长三角区域不同的是，因为该区域在过去很长一段时间是人口净流入区域，因此目前区域的老龄化程度并没有上述两个区域这么严重，目前的代表性的 CCRC 养老社区项目有泰康之家·粤园。根据胡润研究所《2017 中国高净值人群医养白皮书》显示，在医疗需求方面，珠三角地区高净值人群表示"有明显提升"的比例高达 45%；本人养老规划上，未来打算入住"高端养老社区"的比例较高，尤其在深圳地区，超过八成表示出较强的意愿。预计在未来几年将成为该区域老龄人口增长的高发期，CCRC 养老社区的发展也会比较迅速。

第一篇　人口老龄化与 CCRC

2017 年珠三角城市群区域老龄化状况　　　　表 4.1-3

	60 岁以上人口数量（万）	60 岁以上人口占比
全国	24100	17.3%
广州（户籍）	161.85	18.03%
深圳（户籍）	28.87	6.6%
珠海（户籍）	15.83	13.32%
东莞（2015 年户籍）	195.01	15.26%
佛山（户籍）	73.87	17.6%
中山（2016 年户籍）	24.76	15.6%
惠州（2016 年户籍）	46.96	12.89%
江门（户籍）	76.5	19.4%
肇庆（户籍）	—	—

数据来源：2018 年表格中城市民政部门统计数据。

4）西南区域：我国西南部的贵州、四川、重庆等地区虽然经济发展水平有限，但是人口老龄化形势严峻，生态环境具备一定的优势，因此也是我国 CCRC 养老社区项目异军突起的区域。其中截至 2017 年底，贵州省 60 岁及以上人口达到 573.52 万人，占总人口的 16.02%；四川省 60 岁及以上人口达到 1751 万，占常住人口比重 21.09%；2018 年重庆市 60 周岁及以上人口 621.76 万人，占比为 20.2%。该区域比较具备代表性的项目有成都泰康之家·蜀园、重庆合展天池养护中心、贵阳中铁太阳谷。

5）海南省：海南省冬季平均气温为 18～25 度，吸引大量的旅居老人来此避霾避冬。据海南省 2015 年的统计，在海南过冬的旅居老人大约有 45 万人。调查显示，海南省候鸟老年人群的户籍地主要在北方地区，特别集中在黑龙江省、吉林省、北京市以及辽宁省。因此海南省的 CCRC 养老社区具有典型的旅居特点，比如泰康之家·三亚海棠湾度假酒店等。

3. CCRC 养老社区选址因素分析

开业比较早的 CCRC 养老社区项目多是摸着石头过河，所以当时的项目一般以项目定客户，项目的选址没有固定的标准，主要以核心城市有需求带动项目发展。经过十多年的发展，CCRC 养老社区项目逐渐开始本土化和规范化，逐渐开始转变为以客户定项目。

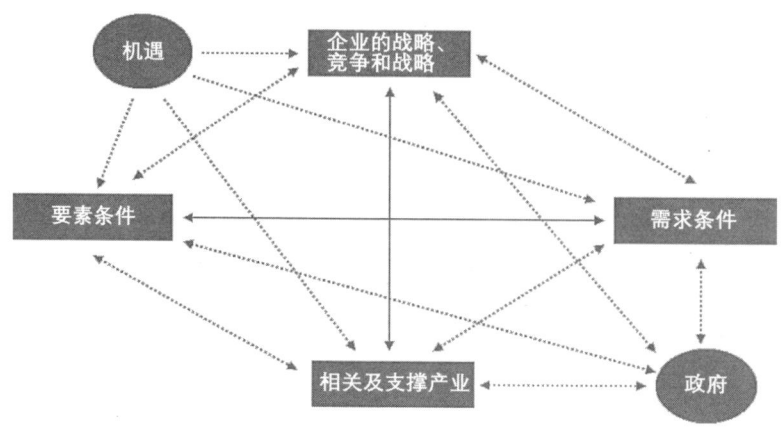

图 4.1-1　波特钻石模型示意图

对于 CCRC 养老社区项目选址因素的分析可以借助波特的钻石模型来分析。波特钻石模型（Michael Porter diamond Model）又称波特菱形理论、钻石理论及国家竞争优势理论，是由美国哈佛商学院著名的战略管理学家迈克尔·波特于 1990 年提出的，用于分析一个国家如何形成整体优势才能在国际上具有较强竞争力。"钻石模型"是由生产要素、需求条件、相关与支持性产业、企业战略及其结构以及同业竞争四个要素组成的，这是构成"钻石模型"的基本要素。此外，波特还在钻石体系内加入了机会和政府两个变量。钻石模型的命名，来自于这四个要素和两个变量所构建的菱形关系。

用钻石模型分析 CCRC 养老社区项目选址要考虑如下因素：

1）政府：钻石模型中的"政府"变量对应 CCRC 养老社区项目选址"政策和规划"，国家和地方的养老政策、土地政策、准入政策和补贴优惠政策等以及城市养老规划。波特认为，政府的角色是为产业和企业的发展提供良好的环境，而非直接参与。对于生产要素，政府需要加大教育投资，与企业共同创造专业性强的高级生产要素。关于竞争，政府需要做的是鼓励自由竞争。政府对经济的另一大影响措施是政府采购，在这一点上，政府可以扮演挑剔客户的角色，这对国内企业产业升级和技术创新尤其重要。随着养老行业的发展，政府的作用越来越重要。

2）机遇：机遇是可遇不可求的，这些机遇并不是孤立的，而是同钻石模型的其他要素联系在一起的。如城市的经济发展水平、高净值人口数量、城市老年人的退休金水平和消费水平等城市经济条件，人口老龄化率、老年人口总量、未来老年人口的增长等人口因素等。

3）生产要素：波特把生产要素分为初级生产要素和高级生产要素，初级生产要素是指企业所处国家和地区的地理位置、天然资源、人口、气候以及非技术人工、融资等。对应到CCRC养老社区项目的选址因素中有交通条件、周边资源、自然因素。交通条件上，CCRC养老社区项目一般位于距离市中心车程通常为30～60分钟车程的城市郊区、项目紧邻主干道或者距离高速入口3千米以内的地方；周边有医疗资源和完善的生活配套等；风向、污染源、气候、水文、生态条件等自然条件优质的地方。高级生产要素包括高级人才、科研院所、高等教育体系、现代通讯的基础设施等，需要在人力和资本上先期大量投资才能获得。波特认为，在现代社会，初级生产要素的重要性已经变得越来越小，而高级生产要素则日益扮演着更加重要的角色。目前我国养老行业处于发展阶段，随着行业的进步高级生产要素会越来越重要。

4）需求条件：需求条件主要是指国内市场的需求。内需市场是产业发展的动力，主要包括需求的结构、需求的规模和需求的成长等。从长远来看，内行而挑剔的客户需求对企业造成的压力也非常有利于企业的成长，一旦企业能够满足国内内行而挑剔的客户，那么当企业面对国外或者其他不挑剔的客户时，就会比其他企业具有更大的竞争优势。需求条件的另一个重要方面是预期需求。对于CCRC养老社区项目而言，需求条件主要有人口对养老机构的接受程度、城市现有养老服务设施的状况等社会指标以及未来老年人口对养老服务的需求等。

5）相关与支持性产业：波特认为单独的一个企业以至单独一个产业，都很难保持竞争优势，只有形成有效的"产业集群"，上下游产业之间形成良性互动，才能使产业竞争优势持久发展。养老产业的发展也是如此。一个CCRC养老社区的选址需要考虑城市周边产业条件、城市的主导产业、康养相关的上下游产业的发展等。

6）企业战略及其结构以及同业竞争：波特认为，企业的战略、组织结构和管理者对待竞争的态度，往往同国家环境和产业差异相关。一个企业要想获得成功，必须善用本国的历史文化资源，形成适应本国特殊环境的企业战略和组织结构，融入当地社会，并符合所处产业的特殊情况。CCRC养老社区的选址也要充分考虑企业战略及其结构、现有 CCRC 养老社区的发展等，整合企业内外部资源发展项目。

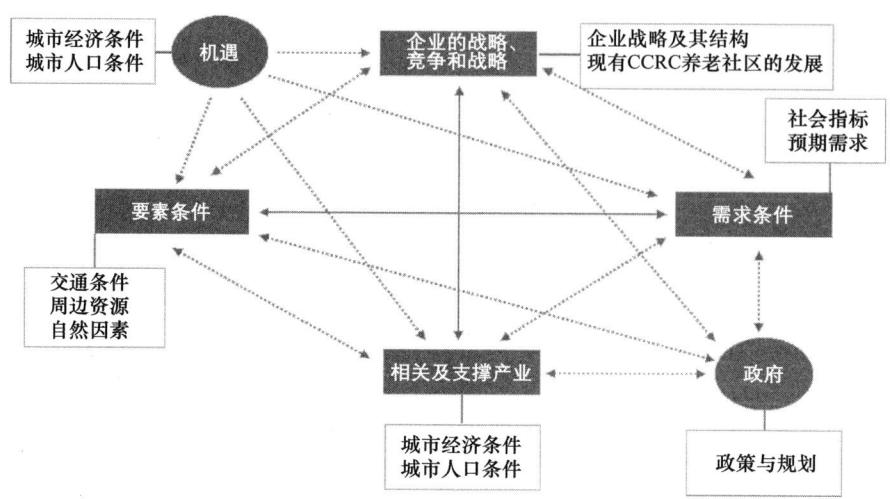

图 4.1-2　CCRC 养老社区选址因素的波特钻石模型示意图

二、CCRC 养老社区规划指标分析

CCRC 养老社区项目的体量要根据具体的项目情况合理设置，一般在 100～400 亩之间。为了满足自理人、介助老人和介护老人的不同需求需要设置居住产品、公共配套和医疗康复产品。

1. 项目体量

CCRC 养老社区项目的体量不宜过大，根据项目的情况一般为 100～400 亩之间比较适宜。项目太小不利于规模化经营，项目太大后期的销售和运营管理难度会增加。如果地块面积过大，建议项目引入康养相关产业作为项目的产业核发展，如燕达国际健康城。

2. 项目产品及比例关系

作为持续照料型退休社区，CCRC 养老社区项目的服务对象包括自理老人、介助老人和介护老人，其中自理老人可以独立生活，属于享受型老人，主要的服务需求是居住、基本生活服务、休闲娱乐、自我提升、医疗等；介助老人生活需要别人协助，主要的服务需求是居住、生活照料服务、部分休闲娱乐、医疗康复等；介护老人身体状态差，需要居住、护理服务、少量休闲娱乐、医疗康复等。因此 CCRC 养老社区项目在设计产品在充分考虑不同老人的需求设计好居住功能、公共配套功能和医疗康复功能的面积比例。结合国内运营良好的十余家 CCRC 养老社区项目，除个别特殊项目外，一般的项目居住功能面积占比约为 60%～80%，医疗康复功能面积占比为 10%～20%，其他公共配套功能面积占比约为 10%～20%。具体到实际操作时需要综合考量项目的具体情况细致的分析，不能一概而论。

三、CCRC 养老社区居住功能分析

CCRC 养老社区项目的居住功能分为两类，一类是针对自理老人的独立生活区，通常以"套"为单位计量；一类是针对借助老人和介护老人的养护院或护理院，通常以"床"或"房"为单位计量。据相关统计数据显示，美国 CCRC 养老社区项目中，自理业态平均约占项目总量的 62%，介助业态和介护业态约占项目总量的 38%。根据我国现有的 CCRC 养老社区的情况看，一般项目中自理业态平均约占项目总量的 80%～90%，介助和介护业态平均约占项目总量的 10%～20%，不同项目之间存在一定的差异，需要具体项目具体分析。

目前营业的 CCRC 养老社区项目独立生活区的户型有开间、一居、两居和三居，其中开间建筑面积约为 40～60m^2，一居建筑面积约为 60～80m^2，两居建筑面积约为 80～120m^2，三居建筑面积约为 120～140m^2；主力户型为一居和两居户型，这两种户型合计占项目总套数的比例约为 80%～90%。从分期开发的 CCRC 养老社区项目看，一期的户型面积通常会比较大，之后开发的居住产品相对一期产品面积会缩小，更加简约实用，功能空间上会预留更多可以改造的空间。

CCRC 养老社区项目内的协助/介护生活区以床位为主，常见的房型是单人间和双人间，有些养老社区出于特殊考虑会设置少量的套间、三人间、四人间甚至六人间。单人间建筑面积约为 20～30m^2，双人间建筑面积约为 25～35m^2。

四、CCRC 养老社区配套功能分析

CCRC 养老社区项目的公共配套基本都会囊括餐饮设施、休闲娱乐设施、文化学习设施、健身活动设施、生活服务设施以及地方特色的配套等，为老人打造成熟的居住氛围和完善配套设施。为了节约成本，CCRC 养老社区项目独立生活区的公共配套以方便老人走出家门建立新的社交圈为目的，以集聚分布为主，每栋养老公寓内也会分散设置少量公共配套；协助/介护生活区以方便老人使用为目的，一般会集中分布在每栋楼的某层，同时每层也会适量设置。

CCRC 养老社区项目独立生活区的公共配套的聚集分布的形态有如下两种：

1）集中式分布

集中式分布有两种情况：一是 CCRC 养老社区项目的布局以集中分布的公共配套为核心向外扩散，如万科随园嘉树·良渚的整体布局就是围绕其"金十字"配套区并且通过风雨连廊与公寓楼无缝连接，乌镇雅园的分布也是以颐乐学院为核心的。二是公共配套集中分布在项目的一隅，如金色年华·杭州金家岭退休生活社区的公共配套集中分布在项目的东北角。集中式分布有利于公共配套的管理，降低管理成本和人员配置；方便老人集中活动，有利于其扩展社交圈。但是，集中式分布的公共配套适合地块比较方正且规模适度的项目，如果项目地块狭长或者规模过大，不方便老人使用公共配套。

2）组团式分布

组团式分布是指 CCRC 养老社区项目的公共配套在各个养老公寓组团中集聚分布。比如康宁津园的服务服务岛。康宁津园的 12 栋养老公寓和 3 栋配套建筑分成五组围合式公寓建筑，分布 6 个服务岛区（3 个生活服务岛以及泊泰医院、中央厨房、康宁温泉酒店），这种护理站、服务岛等公共配套的设置方式既方便管理和服务的实施，又使入住老人更有安全感和归属感。组团式分布的公共配套有利于本组团的老人使用，特别是地块狭长或者规模过大的项目。但是，每个独立的公共配套组团的设置专门的服务人员增加人员成本；同时不同的公共配套组团的功能需要重复设置，会增加公共配套面积，增加建设成本；老人多在本组团活动，不利于社交圈的重构。

五、CCRC 养老社区医疗康复功能分析

CCRC 养老社区项目医疗机构的设置至关重要，社区规模、周边医疗资源状况、开发商可及的医疗资源等因素是影响其医疗机构类型和等级选择的主要因素。一般如果 CCRC 养老社区周边有优质的医疗资源，社区内部设置的医疗机构可以满足本社区的基本需求即可；如果 CCRC 养老社区周边无优质的医疗资源，社区内部设置的医疗机构等级可以高一些，满足社区医疗需求的同时承担周边居民的医疗服务职责。CCRC 养老社区项目较常设置的医疗机构有一级综合医院、二级康复医院、护理院、社区卫生服务中心等，如康宁津园设置的泊泰医院（一级综合），泰康之家的养老住区标配的医院是二级康复医院，新东苑·快乐家园设置了快乐家园护理院，天地健康城是德颐护理院等。但是，也有些项目因为特殊情况设置级别更高的医疗机构，如燕达国际健康城立项时所处的燕郊地带无可借用的优势医疗资源，为了项目的发展燕达参照三级综合医院标准自建建筑面积 60 万 m^2 的燕达国际医院，乌镇雅园所在的雅达国际健康城区域建设了三级康复医院——雅达国际医院。

在 CCRC 养老社区项目中，服务于内部老人的医疗机构一般会临近项目中的养护院分布，有些也会和养护院或护理院设置在同一栋楼内。如果 CCRC 养老社区项目的医疗机构同时承担为社区内部老人和周边居民提供医疗服务的职责，则需要设置项目交通便捷、方便将内外部服务区的通道分开的地方。

对于不同等级的医疗机构的设置规范，国家有具体的标准。2017 年 6 月 12 日国家卫计委颁布《医疗机构基本标准（试行）》代替 1994 年颁布的《医疗机构基本标准（试行）》，这是 23 年以来国家第一次修改医疗基本标准，相比之下，新颁布的基本标准医院的分类细化，床位数的界定更加明确，并且明确规定了门诊部、诊所、卫生所（室）、医务室、卫生站，急救中心/站，护理院/站等医疗设施的设置标准。值得注意的是，新的基本标准取消了康复医院的等级划分和康复大厅的面积规定（1994 年《医疗机构基本标准（试行）》规定三级康复医院康复大厅不得小于 $3000m^2$，二级康复医院康复大厅不得小于 $800m^2$）。从 2017 年《医疗机构基本标准（试行）》的规定非常有利于医养结合模式的推动。

2017年《医疗机构基本标准（试行）》医疗机构床位及面积数（部分）　　表 4.5-1

医院类型	医院细分	医院等级	建筑面积（a）	床位数（b）	单床建筑面积	单床净使用面积	日平均门诊人次占门诊建筑面积	备注
综合医院	综合医院	一级	a ≤ 4500m²	20 ≤ b ≤ 99	≥ 45m²	—	—	
		二级	4500m² ≤ a ≤ 22455m²	100 ≤ b ≤ 499	≥ 45m²	≥ 5m²	≥ 3m²	
		三级	a ≥ 30000m²	b ≥ 500	≥ 60m²	≥ 6m²	≥ 4m²	
	中医医院	一级	600m² ≤ a ≤ 2370m²	20 ≤ b ≤ 79	≥ 30m²	—	—	门诊中医药治疗率不低于85%，病房中医药治疗率不低于70%
		二级	2800m² ≤ a ≤ 10465m²	80 ≤ b ≤ 299	≥ 35m²			
		三级	a ≥ 13500m²	b ≥ 300	≥ 45m²			
	中西医结合医院	一级	700m² ≤ a ≤ 2765m²	20 ≤ b ≤ 79	≥ 35m²			
		二级	4000m² ≤ a ≤ 13960m²	100 ≤ b ≤ 349	≥ 40m²			
		三级	a ≥ 15750m²	b ≥ 350	≥ 45m²			
专科医院（部分）	口腔医院	二级	675m² ≤ a ≤ 2205m²	15 ≤ b ≤ 49	≥ 45m²	≥ 6m²	—	病床
			600m² ≤ a ≤ 1770m²	20 ≤ c ≤ 59	≥ 30m²	≥ 6m²		牙科治疗椅（c）
		三级	a ≥ 3000m²	b ≥ 50	≥ 60m²	≥ 6m²		病床
			a ≥ 2400m²	c ≥ 60	≥ 40m²	≥ 6m²		牙科治疗椅（c）
	心血管病医院	三级	a ≥ 9000m²	b ≥ 150	≥ 60m²	≥ 6m²	≥ 4m²	
	康复医院	—	a ≥ 900m²	b ≥ 200	≥ 45m²	—		主要建筑设施符合无障碍设计要求，并有扶手或栏杆

续表

医院类型	医院细分	医院等级	建筑面积（a）	床位数（b）	单床建筑面积	单床净使用面积	日平均门诊人次占门诊建筑面积	备注
专科医院（部分）	疗养院	—	a≥4500m²	b≥100	≥45m²	≥6m²	—	每床占地面积不低于250m²，绿化面积不少于可绿化面积的80%
门诊部	综合门诊部	—	a≥400m²	—	—	—	—	每室必须独立
	中医门诊部	—	a≥300m²	—	—	—	—	中医门诊部的中医药治疗率不得低于85%，每室必须独立
	中西医结合门诊部	—	a≥300m²	—	—	—	—	每室必须独立
	民族医门诊部	—	a≥200m²	—	—	—	—	每室必须独立
	普通专科门诊部	—	a≥200m²	—	—	—	—	每室必须独立
	口腔门诊部	—	a≥120m²	c≥4	≥30m²	≥6m²	—	牙科治疗椅（c）
诊所、卫生所（室）、医务室、卫生站	诊所、卫生所/室、医务室	—	a≥40m²	—	—	—	—	每室必须独立
	中医诊所	—	a≥40m²	—	—	—	—	医药治疗率不得低于85%
	中西医结合诊所	—	a≥40m²	—	—	—	—	每室必须独立
	民族医诊所	—	a≥30m²	—	—	—	—	
	口腔诊所	—	a≥25m²	c≥1	≥25m²	≥6m²	—	牙科治疗椅（c）

续表

医院类型	医院细分	医院等级	建筑面积（a）	床位数（b）	单床建筑面积	单床净使用面积	日平均门诊人次占门诊建筑面积	备注
诊所、卫生所（室）、医务室、卫生站	卫生站	—	$a \geq 30m^2$	—	—	—	—	治疗、处置、消毒供应等活动相对隔开
急救中心/站	急救站		$a \geq 400m^2$					—
	急救中心		$a \geq 1600m^2$					治疗、处置、消毒供应等活动相对隔开
护理院/站	护理站		$a \geq 30m^2$					—
	护理院	—	$a \geq 600m^2$	$b \geq 20$	$\geq 30m^2$	$\geq 5m^2$		—

资料来源：昱言养老工作室根据《医疗机构基本标准（试行）》（2017年）整理。

六、CCRC养老社区服务体系分析

CCRC养老社区项目的服务人群包括自理老人、介助老人和介护老人。如前文所述，不同的身体状况的老人对养老服务的需求不同。因此，CCRC养老社区项目一般都会搭建包含生活照料服务、文化娱乐服务、餐饮服务、健身康体服务、医疗服务、康复服务、其他服务等板块的服务体系，有些项目会根据地方特色或者年人的特殊需求提供一些定制化服务。

服务体系是否完善影响CCRC养老社区项目的成败，而服务的质量又取决于服务执行者，也就是照护人员的素质。一个好的服务团队的存在甚至可以弥补项目硬件设施的不足造成的项目短板，因此，CCRC养老社区项目服务团队的培养至关重要。

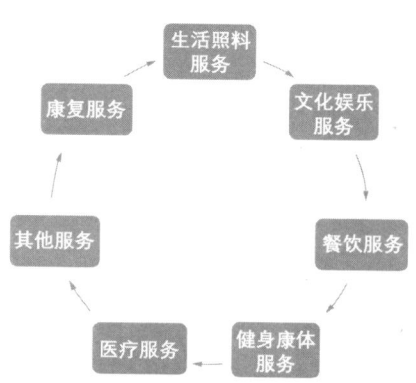

图4-.6-1　CCRC养老社区服务体系

七、CCRC 养老社区运营及收费模式分析

1. 运营模式

综观国内外养老项目的运营情况，委托运营、独立运营以及合作运营是主要的运营模式。目前国内 CCRC 养老社区项目的运营方式以开发商独立运营为主，少数项目属于合作运营。之所以造成这种状况，一方面是因为 CCRC 养老社区项目规模较大，对运营要求高，但是国内同类项目起步晚，项目盈利模式不清晰，国内尚无发展比较成熟的养老社区服务运营商。另一方面，因文化传统以及社会保障制度的差异，进入国内的国外养老服务运营商需要本土化。因此，多数国内的 CCRC 养老社区项目的开发商在考察国内外项目的基础上选择自建运营团队管理项目，比如燕达国际健康城、天津康宁津园和杭州金色年华·金家岭退休生活社区。当然，也有个别项目会与国外的养老服务运营商合作成立运营公司管理项目，如上海新东苑·快乐家园与埃顿服务（Aden Service）成立埃星物业管理公司来管理项目。

入住率是 CCRC 养老社区项目的命脉。项目的运营管理团队、服务人员素质、收费方式和收费水平、产品设计、服务体系、营销策略等都是影响入住率的重要因素。对于首次试水 CCRC 养老社区项目的公司而言，不能一味地追求项目入住率的提高，前期的市场培育期和口碑培养更为重要，项目可以通过分批开放来控制项目的入住率，以便根据项目发展和客户的需求及时调整运营策略。通常，一个 CCRC 养老社区项目的入住率达到 60%～80% 之后可以实现项目运营平衡。CCRC 养老社区项目的总投资较大，一般需要 10 年左右的时间收回。

2. 收费模式

CCRC 养老社区项目的居住产品可以分为养老公寓和养护院两类，其中养老公寓对应的是以"套"为单位养老公寓，收费模式灵活多样，诸如产权销售、共有产权销售、使用权销售、会员制、租赁（长租和短租）等均有项目采用。因为产权销售受土地性质的限制较大，目前采用这种方式的项目减少。养护院对应的

是以"床"或"房"为单位的养老床位,收费方式以收取床位费、服务费和餐费为主。

CCRC养老社区独立生活区收费模式及案例　　表 4.7-1

收费模式	收费方式	案例	收费内容
产权销售	产权销售	天地健康城独立式公寓	产权销售＋年服务费
	共有产权	恭和家园	共有产权费用＋月服务费＋餐费
租赁	长租	杭州金色年华·金家岭退休生活社区居养区	一次性床位费＋月服务费＋餐费
	短租	燕达国际健康城一期	月养护费（床位费＋服务费）＋餐费
会员制	会员制	上海新东苑·快乐家园	白金会籍（10年）：会员费＋月服务费 翡翠会籍（20年）：会员费＋月服务费 钻石会籍（50年）：会员费＋月服务费
保险模式	保险模式	泰康之家·燕园	保险＋入住押金＋月费

说明：表中为2018年下半年各项目的收费模式，仅供参考，具体以项目公布的为准。

八、CCRC养老社区客户分析

从实际入住CCRC养老社区项目的客户看，在职业、年龄、费用来源、区域分布上有如下特点：

职业构成：以科教文卫公行业的退休人员、企业高管、私营企业主等追求晚年生活品质的老人为主；

年龄构成：入住养老社区的老人平均年龄在70岁以上；

费用来源：入住养老社区的费用以老人自己承担为主，部分老人的费用由子女支付；

区域分布：入住养老社区的老人主要来源于项目所在的城市；有些项目的客户主来源地为项目周边的核心大城市，如燕达国际健康城的老人95%来自北京市主城区；有些项目的客户来源于项目周边的多个城市，如乌镇雅园。

经过10多年的发展，CCRC养老社区的发展逐渐开始走向专业化、规范化和标准化。随着本土化进程的加速，未来CCRC养老社区将会更加关注老年客户的感受，以用户导向为前提，为老年人创立一种不同于传统观念的兼具人文关怀和温馨体验的晚年生活方式。

第二篇

CCRC 项目观

第五章 案例选取标准及分析指标说明

昱言养老工作室一直致力于研究国内外养老产业的发展,为客户提供优质及时的专业服务,本书按照业态完整性、服务持续性、市场认可以及特色鲜明四个主要维度选取了八个案例,其中精选案例有燕达国际健康城、杭州金色年华·金家岭退休生活社区、上海天地健康城、上海新东苑·快乐家园,普通案例有泰康之家·燕园、恭和家园、万科随园嘉树·良渚、上海康桥亲和源,深入研究项目,力求为读者呈现最完整的项目资料和发展脉络。

一、案例选取标准

受到国内养老行业发展现状的影响,我国 CCRC 养老社区项目目前鱼龙混杂,既有真正做养老的,也有做噱头借此跑马圈地的。昱言养老工作室力求从众多项目中选取最合适的项目以飨读者,具体选取标准如下:

1. 业态完整性。项目业态必须完整覆盖 CCRC 所包含的功能,即项目针对自理老人、介助老人和介护老人的身体状态与需求等进行业态分区。
2. 服务持续性。项目必须提供持续的运营服务,可以为入住老人提供从生活完全自理到失能失智甚至是临终关怀的持续照料服务。
3. 市场认可。项目市场知名度高,销售情况、入住率和运营良好。
4. 特色鲜明。项目自身具有鲜明的特色,在业内具备典型性和代表性。

二、分析指标说明

本书的案例研究部分将从项目背景、项目周边环境、项目规划、项目居住产品、项目公共配套、项目医疗配套与医疗资源、项目适老化与无障碍、项目服务体系、项目运营及收费模式、项目客户及入住率、项目投资回收期等十一个一级指标对入选案例进行系统翔实的分析。

需要特别说明的是在项目规划指标中的项目功能配比中：

1）居住功能是指养老公寓部分的建筑面积和占比，不含护理院/养护院等；

2）医康功能包含医院和护理院/养护院等具备医疗康复功能的建筑面积和占比；

3）配套功能是指除上述两项功能之外的其余建筑面积。

之所以如此划分，一方面是因为二者共同承担着养老社区的医疗康复功能，有着千丝万缕的联系；另一方面是因为有些项目的医院与护理院/养护院设置在一起，项目本身也没有做拆分。

三、入选案例特色

按照上述标准，经过昱言养老工作室多次研讨和考察，最终从众多CCRC养老社区项目中选定了两类案例：

第一类为精选案例：燕达国际健康城、杭州金色年华·金家岭退休生活社区、上海天地健康城、上海新东苑·快乐家园四个来自不同区域、处于不同发展阶段的案例，每个案例特色如表5-1所述。

第二类为普通案例：泰康之家·燕园、恭和家园、万科随园嘉树·良渚、上海康桥亲和源等发展比较成熟的案例。

精选案例特色　　　　　　　表5.3-1

案例名称	所在城市	案例特色
燕达国际健康城	北京	超大型养老社区、医养融合、产业化发展
金色年华·金家岭退休生活社区	杭州	入市早、二线城市远郊、文化养老
天地健康城	上海	销售＋持有运营混合型社区、澳洲模式、全龄概念
新东苑·快乐家园	上海	上海首块持有型养老用地、多文化主题

第六章　燕达国际健康城
——京津冀养老一体化示范单位

案例导读：

燕达国际健康城位于北京东燕郊经济技术开发区，紧邻通州，距北京市中心30公里，是河北省重点项目，也是京津冀养老一体化示范单位。项目占地面积1200亩，总建筑面积约180万 m^2，总投资约150亿元，由河北燕达医院、燕达金色年华健康养护中心、燕达医学研究院（与医院合并）、燕达医护培训学院、燕达国宾大酒店、燕达康复中心六大板块组成，是集医、护、康、养、学、研于一体的超大型健康产业基地。

燕达国际健康城的养老功能主要集中在燕达金色年华健康养护中心。燕达金色年华健康养护中心总建筑面积约60万 m^2，规划床位约10000张，分别按自理、半自理和非自理设置养护区域，分两期投资建设：一期建筑面积15万 m^2，投资约20亿元，建成床位2300张，2011年1月投入运营，收费模式是租赁型；二期建筑面积约45万 m^2，投资约38亿元，约8000张床位，2014年3月投资建设，2018年10月投入运营。截至2018年底，燕达金色年华养护中心一期和二期共入住2500余位老人。

一、项目概述

燕达国际健康城位于北京东燕郊经济技术开发区，毗邻潮白河东岸，紧邻北京市行政副中心——通州。作为河北省重点项目，燕达国际健康城是社会资本兴办的重资产大健康产业基地，占地面积1200亩，总建筑面积约180万 m^2（含附属建筑），总投资约150亿元，分别由：河北燕达医院、燕达金色年华健康养护中心、医学研究院（与医院合并）、医护培训学院、燕达国宾大酒店、燕达康复中心六大板块组成。

燕达国际健康城创新性的把医疗、护理、老年养护、教学、科研和学术交流等几大产业有机地结合在一起，使之互为依托，优势互补，形成了医院加老年养护中心的医、护、康、养、学、研一体化新型服务模式。

图 6.1-1　燕达国际健康城

二、项目背景

1. 企业背景分析

燕达国际健康城由河北三河燕达实业集团投资建设。河北三河燕达实业集团有限公司位于北京东燕郊经济技术开发区，成立于 2000 年，下设 22 家子公司和首尔园、秦皇皓月城两个创业园区，其中，受秦皇岛政府委托的秦皇皓月城正在建设中。三河燕达实业集团有限公司涉及行业有：高新建材、PVC、研发、生产制造、房地产开发、物业、酒店、健康医疗和养老机构等，企业已经形成以高新建材为基础以房地产为龙头的产业链。为实现企业可持续发展的战略目标，集团涉足医疗和老年养护行业，建造了燕达国际健康城，并为此于 2016 年 4 月份成立燕达养老管理咨询有限公司，从事养老项目咨询与运营指导、养老用品与机构设施代理平台、旅居养老服务等业务。

2. 营业初期城市状况分析

燕达国际健康城虽位于河北三河市，但是其目标客户主要来源于北京。2011

年，健康城开始运营，根据当年数据显示，北京市常住人口 2018.6 万人，户籍总人口 1277.9 万人，其中，60 岁及以上户籍老年人口 247.9 万人，占总人口的 19.4%；80 岁及以上户籍老年人口 38.6 万人，占总人口的 3%。2011 年，北京市人均地区生产总值达到 80394 元（常住人口计算）。

从当年北京市人均 GDP 的情况看，已经接近发达国家水平。但是从人们的养老观念来看，还比较保守，政府公办养老机构存在着服务单一、效率低下、供给不足的问题，而对商业化的异地养老公众又存在很多疑虑。同时，京津冀一体化的进程还没有在国家战略层面实现规划协同，与异地养老相关的一系列政策尚未出台，医疗资源向周边地区转移的通道尚未打通。从城市老龄化程度、经济实力等角度分析，北京市是燕达国际健康城最集中的客群来源，只要上述问题逐步解决，燕达国际健康城才会步入超速发展的快车道。

三、项目周边环境

1. 项目区位

燕达国际健康城位于北京市通州区东面，燕郊经济技术开发区思菩兰南路，隶属于河北省廊坊市三河（县级市），距离北京市中心约 30 公里，拥有得天独厚的区位优势。2010 年 12 月燕郊经济技术开发区升级为国家级高新技术开发区，进一步提升了燕达国际健康城所在的区位优势。

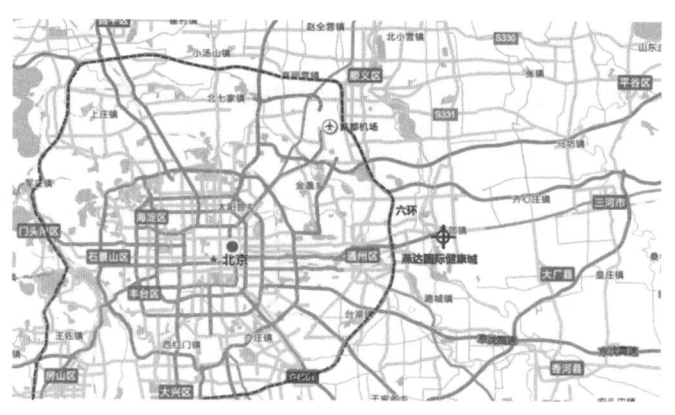

图 6.3-1　燕达国际健康城区位图

2. 项目交通条件

燕达国际健康城紧邻京通高速，交通便捷。随着京津冀交通一体化规划的落实和北京市城市副中心建设的加快，燕达国际健康城与北京市的交通便捷程度大大提高。另外，北京地铁一号线与八通线的连通也会大大减少北京中心城与燕达健康城的交通时间。

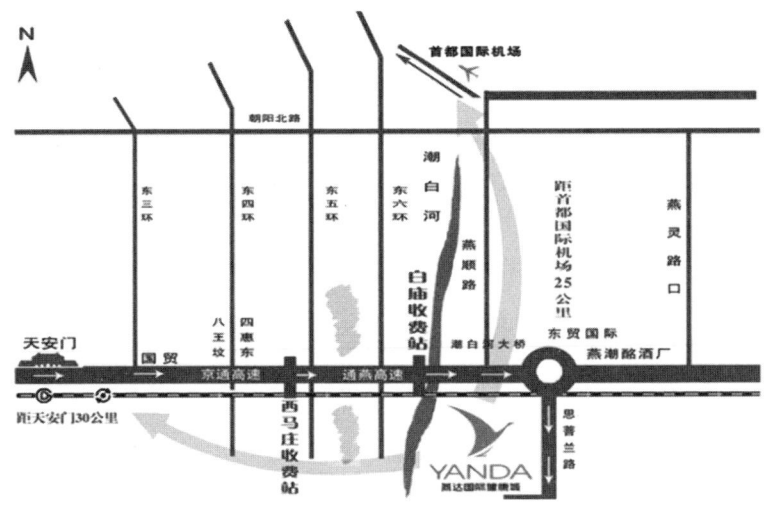

图 6.3-2　燕达国际健康城交通图

机场：距北京国际机场 25 公里；

公交：乘坐 811～818 任意一班抵达燕郊后，在燕郊兴达广场小区站下车，国道南侧过铁道桥步行即至；

自驾：经京通高速、通燕高速，驶入燕郊，在彩虹门处右转向南行 300 米过铁道桥即达。

3. 项目周边资源

燕达国际健康城与北京一河之隔，建设初期，周边各种配套基本处于空白状态。但是，燕达国际健康城作为一个超大型养老社区项目对生活配套和医疗配套的需求度极高，为此，项目建设了河北燕达医院、燕达国宾大酒店等，目前自身已经形成完善的配套。

四、项目规划

1. 项目地块条件

燕达国际健康城为医疗慈善卫生用地,土地使用年限为50年。

2. 项目规划概要

燕达国际健康城占地1200亩,总建筑面积180万 m²,由六大板块组成,即河北燕达医院、燕达金色年华健康养护中心、燕达医学研究院、燕达康复中心、燕达国宾大酒店、燕达医护培训学院。

图 6.4-1 燕达国际健康城规划图

燕达国际健康城功能配比 表 6.4-1

功能分区	面积(万 m²)	占比	功能	面积(万 m²)	占比
居住功能	60	33%	燕达金色年华养护中心一期	15	8%
			燕达金色年华养护中心二期	45	25%

续表

功能分区	面积（万 m²）	占比	功能	面积（万 m²）	占比
医康功能	114.1	63%	河北燕达医院	52	29%
			燕达医学研究院（与医院合并）	12.1	7%
			燕达康复中心（规划中）	50	27%
配套面积	5.9	4%	燕达国宾大酒店	4.7	3%
			燕达医护培训学院	1.2	1%
合计	180	100%	—	180	100%

1）河北燕达医院

河北燕达医院按三甲综合医院规划建设，目前已经通过三甲医院等级评审。总建设面积共 52 万 m²，一期建成急诊楼、门诊楼、医技楼、住院楼和宿舍楼，完成建设面积共 32 万 m²，开放床位 1000 张，2011 年 1 月已投入运营；二期三栋住院楼，若建成，预计新增医院病床 2000 张。

图 6.4-2　河北燕达医院

2）燕达金色年华健康养护中心

燕达金色年华健康养护中心设置床位 10000 张，分别按自理、半自理和非自理设置养护区域，总建筑面积约 60 万 m²，分两期投资建设。一期建成 8 栋养护楼和相关附属工程建设，建筑面积约 15 万 m²，投资约 20 亿元，建成床位 2300 张，2011 年 1 月投入运营。二期建筑面积约 45 万 m²，投资约 38 亿元，约 8000

张床位,2014年3月投资建设,2018年10月投入运营。

图 6.4-3 燕达金色年华健康养护中心

3)燕达医学研究院(已与医院合并)

燕达医学研究院(已与医院合并)建有700m^{2}GMP标准的无菌层流实验室和净化中试车间,两个400m^{2}的公共研究实验室,可开展较大规模的基因测序、染色体表位荧光分析等研究项目,并配备国际顶尖的科研仪器设备。医学研究院对各种肿瘤、心脑血管疾病、神经系统疾病、糖尿病、老年痴呆、脑血管损伤后遗症、肝病等重大疑难疾病进行临床诊疗和康复,为医院和医疗行业提供科研成果及技术服务,对河北燕达医院和养护中心作为技术支撑,并对健康城科学、健康、可持续发展起到保障作用。医学研究院2011年1月已投入运营。

4)燕达医护培训学院

图 6.4-4 燕达医护培训学院

燕达医护培训学院建筑面积约11784m^2,由燕达集团创办于2007年,位于燕达国际健康城内。培训学院依据"学历制＋高等非学历＋职业技能培训＋中外合作办学"四大模块相补形成教育产业链,可以为河北燕达医院和养护中心提供人才支撑,并对整个健康城科学、健康、可持续发展起到保障作用。2011年1月已投入运营。

5)燕达国宾大酒店

图 6.4-5 燕达国宾大酒店

燕达国宾大酒店按四星级宾馆的标准建造,共28层,总建筑面积47000m²,设有同声传译报告厅和燕达厅,可容纳千余人举行各类国际会议;还设有200余套客房,并设有商务、餐饮、康体等的各功能。酒店已全部投资建设完成并于2011年1月投入运营。

6)燕达康复中心

图 6.4-6 燕达康复中心

燕达康复中心总规划面积约 50 万 m²，尚处于规划中。规划建成大型综合康复治疗中心，将现代康复技术与临床医学、中国传统医学、康复工程学相结合，提供国内领先水平的康复治疗服务。

为了有效区隔医院和养护中心，在两者之间修建了一条平均宽约 60 米，长约 700 米，总面积 4 万余 m² 的水系带状公园和带状森林公园，形成水系景观的同时提高了健康城区域空气的湿度，起到改变周边环境的作用。

为了确保健康城的食品卫生安全，专门建立了蔬菜、米面、肉蛋、饮料等的供应基地，对食品源头、生产加工、流通、消费环节等，利用现代科技设置了一套科学、严密的检查监控机制。为了饮水安全，采用紧邻的燕山山脉水资源，通过处理和检测，达到了矿泉水的标准，实现饮水安全。

3. 项目开发周期

燕达国际健康城总投资 150 亿元，目前已经建成两期：

一期：2006 年动工，总投资为 70 亿元，2011 年 1 月已投入运营，包含燕达金色年华健康养护中心一期、燕达医院一期、燕达国宾大酒店、燕达医学研究院、燕达医护培训学院。

二期：2015 年开工建设，2018 年投入使用。包含将燕达金色年华养护中心二期、河北燕达医院二期等。

后续开发计划：燕达康复中心尚未开工建设。

燕达国际健康城是国内超大规模绿色生态医疗健康产业区，预计全部建成后可以将成为京冀交界之地跨区域、双向转移、优势互补的大健康、全链条、绿色生态型健康产业基地。

4. 项目规划

组团开发：燕达国际健康城的规划是根据业态等有效的分隔健康城各组团，如医院和养护中心之间通过水系带状公园和带状森林公园分隔，养护中心一期内部的家居式养护区和宾馆式养护区之间通过多功能大街区隔。

活动空间布局于养护中心中轴并贯穿东西：养护中心集中的公共活动空间为多功能大街，大街位于养护中心中轴线并贯穿东西，方便老人活动。

家居式养护区去老化特征明显：家居式养护区的服务对象以自理老人为主，在空间布置上去老化特征明显。

护理站分布：养护中心家居式养护区两栋楼之间设置一个护理站；宾馆式养护楼每栋楼每层设置护理站。

五、项目居住产品（燕达金色年华健康养护中心）

1. 居住产品概述

燕达金色年华健康养护中心是燕达国际健康城养老住区板块，与医疗板块燕达医院紧紧相邻，是国内最早开发运营的超大规模"医养康相结合"型全程化持续照护养老社区。养护中心根据入住宾客的身体健康状况，分别设置了自理区（家居式养护楼）、半自理区和非自理区（宾馆式养护楼），并配有相关设施和服务。作为京津冀养老试点单位，养护中心可以提供自理、半自理及失能失智老人的养老照护及医疗康复需求。

养护中心总建筑面积 60 万 m^2，总投资 58 亿元，完全建成后总床位将超过 10000 张，分两期建设：一期建筑面积 15 万 m^2，投资 20 亿元，建成床位 2300 张，2011 年运营；二期建筑面积 45 万 m^2，投资 38 亿元，床位近 8000 张，于 2018 年 10 月开始入住。

2. 家居式养护区（自理区）

家居式养护区分两期，按照花园洋房建造，配备齐全的生活设施：

一期：建成 4 栋楼，分别是 1 号楼、2 号楼、3 号楼和 5 号楼，共 505 套房间，户型为 66/70m^2 一室一厅、86/106m^2 两室一厅和 123m^2 三室两厅，主力户型为一室一厅，并根据客户不同的居住习惯，营造了具有个性化的中式、美式、欧式和东南亚式等不同的装修风格。

燕达国际健康城家居式养护区一期户型配比　　　　表 6.5-1

房型	一室一厅	两室一厅	三室两厅	合计
面积	66/70m^2	86/106m^2	123m^2	—

续表

房型	一室一厅	两室一厅	三室两厅	合计
数量	416	69	20	505
占比	82%	14%	4%	100%

图 6.5-1　燕达金色年华健康养护中心客厅装修风格图

二期：共 2500 余套房间，有 30 多个户型，其中一室一厅面积为 55～69m²，两室一厅面积为 74～86m²，三室一厅面积为 106～128m²，主力户型为两室一厅。

经过一期实际运营的检验和修正，二期产品有了一些改动：二期的户型更丰富多样，给老人更多的选择空间。同时，同一户型的产品，二期的面积有所减小，产品更加简约实用；从功能看，二期的产品更强调居家性，设计上考虑了后期可供改造的空间。

3. 宾馆式养护区（半自理和非自理区）

宾馆式养护区主要为半自理和失能老人提供全面的养护服务，一期推出 628 套，实际运营套数为 314 套，因为宾馆式养护区 6 号楼和 7 号楼后期改造为陆道培血液病医院。主要房型有：标准间、一套间（一室一厅两卫）、两套间（两室一厅两卫）。房间内按照星级宾馆标准配置家具、家电、床上用品、卫生洁具以及其他生活设施，护理床位特制加宽的电动三摇医疗护理床。每个房间的床头装有呼叫对讲仪，卫生间的坐便器和浴缸旁均装有紧急呼叫按钮，老人在遇到紧急地情况时按下，医护人员会及时提供帮助。二期房型为 VIP 房型、单人间、双人间和四人间，共有 1425 张床位。

燕达国际健康城宾馆式养护区一期规划户型配比　　　　表 6.5-2

房型	标准间	一套间	两套间	合计
面积	36m²	72m²	108m²	—
数量	540 套	72 套	16 套	628 套
占比	86%	11%	3%	100%

图 6.5-2　宾馆式养护区一期房间

图 6.5-3　天轨移位系统

六、项目公共配套

1. 项目公共配套

为了保障和丰富入住老人的生活，燕达国际健康城根据老人的身体状态配置了各种形式的配套设施。

燕达国际健康城配套设施表　　　　表 6.6-1

	自理区域	半自理区域	非自理区域
配套分布	自理养护区均由一栋独立的护理站和两栋家居式花园洋房养护楼围合而成，每栋养护楼均为 12 层，分 3 个单元	星级宾馆式养护楼均为 12 层，每个半自理养护区均为一栋养护楼，其中地下一层为厨房，一层为护理站，二层以上为宾客居室	星级宾馆式养护楼均为 12 层，每个非自理养护区均为一栋养护楼，其中地下一层为厨房，一层为护理站，二层以上为宾客居室

续表

	自理区域	半自理区域	非自理区域
套外配置	本区域服务对象活跃度高，主要依赖园区整体公共配套	每一层均设有护理服务台、诊疗室、药房、宾客接待区、休息区、配餐室、宾客餐厅、洗衣房、移位机、站立及提升移位机、步行训练器等，每栋养护楼均设有1个医护站和一个养护组	非自理每个楼层均设置了护理服务台、诊疗室、药房、宾客接待区、休息区、配餐室、宾客餐厅、洗衣房、公共浴室（配置了先进的洗浴和水疗设备）；在部分楼层的全层配置了全套天轨移位系统（将宾客房间、卫生间、走廊、餐厅、公共活动区、诊疗室、公共浴室等连接为一个整体。每栋养护楼均设有1个医护站和一个养护组
公共配套	护理站：分别设置在家居式两栋楼之间和宾馆式楼房每层，包括：康复大厅、多功能大厅、影音室、公共活动区等； 多功能大街：贯穿东西，功能包括：影剧院、多功能厅、温泉游泳池、健身房、棋牌室、心理咨询室、理发室、中西餐厅、图书馆、超市、教堂等； 老年大学：坐落于多功能大街，开设了工笔画、书法、手工制作、歌咏、太极拳、经络拍打养生操等课程，定期举办电影放送、健康养生讲座、书画作品展、交谊舞会、歌咏比赛、模特表演等活动； 教堂：天主教、基督教、伊斯兰教和佛教； 门诊室：针对养护中心老年人的社区医疗，河北燕达医院的老年病科也设置在此； 幼儿园等		

2. 项目特色配套

多功能大街：位于养护中心中轴线并贯穿东西，公共活动空间基本集中在此处分布。

护理站：根据不同身体状况的老人对护理站的需求程度不同，家居式养护区护理站分布在每两栋自理楼之间，宾馆式养护区分布在每栋楼的每一层。

温泉入户：家居式养护区（一期）温泉入户，每周提供两次。

教堂：在养护中心正中心位置，设有天主教、基督教、伊斯兰教和佛教教堂。

地下连廊：项目早期并无风雨连廊，不方便老人不良天气出行，因规划原因无法设置地上风雨连廊，通过地下连廊相连。

3. 项目公共配套使用情况

燕达国际健康城使用频率较高的公共配套有老年大学、书画室、游泳池等。

七、项目医疗配套与医疗资源

燕达国际健康城建设时，项目周边尚处于未开发状态，因此项目自建河北燕达医院，以期满足项目及周边居民的医疗需求。随着燕郊的开发和燕达国际健康城的发展需求，河北燕达医院与 11 家医院及医疗集团签订合作协议。

1. 自建医疗设施——河北燕达医院

河北医科大学附属燕达医院　　北京医保持卡实时结算　　京冀医疗合作示范医院
国家非营利性三级综合医院　　城镇职工居民医保定点医院　　新农合医保定点医院

图 6.7-1　燕达医院医疗特色

河北燕达医院是一座按 JCI 标准设置的大型三级非营利性综合医院，由门诊楼、医技楼、5 栋住院楼和 1 栋宿舍楼组成，建筑面积 52 万 m^2。医院原规划设置 VIP 床位 3000 张，扩张床位 6000 张，在实际建设中有所变化，目前一期开放床位 1000 张，二期 3 栋住院楼施工条件已经做好，因潮白河 3 公里范围内限制新建建筑物的问题，尚未开工建设，若建成可新增医院病床 2000 张。医院能够为在燕郊居住的 40 万北京社保居民以及目前在燕达金色年华养护中心居住的京籍老人提供便利的就近就医。

河北燕达医院于 2017 年 1 月 5 日开通北京市医保，目前已经是北京市医疗保险异地就医直接结算的试点单位、市医保定点医院、新农合医保定点医院、环球医疗救援定点医院。医院目前已通过三甲医院等级评审。

河北燕达医院拥有设备 24 大类共计 28500 余台，包括从 GE 公司引进的顶级 500 排动态宝石 CT、高场强的 3.0T 核磁共振、64 排 PET/CT、大型双 C 型臂血管造影机、机器人 DSA、大型高能直线加速器、层流净化杂合手术室（3 个，每个手术室成本 8000 万）、全球最大规模之一的高压氧舱群（50 人仓位）、全自动摆药机等医疗设备。

河北燕达医院开展业务的临床科室共计 38 个，涵盖内、外、妇、儿、五官等 22 个病区，重点科室有：心脏中心、血液·肿瘤中心、骨科中心、神经中心、妇产科、儿科、泌尿外科、呼吸内科、内分泌科、普外科、消化内科、中医科、康复科、眼科、口腔科、耳鼻喉科等。医院还引进陆道培血液病医院（位于宾馆式养护区 6 号楼和 7 号楼），作为燕达医院的专科医院，专门从事白血病等血液病研究。目前，燕达医院已形成以神经、心血管、妇儿、肿瘤等重点学科专业为龙头，综合科室全面发展的战略型学科布局。

在运营管理方面，河北燕达医院在北京积极寻求优秀的医疗资源合作，自 2014 年开始陆续与北京朝阳医院、北京天坛医院、北京协和医院、北京中医医院、首都儿研所等开展深入合作。

2. 合作医疗资源

2013 年 10 月，京冀两地政府就在共同签署的《河北省人民政府与北京市政府关于卫生合作框架协议》中明确指出——"鼓励燕达医院积极与北京优质医疗资源对接，通过与北京大型医疗机构、医学院校开展合作的方式提高自身医疗卫生水平。"河北燕达医院成为与北京市优质医疗资源的精准对接，实现医疗资源在京津冀范围内合理布局的承接平台。2017 年，京津冀三地联合制定的第一份综合性、指导性文件——《加强京津冀产业转移承接重点平台建设的意见》，燕达国际健康城被列为 8 个服务业平台之一。

图 6.7-2　河北燕达医院合作医疗机构

在京冀两地政府及卫生主管部门的支持与推动下，河北燕达医院自 2014 年 5 月 9 日起先后与北京朝阳医院、北京天坛医院、首都儿科研究所附属儿童医院、北京中医医院、哈特瑞姆心脏医生集团等医疗资源签署合作协议，并与之开展多层次、多维度的长效、共建型战略合作。与公立医院的合作极大地填充了河北燕达医院的"人才库"，北京各类医疗专家会长期或定期在河北燕达医院出诊，同时河北燕达医院也为派驻的专家提供科研平台和带教支持。2018 年河北燕达医院与北京同仁医院开展合作，意味着燕达医院目前与公立医院合作阵营将再添"新军"。优质的诊疗服务是河北燕达医院在践行京津冀协同发展和优化医疗卫生资源布局方面进行的探索，同时对燕达健康城的住区老人提供了高品质的医疗保障。近几年，河北燕达医院整体的门诊量与出院量逐年增长，自 2017 年 1 月河北燕达医院开通北京医保，实现了持卡就医直接结算，日均接待的北京医保患者人数也随之翻了 5 倍之多，目前的日门诊量约为 3000 人次。

3. 医疗与住区的互动关系

燕达金色年华健康养护中心一期设有护理站，护理站医疗团队行政挂靠在医院，医院传帮带；二期计划建设社区卫生服务中心，设置相关科室。同时，河北燕达医院的老年病科室设置在养护中心的门诊中，医院的医生定期到养护中心的老人房间巡诊。养护中心与燕达医院开通绿色通道，目前养护中心每天可为医院贡献一定的患者。

八、项目适老化与无障碍

1. 房间内适老化

自理区域：各种适老化家具家电、床上用品、厨具（有燃气，可生明火，有报警装置）、洁具及其他生活设施，每一套居室的客厅、床头和卫生间装有对讲呼叫系统，厨房和卫生间均装有紧急呼叫按钮，温泉入户（有浴缸）。

半自理区域：适老化家具家电、床上用品、卫生洁具及其他生活设施均按照星级宾馆的房间配置，护理用床为特制加宽的电动三摇医疗护理床，床头装有呼叫对讲仪和氧气装置，卫生间的坐便器和浴缸边均装有紧急呼叫按钮、扶手、浴凳等。

非自理区域：适老化家具家电、床上用品、卫生洁具及其他生活设施均按照星级宾馆的房间配置，护理用床为特制加宽的电动三摇医疗护理床，居室的床头装有呼叫对讲仪和氧气装置，卫生间的坐便器和浴缸边均装有紧急呼叫按钮、扶手、浴凳等。

2. 公共空间适老化

家居式养护区主要服务对象是活力健康老人，公共空间除必要的适老化设施以外，主要突出居家化风格。宾馆式养护区主要针对半自理老人和非自理老人，公共空间的适老化设施有天轨移位系统、走廊扶手、医用电梯、坡道、台阶扶手等。

3. 户外适老化

燕达金色年华养护中心的户外适老化设施有：全区无障碍、地下连廊、坡道、休息椅等。

4. 智慧系统

燕达金色年华养护中心一期设有紧急呼叫系统；二期整个社区实现 WiFi 全覆盖，房间内将配置移动平板电脑，方便老人紧急呼叫工作人员和点餐等，同时为每个老人配置燕达定制的集定位、紧急呼叫、消费等多种功能于一体的智能卡。

九、项目服务体系

1. 服务理念

燕达国际健康城特别强调服务意识，企业的服务宗旨定位为"提高生活质量，保障健康安全，延长寿命"。

提高生活质量：体现了燕达国际健康城通过提供专业化的健康服务，倡导健康的养老方式，坚持以高品质的专业服务，有权威的国际医疗专家团队、愉悦老年养护氛围，让客户享受到高质量的生活。

保障健康安全： 燕达国际健康城提供最细致、最体贴的健康安全保障。通过科学、严谨的安全手段，保障饮食安全、医护安全、人身财产安全、心理安全等。

延长寿命： 燕达国际健康城提供科学、合理的生活方式，传授养生之道和养生之术；可以增强体质、愉悦心情、延年益寿并可预防多种老年疾病。

2. 组织架构

燕达国际健康城的组织架构如图 6.9-1 所示：

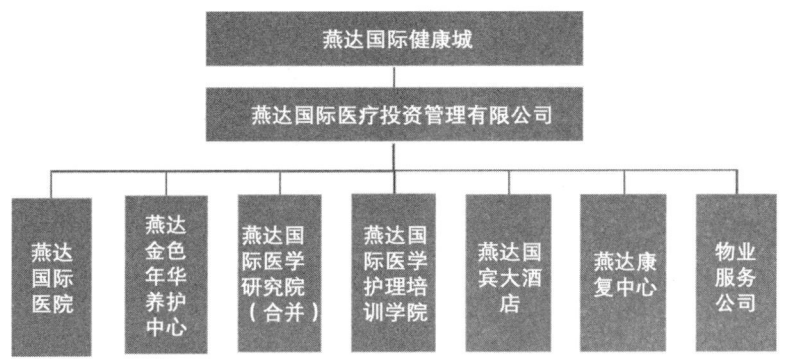

图 6.9-1　燕达国际健康城组织架构图

3. 服务内容

燕达国际健康城服务对象与服务内容　　　　表 6.9-1

	自理区域	半自理区域	非自理区域
服务对象	日常生活行为完全自理，不依赖各种生活辅助设施帮助及他人护理的宾客	日常生活行为半自理，需要部分依赖各种生活辅助设施帮助及护理的宾客	日常生活行为完全不能自理，高度依赖各种生活辅助设施帮助及他人护理的宾客
餐饮服务	餐厅饮食严格选用应季新鲜果蔬，在营养师的建议下，荤素搭配，低油少盐，符合老年人的口味，每天菜式多达 20～30 种，以自助餐形式供老人自由选择。对于有特殊需求的老人，可提供清真餐、低脂餐、营养药膳、流食以及半流食等。 为确保健康城的食品卫生安全，专门建立蔬菜、米面、肉蛋、饮料等的供应基地；为了饮水安全，采用紧邻的燕山山脉水资源		

续表

	自理区域	半自理区域	非自理区域
生活服务	养护中心的护理人员经过各项专业培训，定时为入住老人提供居室保洁、整理床铺、衣物洗涤、心理保健、陪同就医等近百项服务，入住老人可通过对讲呼叫系统随时与护理站取得联系并获得及时的帮助	为入住老人提供全面的个人生活照料，如：服侍饮食、穿衣、如厕等。通过移位机、天轨移位系统等生活辅助设备帮助不能自理的老人站立、行走、洗浴、康复训练等，还定时配套老人到户外活动，亲近自然沐浴阳光	
文化娱乐服务	开设了工笔画、书法、手工制作、歌咏、太极拳、经络拍打养生操等课程，定期举办电影放送、健康养生讲座、书画作品展、交谊舞会、歌咏比赛、模特表演等活动，极大地丰富老人的文化生活。老人可依据自身的兴趣爱好和健康状况选择课程，参与活动，发挥特长，结交朋友，得以真正实现老有所养、老有所乐、老有所学、老有所为。 老年大学每个月为老人举办集体生日会，养护中心的各级领导会到场为寿星送上祝福，大家一起表演节目，其乐融融。 作为高品质的养老示范基地，养护中心还组织老人成立了宾客民主委员会，让老人为养护中心的发展和进步建言献策。 信仰服务：在养护中心的核心位置设置了天主教、基督教、伊斯兰教和佛教教堂，满足老人的信仰服务		
医疗服务	与养护中心紧紧相邻的河北燕达医院，拥有国际一流的尖端设备和医疗专家团队，为入住养护中心的客户提供近在咫尺的强大医疗保障		
医疗服务	每栋楼为一个独立的健康养护区域，每个单元设有1个配有专职全科医师和专职护士的医护组，负责本单元入住宾客的诊疗康复和健康管理工作；每个单元设有1个护理主管、助理护士和护理员的养护组，负责本单元入住宾客的生活养护服务。医生、护士、助理护士和护理员均实行24小时值班制。各种呼叫设备，保证宾客有需要时可直接呼叫服务人员提供服务	每栋楼均设有1个配有专职正副主任医师、全科医师和专职护士的医护站，负责本层入住宾客的诊疗康复和健康管理工作；每一层设有1个配有护理主管、助理护士和护理员的养护组，负责本层入住宾客的生活养护服务。医生、护士、助理护士和护理员均实行24小时值班制，不间断地为入住宾客提供服务。各种呼叫设备保证宾客有需要时提供服务和吸氧治疗	专职医护人员每日定时为宾客检测体温、血压、心脏功能，保障身体健康安全，还特别配备了生活辅助及康复设备，并配备多名具有职业资格、经验丰富的康复师。区域内所设置的生命体征遥感监测设备对高危宾客心脏、呼吸、血压等身体指标，通过总监控室屏幕24小时监测，当宾客身体指标出现异常时，遥感监测设备会自动报警，届时将得到医护人员及时救治，最大程度保障了入住宾客的生命安全
康复服务	—	针对中风偏瘫、失语、吞咽障碍、脊髓损伤、颅脑外伤、脑瘫、周围神经损伤等利用中医传统疗法和现代高新设备康复技术相结合制定康复方案，最大限度帮助入住宾客恢复生活自理能力为服务宗旨	

十、项目运营及收费模式

1. 项目运营模式

燕达国际健康城属于自建自营项目,项目早期发展困难,随着我国养老事业发展和人们观念的改变,京津冀一体化发展带来的利好,项目开始摆脱困境,成长为我国养老养生项目的典范和示范基地。燕达国际健康城的发展正是对我国养老事业发展的最好映照。

2. 项目收费模式

1)家居式养护区

燕达国际健康城家居式养护区收费模式是租赁型。一期的具体的收费内容为入住养护费和入住保证金。其中,入住养护费按月计费,按年交费。自理老人每三年签一次合同,费用每年略有调整;入住保证金在合同期满或退住时将按要求予以退还。

家居式养护区一期价格明细表(单位:元) 表 6.10-1

护理等级	入住形式	居所面积		入住养护费(月/房)	入住保证金/人
自理	一人包房	一室一厅	66m²	6100~6700	30000
			70m²	6200~6900	30000
		两室两厅	86m²	7900	30000
			106m²	9100	30000
		三室两厅	123m²	11000	30000
	两人包房	一室一厅	66m²	8000~8600	30000
			70m²	8100~8800	30000
		两室两厅	86m²	10700	30000
			106m²	11400	30000
		三室两厅	123m²	14000	30000

备注:此价格为 2018 年 10 月调研价格,仅供参考,以项目实际公布价格为准。

2）宾馆式养护区

宾馆式养护区服务对象为半自理老人和不自理老人，因为老人身体状况的原因，需要每年签一次服务合同，费用根据身体状况调整。二期价格在一期基础上略有上涨。

宾馆式养护区一期价格明细表（单位：元人民币）　　表 6.10-2

现护理级别名称	居所面积		入住养护金额（人/床/月）	入住保证金/人
自理级	标准间	36m²	4800	30000
	一间一厅	72m²	6360	30000
照护一级	标准间	36m²	5500～7500	30000
	一间一厅	72m²	7500～11500	30000
	二间一厅	108m²	9500～14500	30000
照护二级	标准间	36m²	7200～9200	50000
	一间一厅	72m²	9200～13200	50000
	二间一厅	108m²	11200～16200	50000
照护三级	标准间	36m²	9800～11800	50000
	一间一厅	72m²	11800～15800	50000
	二间一厅	108m²	13800～18800	50000
VIP级	标准间	36m²	15000	50000
	一间一厅	72m²	15700～19000	50000
	二间一厅	108m²	17500～22000	50000

备注：此价格为 2018 年 10 月调研价格，仅供参考，以项目实际公布价格为准。

3. 项目去化节奏

一期：养护中心的 2014 年底去化率达到 50%，2016 年售罄。

二期：2018 年 8 月底正式接受预定，高峰期排队人数达 7000 余人次。

十一、项目客户及入住率

1. 项目客户

购买资格：未限定购买资格。但会签订养老居所合同和养老服务合同，保证入住人员为老人。

实际购买客户构成：子女为父母购买的比例比较高，其次为老人自己购买。

入住资格：一期和二期均为年满60周岁以上的无传染类疾病和精神类疾病的老年人。

实际入住客户构成：入住客户平均83岁；95%为北京市主城区老人，5%为当地及外地老年人；以高知人群为主，机关单位离退休人员、教授、医生等。

2. 项目入住节奏

一期：2016年基本住满，入住1700余位老人，目前有老人在排队等位。

二期：已经开始销售，2018年10月开始入住，截至2018年底入住800余人。

十二、昱言观点

燕达国际健康城开发运营至今10年历练、摸爬滚打，与我国养老产业发展周期和国家区域发展战略布局密不可分。2015年《京津冀协同发展规划纲要》（以下简称《纲要》）的获批，其核心是有序疏解北京非首都功能，使京津冀协同发展成为重大国家战略。《纲要》指出首先在京津冀交通一体化、生态环境保护、产业升级转移等重点领域率先取得突破，这给燕达国际健康城承接首都医疗卫生及养老服务向外疏解的重要功能带来机遇。目前燕达国际健康城一期一床难求和二期未开业便已经有大量客户排队的市场事实说明，燕达健康城在供应节奏、客户培育、品牌效应上与国家战略契合、与首都功能疏解接轨、与产业周期同步产生了巨大的市场协同效应。综合来看，燕达国际健康城有以下特点：

1. 燕达国际健康城是北京周边建设较早的超大型养老项目，也是我国目前已经建成的最大养老项目之一。项目2006年开始建设，2011年8月开业，至今已经有十几年的发展历程，项目的发展史正是我国养老服务业的发展史的写照。

2. 燕达国际健康城客群定位明确。项目虽然位于河北三河市，但是紧邻北京，一直把自己的目标客户定位于北京的养老客群。项目的客群中95%以上的客户来源于北京验证了其客群定位的准确性。同时，入住项目的老人是北京市最早走出家庭寻求社会资源养老的一批人，对该类客户的研究值得同行借鉴和学习。

3. 项目的客群呈现出年轻化的趋势。养护中心一期的客群平均年龄83岁，二期客户出现了部分60岁初的客户，最年轻的客户甚至只有40多岁，这说明1950年后出生的人对CCRC养老社区的接受度在提高，客户呈现年轻化趋势。

4. 医养结合成为项目发展的重点。"医"和"养"是老年人最为关心的问题。养护中心一期护理站医疗团队行政挂靠在医院，医院传帮带；燕达国际医院的老年病科室设置在养护中心的门诊中，医院的医生定期到养护中心老人房间巡诊，养护中心与燕达医院开通绿色通道。同时，燕达国际医院还与11家大型医院或者医疗集团签署合作协议，共享医疗资源，真正实现了"医疗"和"养老"的融合发展。高度的医养结合是吸引老年人入住的重要因素。

5. 高性价比。养护中心的收费模式是长短租相结合，可以满足不同经济状况的老年人的心理需求。同时，养护中心的收费比北京市区的项目低，项目整体配套完善，功能齐全，交通便捷，性价比高。

当然，社区规模过大、居住产品类型过多等都会给社区的运营管理带来困难。但是瑕不掩瑜，燕达国际健康城探索出了在大城市周边发展医养结合型CCRC养老社区项目的典范。京津冀一体化和北京市首都非核心功能的转移、北京市医保的开通、优越的区位条件、企业良好的战略目光以及不断地自我提升等因素决定了燕达国际健康城在国内任何区域都不好复制！

第七章 金色年华·金家岭退休生活社区
——探索新型养老服务模式的先行者

案例导读：

金色年华·杭州金家岭退休生活社区是我国早期CCRC养老社区的代表。项目2003年由浙江省马寅初人口基金会牵头立项，2005年由浙江银发实业发展有限公司开发建设并自主运营（2008年一期开园）。项目位于杭州之江区转塘镇金家岭，占地面积220亩，建筑面积约17万m^2，社区全部建设完成后总床位数约3500张，总投资约10亿元，是一个集居养型、助养型、护理型和候鸟型养老公寓为一体的养老社区。

金色年华·杭州金家岭退休生活社区定位为"有机构服务的家庭生活，有交流沟通的群体空间，有年龄特色的建筑设施，有金色追求的高档示范性完全退休生活社区"，致力于为老人打造一种全新的退休生活方式。为了满足老人的需求，秉承"文化养老"的理念，园区根据老人的生理特点和心理特点，按照适老化住区的要求规划了居住区、医疗配套和公共活动配套，为老人提供24小时不间断服务、全天候的健康设施、全方位的一站式服务，构建了包含居家物业服务、专业餐饮服务、医疗保健服务、文化娱乐健身服务、交通出行服务等五方面完善的服务体系。通过金色年华·杭州金家岭退休生活社区的实验和探索，公司从"有限照料""让老人过上有尊严的生活"这两个基本点出发，提出了金色年华养老服务理念：尊严照护、精准照护和原址照护。

作为浙江银发实业发展有限公司房地产开发有限公司自建自营的养老社区，金色年华·杭州金家岭退休生活社区的居养区收费模式为一次性床位费＋服务费，养生度假区的收费模式为床位费＋服务费，护理区的收费模式为床位费＋护理费。目前项目已经入住了700多位老人。

一、项目概述

金色年华·杭州金家岭退休生活社区位于杭州之江国家旅游风景区转塘镇金家岭,是金色年华养老服务品牌的项目重心和发展基地。项目总占地面积逾220亩,总建筑面积约17万 m^2,总床位数约3500张,分为两期建设,是一个集居养型、助养型、护理型和候鸟型养老公寓为一体的养老社区。项目总投资约10亿元,一期约3亿元,二期约7亿元。

金色年华·杭州金家岭退休生活社区吸纳了国外先进的经营服务模式,配备了金色年华医院、老年大学、国际交流中心、休闲娱乐区、酒店式度假公寓等硬件设施,集生活居住、康复疗养、休闲娱乐、旅游度假于一体,并通过合理且丰富的退休生活规划,倡导与国际接轨的退休生活模式,带给退休人士融入社会、服务社会的群体归属感。

图7.1-1　金色年华·杭州金家岭退休生活社区

金色年华·杭州金家岭退休生活社区2003年由浙江省马寅初人口福利基金会立项,2005年正式开工建设,2008年一期开园,至今已走过十多年的探索道路,是浙江省乃至全国范围内最早进入养老服务发展领域探索的品牌之一,曾获省、市级"四星级养老机构""浙江省知名民办养老机构"、5A级社会组织等荣誉称号,同时也是浙江省首家通过国家养老服务机构标准化评估的试点单位之一和享受发展改革委重点项目引导基金扶持的项目。项目属于民办非营利性质。

二、项目背景

1. 企业背景分析

金色年华·金家岭退休生活社区由浙江银发实业发展有限公司房地产开发有限公司开发建设并自主运营。浙江银发实业发展有限公司以金色年华作为其养老品牌,以金色年华·金家岭退休生活社区为试点,目前公司所托管经营的数十个养老项目,主要分布浙江、四川、安徽、江苏等地,养老服务网络覆盖老人群体达20余万人。

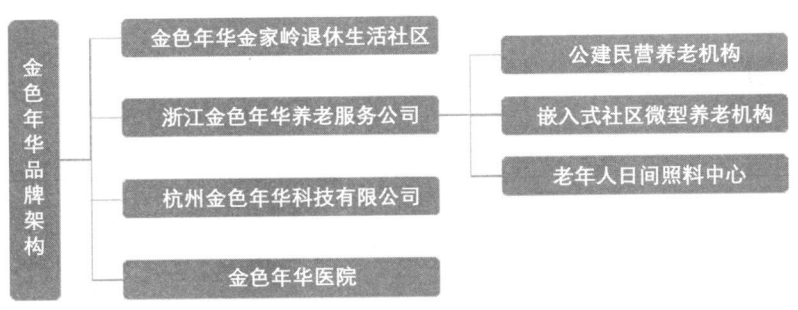

图 7.2-1 浙江银发实业发展有限公司金色年华品牌架构

金色年华项目分布表(部分)　　　　表 7.2-1

项目名称	项目地址	项目性质	项目类型	开业时间	项目规模	项目体量
金色年华·杭州金家岭退休生活社区	浙江杭州	民办非营	养老社区	2008年	占地逾220亩	床位3500
金色年华·所巷社区居家养老服务中心	浙江杭州下城区	公建民营	日托中心	2016年3月	总建筑面积约180m²	床位8
浙江华舍·金色年华养老服务中心	浙江绍兴柯桥区	公建民营	养老机构	2016年8月	占地13487m²,建筑面积8760m²	床位162
金色年华·南门社区居家养老服务中心	浙江嘉兴市嘉善县	公建民营	日托中心	2016年8月	——	——
湖州吴兴区埭溪养老服务中心	浙江湖州市吴兴区	公建民营	养老机构	2017年	占地11.2亩,总建筑面积约6445m²	房间100,床位200

金色年华致力于打造"机构-社区-居家三位一体、医养结合"的养老服务模式，即金色年华无边界养老院。公司业务由"机构医养服务""社区居家医养服务""大数据和网络社区"三大业务板块构成，业务范围主要包括：机构、社区、居家养老连锁化经营；养老机构受托经营、金色社区运营、养老人才培训服务、智慧养老云平台（正在开发）开发及服务；养老项目规划及运营咨询服务。

另外，浙江银发实业发展有限公司通过子公司杭州金色年华科技有限公司自主开发智慧养老管理平台，结合专业化、精准化的护理康复护理服务，为老人打造一个更庞大、更开放、更自由、多保障、更亲情的养老服务网络。智慧养老管理平台研发成功之后将率先在金色年华·金家岭退休生活社区试点。

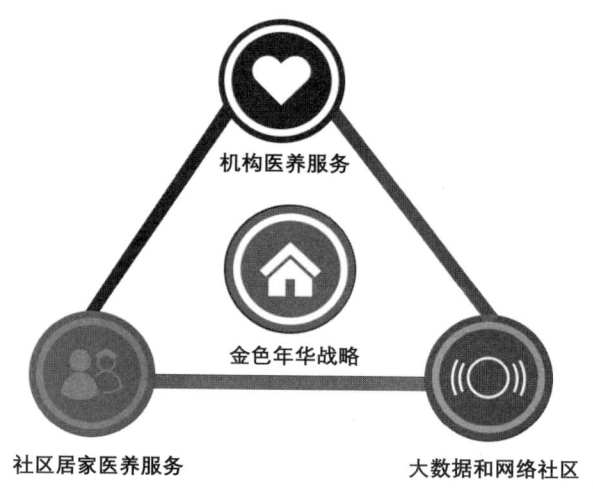

图 7.2-2　金色年华发展战略

2. 运营初期城市状况分析

2008 年末杭州市全市常住人口达 796.6 万人，比上年末增加 10.4 万人，其中户籍人口 677.64 万人，比上年末增加 5.29 万人。全市按常住人口计算的人均 GDP 为 60414 元，按户籍人口计算的人均 GDP 为 70832 元，分别增长 9.4% 和 10.1%。

杭州市早在 1987 年就进入了老龄化社会，到 2009 年年底，杭州 60 岁老人的数量达到老年人 113.9 万，占总人口的比例超过 16.5%。

三、项目周边环境

1. 项目区位

金色年华·杭州金家岭退休生活社区位于杭州市西湖区转塘街道金家岭 188 号，午潮山国家森林公园南麓，距离西湖风景区 16 公里。

图 7.3-1　金色年华·杭州金家岭退休生活社区区位图

2. 项目交通条件

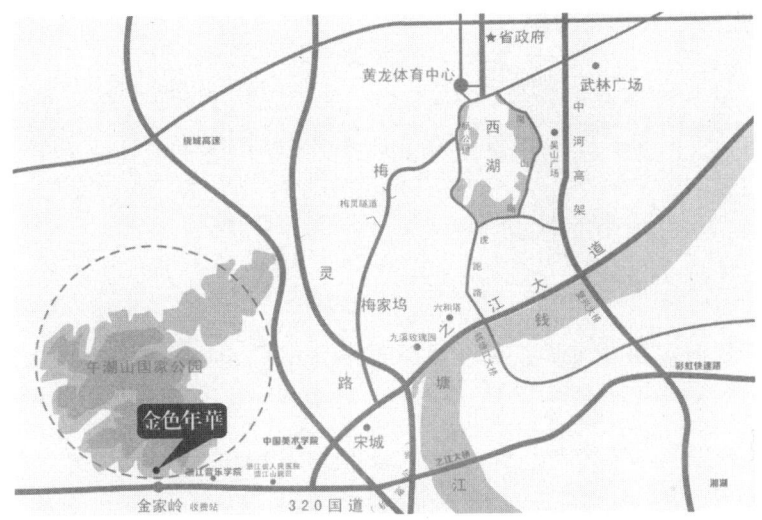

图 7.3-2　金色年华·杭州金家岭退休生活社区交通图

金色年华·杭州金家岭退休生活社区位于杭州郊区，周边道路条件完善，通达性较好：

主干道：周边有 320 国道、之江路、杭干高速等。

地铁：地铁 6 号线正在建设中，建成后，"中村站"距离金色年华仅 1 公里。

公交：周边 500 米内有三个公交站：水源村站途经 189 路、314 路、435 路、514 路、597 路；金家岭站途经 314 路、514 路支线；金色年华站途经 189 路；还有杭富商务专线。

3. 项目周边资源

金色年华·杭州金家岭退休生活社区位于杭州郊区的转塘镇 41 平方公里的镇域中，有近 10 平方公里的山林绿地，有望江山、象山、鸡山等多座自然山体和午潮山国家森林公园景观（7000 亩原生山地）。转塘镇东面是杭州高档居住区聚集点——之江度假区，有得天独厚的江景和山景条件，北面是高尔夫二期用地，以山景、江景以及高尔夫为底蕴，使得这一区域远眺和近观景观都非常美观。

四、项目规划

1. 项目地块条件分析

金色年华·杭州金家岭退休生活社区占地 220 亩，地形北高南低。项目整体为划拨用地，但是一期在开业之前改为协议出让用地，土地使用年限为 50 年，二期仍为划拨用地。

2. 项目规划指标

金色年华·杭州金家岭退休生活社区占地 220 亩，总建筑面积约 17 万 m^2，总床位数约 3500 张。

在社区规划上，金色年华通过对美国、日本以及中国台湾等地区的养老项目的考察，形成了金色年华·杭州金家岭退休生活社区独特的项目理念。项目从老年人的心理和生理两个层面出发，深入研究如何满足老年人对家庭亲情、社群邻里、住房设施和娱乐活动等多方面的需求,并通过适老化生活配套设计以及康复配套和医疗保障,营造无障碍生活环境,为老年人提供一个安全、舒适和具有归属感的退休生活社区。同时,一期按照功能和前后期的发展分为四大区域:居家服务区、社区功能区、特色养老区和山体公园区,通过组团规划实现了功能区分和配套设施的有效利用。不同建筑之间由风雨连廊相接,方便老年人在不良天气外出。项目整体绿化率高,园区充分保留利用原生山地植被,利用山丘、坡地、花坛等形式营造三维绿化景观。在户型设计上,注重个人空间的私密性、公共空间的连贯性以及空间过渡的自然化。二期规划以居住型产品为主,南侧平缓区域为介护居住空间,适合生活需要全面照护的老人居住;中部为介助型居住空间,适合生活需要照护帮助的老人居住;北部为自理型居住空间,适合完全可以独立生活的老人居住。

图 7.4-1　金色年华·杭州金家岭退休生活社区鸟瞰图

金色年华·杭州金家岭退休生活社区一期功能配比　　表 7.4-1

功能分区	面积(m²)	占比
养老公寓	37000	69%
医康功能	9000	17%
公共配套	8000	15%
合计	54000	100%

3. 项目分期情况

金色年华·杭州金家岭退休生活社区分两期建设：

一期：2005年奠基，2006年开工建设，2008年开业，占地面积105亩，建筑面积5.4万m^2，床位数1078张，拿地方式为划拨用地转协议出让用地。

二期：占地面积115亩，建筑面积11.6万m^2，建成床位约2500张，于2018年下半年正式开工建，拿地方式为划拨用地。

五、项目居住产品

金色年华·杭州金家岭退休生活社区共规划床位约3500张，其中一期1078张，二期约2500张。因为二期尚在建设中，本次的居住产品分析仅限于一期。一期推出了居养区、养生度假区和护理区三个区域以满足退休人士的不同需求。其中，居养区以居家式的养老公寓为主，共373套，共计700余张床位；养生度假区和护理区以床位为主，共378张床位。

1. 居养区

居养区一期适合身体健康、生活完全自理的老年人长期居住，目前有4个建筑组团（春风苑、夏荷苑、秋月苑与冬雪苑），每个建筑组团有A、B两栋建筑，共有373套房间，合计床位700余张，户型有67m^2一室一厅、76～87m^2一室两厅和115～133m^2两室两厅，其中主力户型是76～87m^2一室两厅。

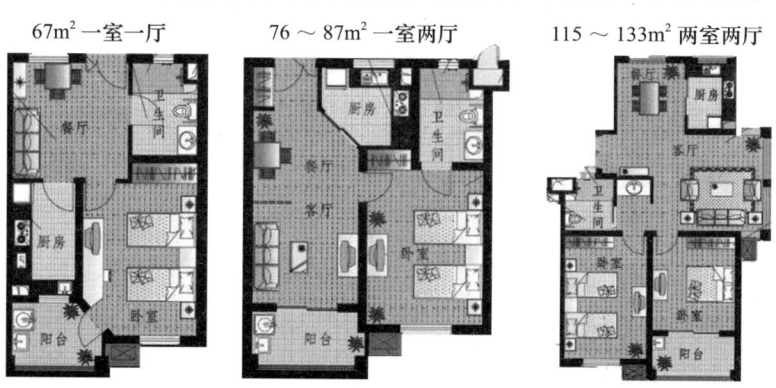

图7.5-1 金色年华·杭州金家岭退休生活社区一期居养区户型图

金色年华·杭州金家岭退休生活社区一期居养区户型面积及配比　　表 7.5-1

户型	面积	套数	占比
小套（一室一厅）	67m²	45	12%
中套（一室两厅）	76～87m²	298	80%
大套（两室两厅）	115～133m²	30	8%
合计	—	373	100%

2. 养生度假区和护理区

图 7.5-2　金色年华·杭州金家岭退休生活社区养生度假公寓

养生度假区适合身体健康但需要提供服务的老人阶段性或长期居住，也适合短期旅游度假的老人。护理区适合不能完全独立生活，需要一定的生活照料和护理服务的老人。目前养生度假区和护理区共有床位约378张，以双人间为主，少量房间为单人间。

金色年华·杭州金家岭退休生活社区养生度假区和护理区户型面积及配比　　表 7.5-2

户型	面积	套数	占比
单人间	25m²	24	21%
双人间	35m²	88	79%
合计	—	112	100%

六、项目公共配套

1. 项目公共配套

金色年华·杭州金家岭退休生活社区配套 17000 多 m^2 的公共配套，可入住老人提供多样化的活动空间和丰富的活动。

金色年华·杭州金家岭退休生活社区套设施表　　　表 7.6-1

分类	具体配套
餐饮类	400m^2 餐厅、小餐厅（包厢 8 个）等
医康类	金色年华医院等
文化娱乐类	国际交流中心（图书馆、会议室、阅览室、多媒体教室、健身房、手工活动室、影音活动室、器乐活动室、计算机室、棋牌室、桌球室、形体房、音乐活动室、棋类活动室、多功能厅等）、老年电大、金色艺苑、超市、理发室、书画院、小农场等
健身类	立体化健身公园、露天门球场、登山步道、户外健身设施、乒乓球室、健身房、晨练平台等
其他类	金色年华酒店、儿童娱乐设施等

2. 项目特色配套

金色年华·杭州金家岭退休生活社区比较有特色的公共配套是金色年华医院和餐厅。

3. 项目公共配套使用情况

金色年华·杭州金家岭退休生活社区利用率比较高的公共配套设施是国际交流中心。

七、项目医疗配套与医疗资源

1. 自建医疗设施

图 7.7-1　金色年华医院

金色年华医院是经卫生部门批准的按照二级医院标准配置的综合性医院,为省市医保定点单位。老年病医疗服务模式为该院的一大特色。2016年10月医院正式挂牌成为杭州市西溪医院金色年华分院,可以交流共享其医护资源。2018年9月,正式揭牌为浙江大学创新院医养结合研究中心示范医院。

金色年华医院总建筑面积9000m^2,其中医疗用房建筑面积4500m^2,一期拥有床位120张(二期待开放),设有内科、外科、中医科、中西医结合科、医学检验科、医学影像科等常规科室。另设有针灸理疗、内科老年病区、康复治疗中心、健康管理中心、老年护理中心等特色科室;拥有西门子16排螺旋CT、飞利浦HD-15彩超机、普爱DR机等医疗和康复设备;配备有专业的康复团队,由三十几年临床护理经验的护士长带队积极开展各类慢性病的护理及健康宣传。

金色年华医院的设立为金色年华·杭州金家岭退休生活社区的老人及周边社

区的居民提供了便捷高效的就医渠道，不仅能有效保障人们日常看病配药输液的需求，还能解决保健康复、住院护理、临终关怀等老人关心的问题。

2. 合作医疗资源

2016年10月金色年华医院正式挂牌成为杭州市西溪医院金色年华分院，可与西溪医院（三甲医院）交流共享其医护资源。杭州市西溪医院（杭州市第六人民医院、浙江中医药大学附属杭州西溪医院）创建于1937年，是一家以诊治肝病、感染性疾病为特色的集医疗、教学、科研、预防、保健为一体的市属三级甲等公立医院，医院开设40个门诊及24个病区；设有人工肝治疗中心、血透中心、微创诊疗中心等，已形成优势突出、特色鲜明、协调发展的综合学科体系。

2018年9月，金色年华医院正式揭牌为浙江大学创新院医养结合研究中心示范医院。浙江大学创新院医养结合研究中心作为浙江省今后在医养结合领域开展各项服务的总平台，将以开放的姿态构建养老大健康服务生态体系，重点关注老年人有共性需求的医养服务项目，汇集医学、信息学、心理学、现代服务学科和高端物联网医疗康复装备等的研究。医养中心聘请众多国家级的老年医学专家，指导医养领域的科研、创新、实践，开展各类产学研活动，提升医养结合模式的社会、市场认可度，引领医养大健康产业的融合发展，探索医养结合3.0模式。

八、项目适老化与无障碍

1. 房间内适老化

金色年华·杭州金家岭退休生活社区的养老公寓内的适老化设施有：子母门、木质地板、固定壁柜、南向阳光厨房、木质地板、圆角家具、防滑地砖、宽大的淋浴间、卫生间扶手、淋浴扶手、干湿分离、卫生间可供轮椅进入的洗手台、紧急呼叫系统等。

2. 公共空间适老化

金色年华·杭州金家岭退休生活社区公共空间的适老化设施有专业医疗电

梯、超宽走廊、防滑木质扶手、防滑地砖等。

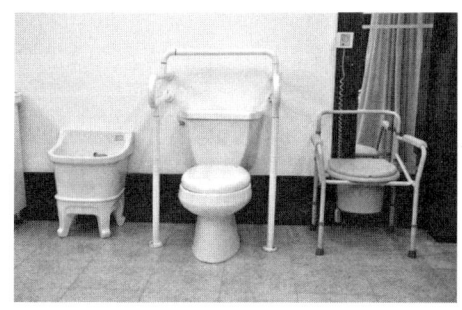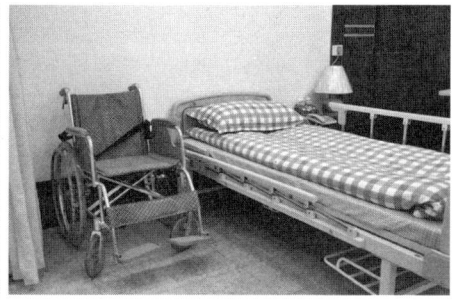

图 7.8-1　金色年华·杭州金家岭退休生活社区适老化（部分）

3. 户外适老化

金色年华·杭州金家岭退休生活社区户外的适老化设施有风雨连廊、无障碍坡道、标识系统等。

图 7.8-2　金色年华·杭州金家岭退休生活社区风雨连廊

4. 智慧系统

金色年华正在自主研发了智慧养老云平台，借助智能化手段打造无边界的养老院。在实施上，运用互联网＋技术，通过一些先进设备追踪、感应并传递信息，帮助服务人员和老人之间更加快速高效的建立联系并提供帮助。

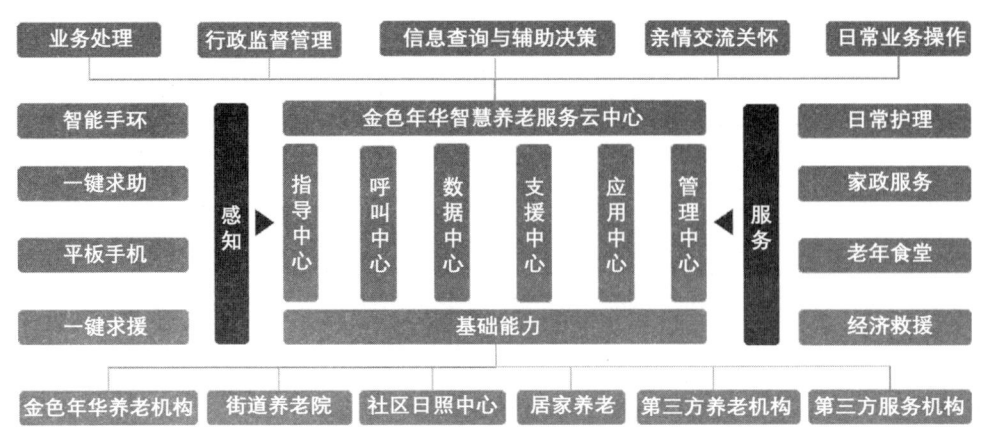

图 7.8-3　金色年华智慧养老服务云平台

九、项目服务体系

1. 服务理念

根植于金色年华·杭州金家岭退休生活社区的土壤，金色年华不断探索着具有中国特色的养老服务方式和服务理念。一方面考虑要摒弃中国传统的无微不至的照顾年迈父母的"养老"方式，另一方面考虑到 97% 的老人的养老方式是居家养老和社区养老方式，金色年华从"有限照料""让老人过上有尊严的生活"这两个基本点出发，提出了金色年华养老服务理念：尊严照护、精准照护和原址照护。

尊严照护：以照顾老人日常生活起居为基础，为独立生活有困难的老人提供一系列专业服务，让老人重获自信、自尊和自立，最大限度实现自我价值。尊严照护的基本内涵包括：

1）自主选择生活方式：充分尊重老人自主选择、自我决定，鼓励老人从事力所能及的活动，过上自己满意的生活；

2）重获自信，实现自我价值：关注老人自身所具备能力，创造机会发挥其潜能，给老人以自信，最大程度实现自我价值；

3）鼓励老人积极参与社会活动：竭力营造普通人生活群体，促使老人融入其中，过上高品质生活。

精准照护：老年人身心状况千差万别，对周围环境非常敏感。金色年华精准照护理念以老年行为能力评估为基础，为每一位老人定制个性化照护方案，追求客户最大满意度。

原址照护：原址照护是适应中国国情的照护理念，在居家养老和社区养老上，金色年华还遵循了原址照护理念。为了适应中国 97% 的老人选择社区和居家养老方式，金色年华依托社区养老院和居家养老服务社区，为社区居家养老老人提供专业的、精准照护服务。

2. 组织框架

金色年华·杭州金家岭退休生活社区在组织管理上分为两部分，其中金色年华·杭州金家岭退休生活中心由主任负责管理，杭州金色年华医院由院长管理。金色年华·杭州金家岭退休生活中心和杭州金色年华医院互相支撑，通过健康管理中心连接在一起。

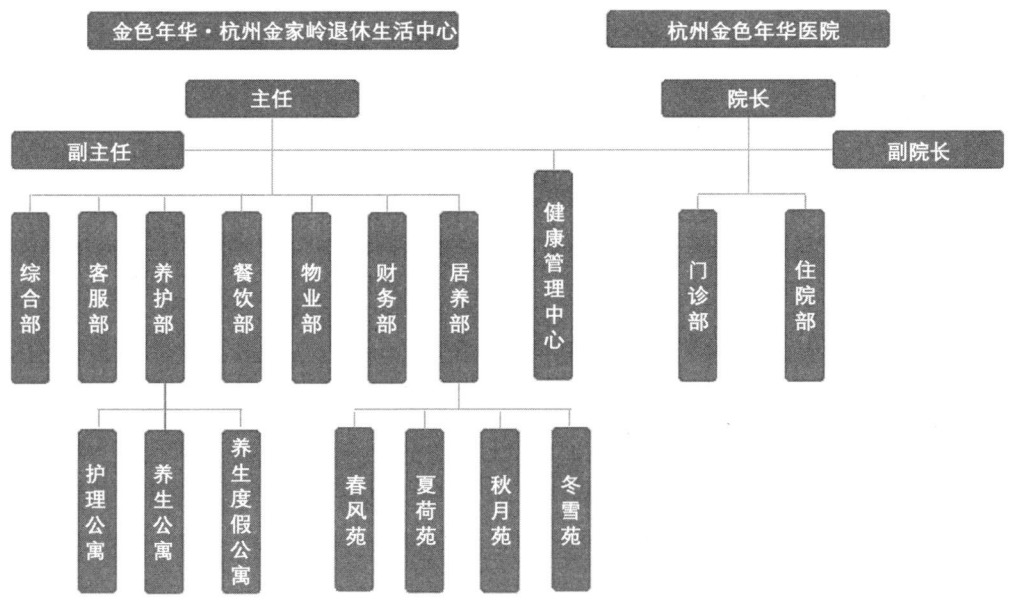

图 7.9-1 金色年华·杭州金家岭退休生活社区组织框架图

3. 服务内容

金色年华 杭州金家岭退休生活社区定位为"有机构服务的家庭生活，有交流沟通的群体空间,有年龄特色的建筑设施,有金色追求的高档示范性完全退休生活社区"。园区根据老人的生理特点和心理特点,为老人提供24小时不间断服务、全天候的健康设施、全方位的一站式服务,打造了包含居家物业服务、专业餐饮服务、医疗保健服务、文化娱乐健身服务、交通出行服务五方面完善服务体系。

金色年华·杭州金家岭退休生活社区服务体系　　　　　　表7.9-1

服务类型	服务内容
居家物业服务	**亲情呵护服务**:全天候服务、紧急呼叫服务、出入管理服务、档案管理服务、代办服务、咨询预约服务、出借服务、寄存服务、亲情联络服务等。 **免费家政服务**:定时定期对老人居所的燃气、电线、插座、紧急呼叫设备进行检测维修,协助老人进行一次换季物品整理、窗帘清洗等。 **温馨物业服务**:物业公共部位、公共设施设备的使用管理、养护、维修和更新,物业共享部位和物业管理区域内的道路的保洁服务,公共绿地、花草树木的养护、管理,协助公安部门维护物业管理区域内道路的保洁服务。 **生活配套服务**:超市服务、银行服务、邮政服务、家政服务、美容美发、商务秘书服务、陪购服务、陪游服务、代办典礼服务等
专业餐饮服务	**保障食品安全**:坚持自主经营园区餐厅,严把食品安全关。 **优雅的就餐环境**:近400m^2的高规格餐厅,大小8个包厢,可同时容纳约200人舒适就餐,为老人提供宽敞明亮的就餐环境,餐厅位于国际交流中心二楼,楼上即休闲娱乐区。 **多样菜品选择**:聘请膳食营养师,充分考虑我国退休老人的身体素质及饮食习惯,为老人提供价格合理、品种多样、口味清淡的健康菜品;除每日三餐外,另设套餐、中式面点、特色时令炒菜、明档菜等供老人选择。 **灵活便民服务**:餐厅采取刷卡充值的方式,尊重老人的自主选择,避免浪费;为有需要的老人提供点餐、送餐上门等贴心服务,保障子女亲属探望时的特殊需要。 **特需就餐服务**:专为园区90岁以上的老人提供特需就餐服务,可提前一周点餐,免排队便捷就餐。 **私人定制营养餐**:餐厅可以根据每个人的不同身体状况(如糖尿病、高血压等)为老人私人定制养生食谱;也可以定制或代煮养生餐品。 **特设"膳管会"**:特设"膳食管理委员会",由老人代表、职工代表、厨师长、营养师组成,定期召开会议研究餐饮改进方案

第二篇　CCRC项目观

续表

服务类型	服务内容
医疗保健服务	**规范化医疗服务系统**：园区有一套科学完善的预防、医疗、康复护理程序；为每位入住的老人建立并持续更新健康档案，为不同健康状况的老人提供不同级别的护理。 **高素质医疗护理队伍**：一线员工必须持证上岗，持证率100%，另配备有国家认证康复师、心理咨询师、营养师以及健康管理师若干。 **24小时值班**：实行"多层值班制"，园区有一名总负责人24小时待命，各区域均有全天值班人员，居住区有医护人员24小时值班以应对突发医疗状况。 **开设"绿色生命通道"**：园区到省人民医院望江山园区仅五分钟车程，能够快速且高效的应对突发状况。
文化娱乐健身服务	**文化交流服务**：老年大学、教学活动、图书阅览服务、交流度假服务、各类社团及兴趣小组活动、才艺交流等。 **康体健身服务**：立体化健身公园、露天门球场、登山步道、户外健身设施、乒乓球室、健身房、晨练平台等方便老人健身运动；还设有中华通络操、养生保健操、养生娱乐队等。 **娱乐活动服务**：园区设有35项文化娱乐活动，25个兴趣小组，提供22处公共活动场所，各类文艺演出、建成各类老年人活动室、旅游出行安排、种植园以及友好合作单位的交流慰问等
交通出行服务	**便利出行**：园区门口设有公交站，途经多条公交线路，可乘车直达市区，方便老人出行。 **预约叫车**：为老人提供专车租赁和预约叫车服务。 **风雨连廊**：园区各居住、休憩、交流活动、健身设施节点均通过风雨连廊相连，形成一个环路，方便老人在任何建筑间通行均无风雨之虞

金色年华·杭州金家岭退休生活社区的特色是"文化养老"。在金色年华社区里，文化养老的核心是老人自己，社区根据老人的业余活动需求来搭建相应的交流平台，提供设备设施，现在已经形成25个固定的兴趣小组，如金色艺苑及其分支书画长廊、手工艺组、歌咏小组等。随着兴趣小组的建立，社区逐步建立了完整全面的老年活动室，专为各个不同兴趣小组提供合适的活动场所并配备相关的器械。

金色年华·杭州金家岭退休生活社区活动中心一周固定活动表　表7.9-2

时间	上午		下午
周一	中华通络操	（上午8：00　交流中心门口）	歌咏兴趣小组 （下午2：30　音乐活动室）
	交谊舞活动	（上午9：00　形体房）	
	京剧兴趣小组	（上午8：30　器乐活动室）	
	回春医疗保健操	（上午10：00　形体房）	

续表

时间	上午	下午
周二	中华通络操　　　　　（上午8：00　交流中心门口） 交谊舞活动　　　　　（上午9：00　形体房） 回春医疗保健操　　　（上午10：00　形体房）	棋类活动 （下午2：30　棋牌室）
周三	中华通络操　　　　　（上午8：00　交流中心门口） 交谊舞活动　　　　　（上午9：00　形体房） 京剧兴趣小组　　　　（上午8：30　器乐活动室） 回春医疗保健操　　　（上午10：00　形体房） 书画、摄影、手工艺　（上午9：00　金色艺苑）	棋类活动 （下午2：30　棋牌室）
周四	中华通络操　　　　　（上午8：00　交流中心门口） 民乐队活动　　　　　（上午8：30　器乐活动室） 交谊舞活动　　　　　（上午9：00　形体房） 回春医疗保健操　　　（上午10：00　形体房）	歌咏兴趣小组 （下午2：30　音乐活动室）
周五	中华通络操　　　　　（上午8：00　交流中心门口） 交谊舞活动　　　　　（上午9：00　形体房） 京剧兴趣小组　　　　（上午8：30　器乐活动室） 回春医疗保健操　　　（上午10：00　形体房）	电影播放 （下午2：00　影音室）
周六	中华通络操　　　　　（上午8：00　交流中心门口） 交谊舞活动　　　　　（上午9：00　形体房） 回春医疗保健操　　　（上午10：00　形体房）	自行安排
周日	中华通络操　　　　　（上午8：00　交流中心门口） 交谊舞活动　　　　　（上午9：00　形体房） 回春医疗保健操　　　（上午10：00　形体房）	自行安排

* 活动中心阅览室、棋牌室、台球室开放时间为每日的9：00—16：30
* 临时变化将另行通知

备注：此活动表为2018年活动表，仅供参考，具体以项目公布活动为准。

十、项目运营及收费模式

1. 项目运营模式

金色年华·杭州金家岭退休生活社区浙江银发实业发展有限公司自建自营的

项目。

2. 项目收费模式

金色年华·杭州金家岭退休生活社区的居养区收费模式为一次性床位费＋服务费，养生度假区的收费模式为床位费＋服务费，护理区的收费模式为床位费＋护理费。

1）居养区：一次性床位费＋服务费

金色年华·杭州金家岭退休生活社区居养区的373套居住产品以收取一次性床位费为主。2008年开业初期的一次性床位费为：小套约为30万～40万元，中套为40多万元，大套约为70万～80万元。收取一次性床位费的居住产品目前已经售罄。该类居住产品截至2018年9月的服务年费约为6000～10000元/套不等。

2）养生度假区：床位费＋服务费

金色年华·杭州金家岭退休生活社区养生度假区以按月或者按年收取床位费为主，根据房型、朝向以及租期的差异，每月的床位费在2200～5450元不等，按年付费可以享受一定的折扣，年床位费区间为25200～54000元不等。除了床位费，还要收取500元/人/月的基础服务费。

金色年华·杭州金家岭退休生活社区短期产品价格表　　表 7.10-1

区域	房型	入驻模式	床位费 月付	床位费 年付	应急备用金
养生床位	朝南双人间	按月入住	3300元/月/间	—	2万元/1人住 3万元/2人住
		一年起住	3000元/月/间	34800元/年/间 （2900元/月）	
	朝北双人间	按月入住	2300元/月/间	—	
		一年起住	2200元/月/间	25200元/年/间 （2100元/月）	
养生度假床位	双人间	按月入住	3500元/月/间	—	2万元/1人住 3万元/2人住
		一年起住	3200元/月/间	34800元/年/间 （2900元/月）	

续表

区域	房型	入驻模式	床位费 月付	床位费 年付	应急备用金
养生度假床位	标准套房	按月入住	4300元/月/间	—	2万元/1人住 3万元/2人住
养生度假床位	标准套房	一年起住	4000元/月/间	43800元/年/间（3650元/月）	2万元/1人住 3万元/2人住
养生度假床位	舒适套房	按月入住	5450元/月/间	—	2万元/1人住 3万元/2人住
养生度假床位	舒适套房	一年起住	4850元/月/间	54000元/年/间（4500元/月）	2万元/1人住 3万元/2人住

说明：
1. 服务费收取标准：基础服务500元/人/月，加强级服务是在基础服务的基础上增加其他服务项目，可单选；夫妻入住服务费总额优惠100元/月/间（拼房入住不享受此优惠）；
2. 签订一年起住模式合同的，未满一年提前退房时，按月住模式补差价；
3. 室内免水费，电费自理（一户一表），如需开通宽带、电话等费用自理；
4. 伙食费为饭卡充值，刷卡就餐

备注：本价格更新时间为2018年1月1日，仅供参考，具体价格以项目公布的价格为准。

3）护理区：床位费＋护理费

金色年华·杭州金家岭退休生活社区的护理区收取床位费＋护理费，按照朝向、房间类型和护理等级不同收费也不同。

金色年华·杭州金家岭退休生活社区护理区房间费/床位费及服务费价格表　表7.10-2

护理床位收费标准	
朝南双人间	1800元/月/人
朝北单人间	2300元/月/间

护理费收费标准					
护理等级	三级护理	二级护理	一级护理	特一级	特二级	特三级
费用（人/月）	500元	800元	1100元	1400元	1700元	2200元

说明：
1. 护理等级根据入住老人的身体状况进行评估后确定；
2. 房间内免水费，电费自理，按入住老人人数平均分摊，如需开通宽带、电话等费用自理；
3. 伙食费为饭卡充值，刷卡就餐

备注：本价格更新时间为2018年1月1日，仅供参考，具体价格以项目公布的价格为准。

金色年华·杭州金家岭退休生活社区护理公寓价格表　　表 7.10-3

护理等级	特护类型	床位费	护理费	合计	应急备用金
朝南双人间	一对一专护	2300 元 / 月 / 人 / 床	5600 元 / 月 / 人 / 床	7900 元 / 月 / 人 / 床	2 万元 /1 人住 3 万元 /2 人住
朝北单人间	一对二专护	1800 元 / 月 / 人 / 床	3800 元 / 月 / 人 / 床	5600 元 / 月 / 人 / 床	

备注：
1. 专护需统一床上用品四件套，每人两套，150 元 / 套（被芯、枕芯可自带）；
2. 房间内免水费，电费自理，按入住老人人数平均分摊，如需开通宽带、电话等费用自理；
3. 伙食费为饭卡充值，刷卡就餐

备注：本价格更新时间为 2018 年 1 月 1 日，仅供参考，具体价格以项目公布的价格为准。

3. 退住方式

金色年华·杭州金家岭退休生活社区居养区的居住产品不可退，可以转让，转让手续费为差价的 2%。

4. 项目运营平衡分析

金色年华·杭州金家岭退休生活社区一期在 2015～2016 年之间实现了运营平衡，目前常住老人约 700 位。

十一、项目客户及入住率

1. 项目客户

入住资格：符合法定退休年龄，至少有一位直系亲属在杭州，没有精神疾病及传染性疾病的老人。

实际入住客户构成：从地域看，以杭州本地人为主，少数为外省老人；退休前的职业以干部、医生、教授为主，部分老人为企业高管和私营企业主；开业初期入住老人的平均年龄为 70 岁左右。

2. 项目入住节奏

金色年华·杭州金家岭退休生活社区 2008 年开始营业，2011 年入住率达到

50%，目前常住老人约 700 位，因为部分客户为包房老人或者旅居老人，所以项目基本住满。

十二、昱言观点

金色年华·杭州金家岭退休生活社区 2003 年开始立项，2008 年投入使用，是杭州首个真正意义上的 CCRC 型养老社区。社区定位为"有机构服务的家庭生活，有交流沟通的群体空间，有年龄特色的建筑设施，有金色追求的高档示范性完全退休生活社区"，恰当地将福利机构的保障功能与住宅区的人性化有机结合。

1. 生态环境优越。金色年华·杭州金家岭退休生活社区位于杭州之江国家旅游度假区转塘镇金家岭村，午潮山国家森林公园南麓，远离城市喧嚣。社区基地为山谷中平缓山丘地，北高南低，森林茂密，生态良好，空气清新。自然环境条件非常适合建设"离城不离尘"养老社区。美中略有不足的是项目位于杭州市远郊，往来市区时间稍长。

2. 配套稍显落后，服务良好。作为已经投入使用 10 年的养老社区，该项目在硬件设施上无法与近几年入市的项目比较。但是社区倡导以服务为核心，为退休人士提供更全面的配套服务和更完善的服务体系，让长者不仅仅是在退休后能拥有理想的居所，更能体会一种全新的、积极向上的生活模式，从而真正享受到高品质的退休生活。为此以金色年华·杭州金家岭退休生活社区为基点，不断学习与探索、积累与沉淀，金色年华总结出了自己的养老服务理念：尊严照护、精准照护和原址照护，搭建了包含居家物业服务、专业餐饮服务、医疗保健服务、文化娱乐健身服务、交通出行服务五方面服务完善的养老服务体系。

3. 要求入住长者至少有一位直系亲属在杭州。区别于其他养老项目可以收住异地空巢老人，金色年华·杭州金家岭退休生活社区除了要求长者符合法定退休年龄，没有精神疾病及传染性疾病外，还要求长者至少有一位直系亲属在杭州。对于我国老年人来讲，子女探访带给他们的心理满足感和幸福感是任何人和任何事物都无法取代的，同城有直系亲属的入住要求恰好能可以促进子女经常探访老人，提升老年人的心理归属感。

4. 包房老人和旅居老人对运营收益的影响。项目一期规划床位 1078 张，实际常住老人达到 700 位时项目已经住满，说明项目尚有 300 多张床位因为常住老人包房而被隐性消化或者因为旅居老人而处于阶段性空置状态，这会对项目的运营收益产生巨大的影响，值得其他项目借鉴。

5. 文化养老是社区的一大特色。国内强调文化养老的 CCRC 养老社区不在少数，但是项目强调文化养老的核心和自主权是老人自己，社区根据老人的业余活动需求提供交流平台和设备设施。同时，社区也会组织有特色的文化活动吸引老人参加，如结婚纪念日活动，帮老人书写传记等。

第八章 天地健康城
——大学校园般的退休生活综合社区

案例导读：

天地健康城由澳洲 AVEO 和中国医疗网络资本两大股东联合成立的爱维中国（AVEO CHINA）投资建设并运营管理，引进了澳洲的养老理念。项目定位为给我国老人提供大学校园般的退休生活综合社区和优质的老年生活服务。

天地健康城占地 10.7 万 m^2，总建筑面积 15 万 m^2，规划养老公寓 1138 套（独立生活公寓 868 套，服务式公寓 270 套），可容纳约 1200 户社区居民；德颐护理院设有护理床位 300 张。针对不同的居住产品天地健康城设计了租售结合的方式，如独立生活公寓销售产权，服务式公寓通过入住金形式和月租模式租赁，满足不同经济状况老人的需求。

天地健康城以石库门里弄风情建筑风格的建筑还原老上海风情，通过组团式布局将老人的居住、生活、娱乐、休闲、医疗等有效的组合，形成完善的居住配套。

德颐护理院作为天地健康城的医疗护理配套，既是一家可刷医保的外资医院，同时也是上海市长护险定点单位。为了推动医养融合发展，德颐护理院自主研发了医、养、康、护评估体系，结合医疗护理专业疾病评估内容，为"介护-全护-临终关怀"人群提供个性化的护理方案，让长者有尊严地度过生命的最后阶段。

一、天地健康城项目概述

天地健康城位居上海市朱家角核心片区，占地面积 10.7 万 m^2，总建筑面积

15万m^2，可容纳约1200户社区居民，是由国际健康管理品牌AVEO CHINA打造的高端退休综合社区。项目以海派风格还原经典里弄式社区规划，将健康管理、文娱课程、社团活动、日常服务融入社区生活配套，规划有养生公园、社区商业街、邻里广场等多个景观系统，非常适宜人居。为了让老人足不出户就能解决一切生活、娱乐及医疗所需，天地健康城社区内配备了邻里中心、恬愉学堂、恬愉会所、恬愉食坊、图书馆、商业街区、养生公园、酒店等。2014年4月开盘，2016年1月，天地健康城开始正式入住。

二、项目背景

1. 公司简介

图 8.2-1　爱维中国（AVEO CHINA）组成图

中国源引于澳洲的健康养老品牌——AVEO，由澳洲AVEO和中国医疗网络资本两大股东联合成立，AVEO CHINA以健康养老服务为基础通过大健康和互联网＋来推动中国健康养老产业的发展。目前已经在中国运营天地健康城项目，南京、昆明、湖州、成都、厦门、杭州、常州等地的项目也在积极筹备中，预计到2021年会陆续落地运营。

澳大利亚AVEO集团是澳大利亚最大的养老社区开发及服务运营机构，拥有40年丰富运营经验，是澳大利亚行业协会的核心成员，多次参与制定澳洲政府的各项行业规定和标准，目前在澳洲拥有运营100个退休社区，服务13000余位退休居民，为爱维中国提供专业的养老服务支持。

中国医疗网络资本专门从事医疗与大健康事业，全资拥有同仁医疗产业集团，下属南京同仁医院、昆明同仁医院均为大型综合三级医院，为爱维中国的康养事业提供了专业的医疗技术保障。

目前，依托股东资源，站在整合养老产业发展的高度，爱维中国可以提供医、护、养、乐全面生活解决方案，主营业务有：

1）退休社区/养老机构的开发和运营

养老机构配套设施及服务功能向社会开发，建立日间照料服务中心，开展社区与居家养老服务，更好的发挥养老机构的作用，将医养模式扩散至社区及家庭。

2）养老运营管理和旅居养老交流

拓展闲置资源及周边旅游、文化资源，引入外来老人，开展旅居养老，提升养老机构及服务的附加值。

3）日间照料中心与居家养老服务

日间照料中心与居家养老服务是基地养老服务的延伸，为四大中心（交易中心、大数据中心、产品研发中心和展示体验中心）提供数据，四大中心通过研发为其提供更好的产品和服务。

4）适老化用品的线上线下销售

爱维中国通过O2O养老用品和服务的线上交易平台，让基于互联网＋技术支持的客户直接选择自己的服务和产品。以展示体验中心将研发的产品进行展示的线下方式，供用户实际体验、感受和选择。

2. 营业初期城市人口经济状况

2012年年末，上海市全市常住人口2380.43万人，户籍人口1426.93万人；其中60周岁以上老年人口367.32万，占户籍总人口的25.74%；65周岁以上老年人口245.27万，占户籍总人口的17.19%。上海是我国最早进入老龄化社会的城市，也是我国老龄化程度最高的大型城市。2017年，上海老龄化率已达到14.3%。

2012年，上海常住人口人均地区生产总值已经达到85373元，面对老年人群越来越庞大的需求体量，将需要更多市场化服务来解决养老服务供给不足和结构失衡问题。

三、项目区位及周边环境

1. 项目区位

天地健康城位于上海市青浦区朱家角镇康业路888弄。根据上海市《青浦区土地利用总体规划（2010-2020年）》，区域将整合朱家角、金泽、练塘等历史文化名镇资源发展湖区经济，重点开发度假休闲旅游、会务会展、文化创意、度假疗养和生态居住功能。

图 8.3-1　天地健康城区位图

2. 项目交通条件

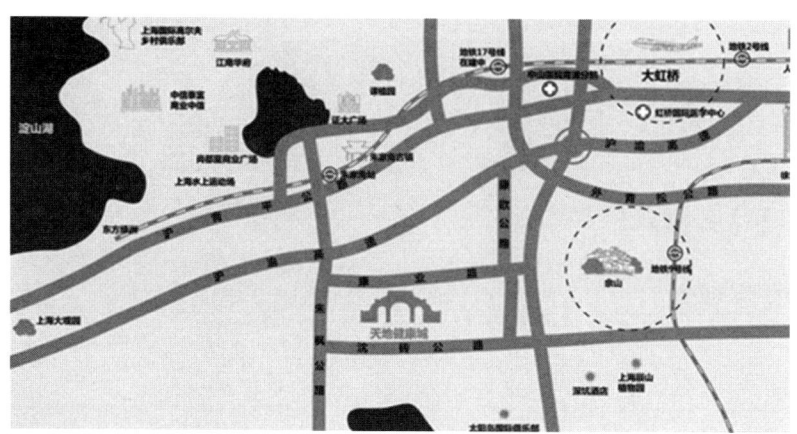

图 8.3-2　天地健康城交通图

天地健康城属隶属上海朱家角片区，距离人民广场 48 公里，项目周边交通通达性高：

公交：社区入口处既有朱家角 1513 路公交车经停天地健康城站；1000 米内有三个公交站。

地铁：距离地铁 17 号线朱家角站 2 公里。

主干道：朱枫公路、沈砖公路、G50 沪渝高速等。

3. 项目周边资源

医疗资源：中山医院青浦分院、朱家角人民医院、上海市青浦中医院等；

景观资源：朱家角古镇、淀山湖、老朱柳河等生态水景、上海天马赛车场、东方绿洲等；

教育资源：同济大学、朱家角高级中学、朱家角中学、朱家角小学、沈巷中学、珠溪中学、沈巷小学等；

生活配套：家乐福超市、联华超市、农工商超市、天地健康城商业街等。

四、项目地块条件及规划概要

1. 项目地块条件

天地健康城项目地块地处青浦朱家角地区,为商业用地,招拍挂拿地,使用年限为40年,占地面积为10.7万 m²,容积率为1.4。

2. 项目规划

天地健康城占地面积10.7万 m²,总建筑面积15万 m²,项目共有套数1138套,其中针对活跃老人的独立生活公寓868套,针对介助老人的服务式公寓270套,德颐护理院设有护理床位300张。

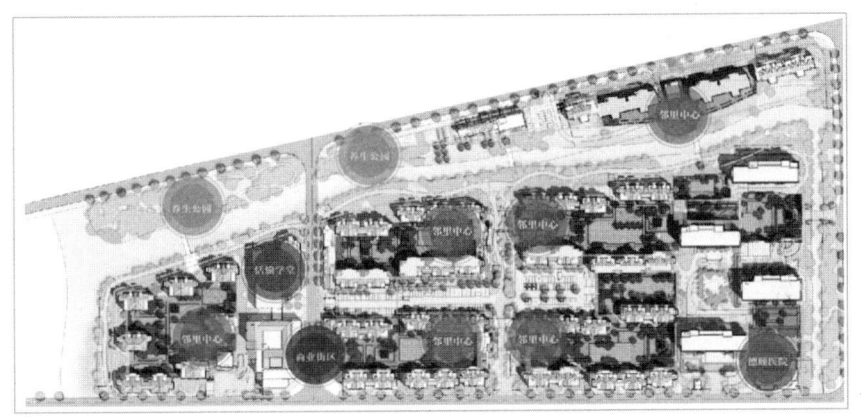

图 8.4-1　天地健康城规划图

天地健康城功能配比　　　　表 8.4-1

功能分区	面积（m²）	占比
养老公寓	105100	70%
医康功能	14900	10%
公共配套	30000	20%
合计	150000	100%
规划车位数	车位配比 1∶1	

图 8.4-2 天地健康城规划效果图

天地健康城规划特色如下：

1）组团式建筑布局

项目规划采用组团形式，组团采取庭院围合布置，每个组团出入口设有邻里中心，内设邻里活动空间，布置在老人日常活动必经的组团入口，让服务更贴近老人的生活，提高社区安全性和组团私密性。

2）集中的配套设施

天地健康城集中分布的配套设施作为服务团队的总部，方便老人更有效地使用相关设施；同时增加人气，形成活动氛围。

3）石库门里弄风情建筑风格

熟悉的石库门里弄风情建筑，家一样的居住环境，6～7层带电梯洋房，组团设计、连廊相接，带给长者熟悉的生活味道，社区内的护理楼设计也尽量居家化，避免过度医疗设计。

4）建筑设计满足不同等级养老居住的不同要求

为活跃老人设计的独立式公寓，在建筑上贴近居家感，以"隐形适老化"为主题，在满足老人身体变化的使用需求，同时，不对老人心理造成过多的老化暗示。为半护理老人设计的服务式公寓，在建筑设计上偏酒店、疗养院等公共建筑的风格，户型更集中，人流更密集，服务更贴心。

3. 项目开发周期

天地健康城分三期建设，每期开发不同的主题：

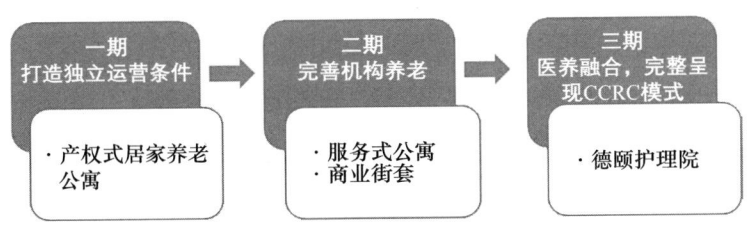

图 8.4-3　天地健康城分期情况

五、项目居住产品

1. 项目居住产品概述

天地健康城规划养老产品 1138 套，其中针对活跃老人的独立生活公寓 868 套，针对介助老人的服务式公寓 270 套，德颐护理院设有护理床位 300 张。

2. 独立式公寓

天地健康城主要针对活跃老人的独立式公寓有 868 套，由 5～6 层的电梯洋房（一梯两户）围合成 6 个坊（文远坊、清华坊、东南坊、南洋坊、燕园坊、博学坊），每个坊设置可供活动交流的邻里中心。建筑风格为传统的石库门风情建筑，面积约为 60～140m^2，房型多样。独立式公寓于 2016 年 1 月开始正式入住。

天地健康城独立式公寓户型面积及配比　　表 8.5-1

户型	面积（m^2）	套数	占比
一房一厅一卫	60	103	12%
两房两厅一卫	100	221	25%
两房两厅一卫	120	396	46%
三房两厅两卫	140	148	17%
合计	—	868	100%

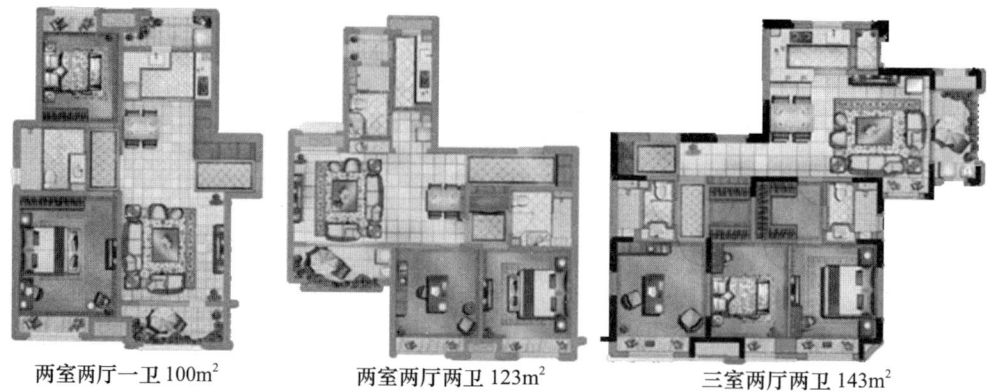

| 两室两厅一卫 100m² | 两室两厅两卫 123m² | 三室两厅两卫 143m² |

图 8.5-1 天地健康城独立式公寓户型图

3. 服务式公寓

天地健康城的服务式公寓由 270 套，目前开放 120 套，有 73m² 一居室和 108m² 一室一厅两种户型，为介助老人提供 1～6 级生活护理服务，拥有家一样的生活空间，底层配备餐饮服务区、棋牌室、图书馆、手工活动教室等，让老人不出大楼即可享受到贴心的服务。2016 年 11 月服务式公寓开始正式入住。

天地健康城已开放服务式公寓户型面积及配比　　　　表 8.5-2

户型	面积（m²）	套数	占比
一居室	73	100	83%
一房一厅	108	20	17%
合计	—	120	100%

4. 德颐护理院

上海德颐护理院 2017 年 4 月开始正式营业，是一家可刷医保的外资医院，同时也是上海市长护险定点单位，总面积 14900m²，集诊断、治疗、康复、护理、临终关怀为一体。护理院共设置床位 300 张，其中一期开放 100 张床位，目前设有单人间、双人间、三人间和四人间，以三人间和四人间为主。德颐护理院一方面承担着为社区老人提供医疗康复服务的功能，同时还面向上海市区及周边地区。护理院采用自主研发的医、养、康、护评估体系，结合医疗护理专业疾病评估内容，为"介护-全护-临终关怀"人群提供个性化的护理方案，让长者在生命的最后阶段，舒适、优雅、无惧、无憾、无痛、有尊严地度过。

为保证天地健康城各种健康状态的老人都能得到专业的照护，德颐护理院已成功获得上海市居家照护服务资格，并纳入居家照护医保支付范围。

六、项目公共配套

1. 项目公共配套

为保证老人足不出户就能解决一切生活、娱乐及医疗所需，天地健康城社区内配备了邻里中心、恬愉学堂、恬愉会所、恬愉食坊、图书馆、商业街区、养生公园、酒店等。

1）邻里中心（全能生活空间）

邻里中心散布在各个坊，承担着日常服务综合体的职责，开放式会客厅、阳光房、健康管理站，常驻工作人员解决生活所需，组织快乐时光、每月生日会等活动。

2）恬愉学堂（上海老年大学分部）

恬愉学堂建筑面积约 $8000m^2$，是上海老年大学分部，目前开设的课堂有电子钢琴入门班、书法社、手工小组、读书会、快乐唱、艺术插花等，组建了恬愉沙龙、快乐歌唱社、交谊舞社团、广场舞社团、天地书法社、天地京剧团、手工兴趣小组，还会组织春季运动周（5月）、秋文化节（10月）、年夜饭等其他重大节日活动。

恬愉学堂分楼层功能布局　　　　　表 8.6-1

一楼	二楼	三楼	四楼
多功能厅、健身会所等	老年大学：书法教室、声乐教室、电脑教室、钢琴房、KTV、棋牌室、会议室、手工教室、自助厨房、电子钢琴室、舞蹈教室、茶艺教室、插花教室等	多媒体教室、静思堂、摄影教室、普通教室、会员专属食堂等	图书馆（兼展厅功能）、佛堂等

3）恬愉会所（多功能健身中心）

恬愉会所目前配置了恒温泳池、健身房、操房、康体运动区（沙狐球、飞镖等项目）、乒乓球、台球、室内高尔夫、室外网球和门球场，开设的课程有初级游泳班、循环运动、有氧网球、风雅成品舞、广场舞等。

4）恬愉食坊（营养健康餐）

恬愉食坊设有特色小炒、营养套餐、圆桌餐、团体套餐、各类面点以及素食餐点等，提供堂吃、打包服务。

5）图书馆

图书馆位于恬愉学堂4楼，入门即可见大型落地书架。图书馆设有恬愉学院和东方书院协办，是一个交流、互助、共同提高的学习平台。

6）商业街区

社区商业街区目前已开设有生活超市、理发店、药店、艾灸馆等，目前正在计划引入小吃店、咖啡馆等多业态商店，满足社区居民的日常生活所需。

7）养生公园

社区配有10000m^2养生公园，园内可以引导老人开展更多的户外活动：门球运动，宠物专属活动区，垂钓、种植、打太极、读书、慢跑等皆可在此开展。

8）酒店

天地健康城设置酒店，满足入住长者及家属探访时的住宿需求。

2. 项目特色配套

天地健康城的特色配套有邻里中心、老年大学、图书馆、会所等。

3. 项目公共配套使用情况

在天地健康城众多的配套设施中使用率最高的是：恬愉食坊、健身会所、老年大学、邻里中心。

七、项目医疗配套与医疗资源

1. 自建医疗设施

上海德颐护理院是一家可刷医保的外资医院，坐落于天地健康城东南角，总面积14900m^2，集诊断、治疗、康复、护理、临终关怀为一体。作为天地健康城医养结合的重要配套项目，护理院面向上海及周边地区，总床位300张，一期开放 100 张床位，并设有门诊及设备完善的医技科室。

护理院作为天地健康城医养结合产业的重要保障设施，通过以下环节实现养老与医疗的无缝衔接：

1）通过系统的医、养、康、护评估体系，将为"介护-全护"人群提供个性化的护理方案。

2）通过完善的认知症评估体系，为认知症老人制定个性化护理康复计划，减缓认知症的发病进程，提高认知症老人的生活质量和愉悦指数。

3）为临终老人提供专业的舒缓治疗护理，让生命的最后阶段，老人舒适、优雅、无惧、无憾、无痛、有尊严地度过。

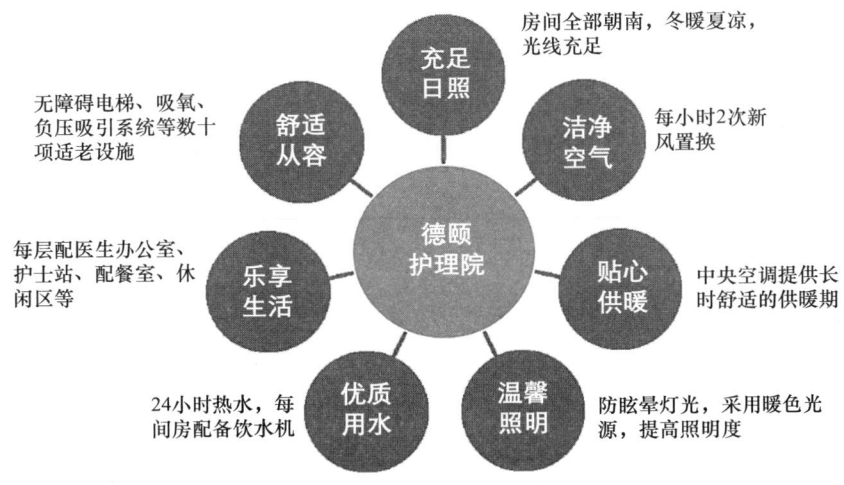

图 8.7-1　德颐护理院病房七大优化设计

德颐护理院科室设置和接诊范围　　　　表 8.7-1

	门诊	住院
科室设置	全科医学科、内科、中医科、康复医学科、医学检验科、医学影像科（X线诊断专业、超声诊断专业、心电诊断专业）、中药房和西药房、口腔科、居家照护服务	内科、中医科、康复医学科、临终关怀科
接诊范围	老年人常见病、慢性病、多发病的中西医结合治疗及用药指导；慢性骨关节疾病、术后患者的康复治疗。口腔疾病的专科治疗等	老年常见病、慢性病、多发病的治疗及护理，脑卒中护理，老年痴呆症护理，术后康复治疗，癌症晚期护理，褥疮护理及临终关怀

2. 合作医疗资源

天地健康城与多家知名三甲医院建立合作关系，可以为入住长者提供更专业的日常医疗服务，实现快速就医、联系专家诊疗，满足患者多方位的健康需求。

八、项目适老化与无障碍

天地健康城研发设计适老空间、布置适老设施设备，从整体规划到室内设计的空间尺寸、家具和材料选择，从公共服务空间到卧室和卫生间都在为居民打造无障碍、适老、安全的居住环境。

1. 房间内适老化

为了更好地服务入住老人，房间内进行了40多项适老化房屋设计，最大化便利老人生活起居，将老人居家风险隐患降至最低：

1）玄关卧室的适老化：玄关置物台、玄关感应灯、增加宽度的床头柜、起夜灯、全屋地暖、紧急呼叫系统、直饮水、分床设计、加高充电台、不活动通知、收纳空间、一键呼叫、大按键开关并且每个开关有明显标识、一键关闭或开启室内的照明与插座大按键智能电话机等。

2）厨房适老化设计：下沉式灶台、抬高水槽面、开关/按键集成、置物隔板、醒目标志、火警报警装置、橱柜顶层的镜面设计（方便老人看清顶层橱柜的物品）等。

3）卫生间适老化设计：电热毛巾杆、暖风机、无高差淋浴、防滑地砖、智能马桶、直饮水、安全扶手、双地漏、多层置物台、可移动梳妆镜等。

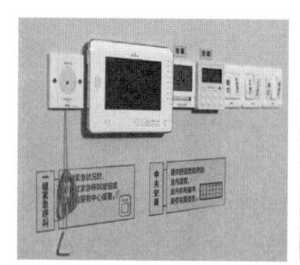

图 8.8-1　大按键开关及卫生间适老化设计

2. 公共空间适老化

天地健康城公共活动空间的适老化设计如下：

1）公共走廊的宽度均为 2 米以上，满足两辆轮椅交错通行需求，并设置安全扶手。

2）服务式公寓产品采用外廊式平面布置，外廊轴线宽度为 3.3 米。

3）服务式公寓家门口设有活动空间，方便老人休闲聊天。

4）电梯尺度均可容纳担架进入并设置安全扶手。

5）楼梯踏步宽 28 厘米，踏步高不大于 16 厘米，适合长者步行。

6）公共空间的标识指示系统，以文字、图形、符号等形式，明确表示内容、位置、方向等，字体适当放大，为长者提供明确的指示。

7）公共区域室内外全部实现无障碍通行，有高差处采用斜坡解决，便于长者安全通行。

8）座椅高度选择在 420～450mm，带靠背座椅，靠背倾角角度 90～100 度为宜；座凳平稳，不易倾覆。

3. 户外适老化

1）道路人行道设计：考虑老年人辅助设施如轮椅及辅助行走器的使用，道路宽度设置为 1.2～1.8 米。

2）无障碍化设计：景观道路与建筑、构筑物的交接考虑轮椅使用者及行动不便的老人行走要求，实施无高差衔接，道路坡道控制在 5% 以内。

3）道路标识：文字简单清晰，含义明确，字体大。

4）风雨连廊设计：宽度 1.8 米，两侧设座椅结合的连廊柱设计，通道净宽大于 1.4 米，以确保急救推车双向通行，连廊节点亭宽度控制 3.6 米左右，连廊与楼栋间距离不小于 4 米。

4. 智慧系统

天地健康城形成了信息化、智能化有机结合的完善的运营管理系统。运营管理系统有 PC 端和移动端（会员端）两个端口：PC 端 2017 年 7 月份上线，稳定运营至今；移动端用于给会员自行登录查看本人相关信息，如：套餐信息、健康信息、生活服务信息、文娱活动信息等，也可以查看到系统发布的活动等信息。在智能化方面有定位监控系统、紧急报警系统、监控安防系统、公共广播系统、信息传播系统、IBMS 集成系统等。

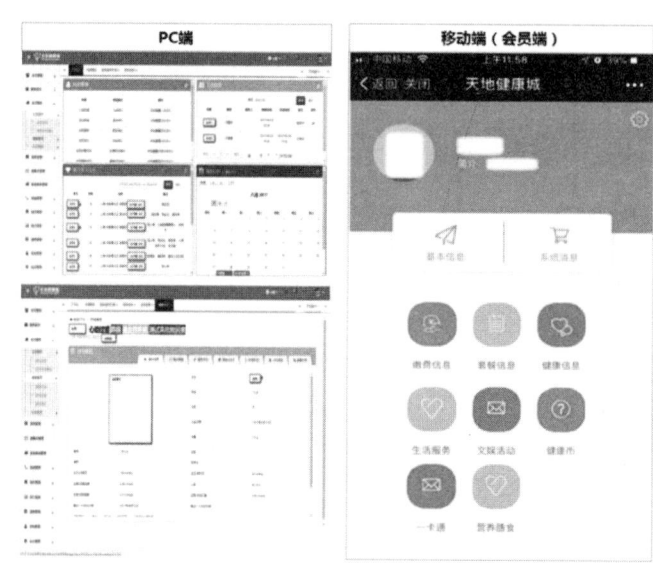

图 8.8-2　天地健康城紧急呼叫系统终端

1）定位监控系统

定位监控系统可以实时查看会员当前所处的位置、危险因素以及其他相关信息。如果入住老人突发状况，按一卡通按钮，社会工作人员即可通过定位监控系统获知老人位置，系统还会对老人的健康状况和病史给出简短介绍，方便工作人员进行紧急救助。一卡通可用于人员定位、历史轨迹查询、SOS 报警、消费、门禁、停车、梯控等。

2）紧急报警系统

老人在家中如遇特殊情况，可在家中（室内多个报警点）的拉绳进行紧急报警，物业中心第一时间

图 8.8-3　智能一卡通

会收到报警。

3）公共广播系统

通过公共广播系统可以播放紧急通知，特殊情况下还可以引导人员疏导，还可以播放音乐、新闻、通知及文娱节目等，并且可以播放预定广播内容和点播。

4）IBMS 集成系统

IBMS 集成系统采用子系统集成模式，集数据采集、网络通信、自动控制和信息管理于一体，进行二次开发的专用监控管理平台，对个智能化子系统进行集中式监管。

九、项目服务内容

1. 服务内容

舒适的养老生活不可缺少高质量的服务，天地健康城以"健康寿命最大化"为目标，针对不同需求的老人，推出会员专属健康管理服务体系，在促进长者们健康的同时，以多元化的娱乐活动丰富长者们的业余生活，让长者们的日常生活焕发生机与活力。

天地健康城通过恬愉会员服务有效地控制了入住社区的长者的慢性病发病率。2016 年和 2017 年两年社区的新发慢性病病例为零，高血压、糖尿病、高血脂病症以及高尿酸血症的有效控制率分别达到了 65.57%、46.67%、25% 和 35%。

天地健康城恬愉会员服务项目　　　　　　　　表 8.9-1

健康管理	健康评估	健康档案	
		健康体检	
		健康评估	
		健康随访	
	健康促进	平衡膳食	
		运动指导	
		社交促进	老年大学 健身会所 活动社团

续表

健康管理	健康促进	社交促进	生日会 节假日活动 社区大型活动
		健康宣教	
		紧急救助	
优质生活		家政保洁	
		自助厨房	
		医保袋配置	
		物业服务	
		上网服务	
		班车服务	

2. 特色服务

天地健康城提供的特色服务有医养融合、邻里中心及农艺休闲等。

十、项目运营及收费模式

1. 项目运营模式

天地健康城由爱维中国自建自营。

2. 项目收费模式及收费内容

针对不同年龄阶层客户的健康和财务状况特征，天地健康城提供了不同的养老规划。

1）销售型（独立式公寓）

天地健康城的独立式公寓通过销售产权的方式去化，2014年开盘均价约为1.3万元/m²，2018年9月均价为2.6万元/m²。对于已经出售的公寓可为业主提供返租服务。另外，每套公寓一年的服务费用约为6.5万元。

2）租赁型（服务式公寓＋德颐护理院）

天地健康城的服务式公寓租赁方式分为入住金模式和月租模式。入住金模式需要缴纳一笔一次性的入住金，无需缴纳押金，该模式每年需要扣除入住金的 5% 作为房间费用，扣除金额达到入住金的 50% 封顶，即继续入住将不再扣除入住金。月租模式没有入住金，每套房需要缴纳 10 万元押金并且按房型不同缴纳一定的房费。两种模式下的具体收费如表 8.10-1 所示。

天地健康城服务式公寓租赁价格　　　　　　　　表 8.10-1

模式类型	房型	押金（套）	入住金（套）	房费（套）	折旧费（套）
入住金模式	中套（73m²）	0	138 万	每年扣除入住金的 5%，10 年 50% 封顶	0
	大套（103m²）	0	198 万		0
月租模式	中套（73m²）	10 万	0	6000 元/月	0
	大套（103m²）	10 万	0	8000 元/月	0

备注：表中的价格为 2018 年 9 月的价格，仅供参考，具体价格以项目实际公布为准。

天地健康城的服务式公寓的生活护理等级服务费院按月收费，根据老年人的身体健康状况和入住的床位情况收取不同的费用。具体如表 8.10-2 所示。

天地健康城服务式公寓生活护理等级服务费用（元/人/月）　　表 8.10-2

一级护理	二级护理	三级护理	四级护理	五级护理	六级护理	专护
3700	4000	4200	4500	4700	5000	8000 起

备注：表中的价格为 2018 年 9 月的价格，仅供参考，具体价格以项目实际公布为准。

天地健康城的德颐护理院以三人间和四人间为主，还有少量的单人间和双人间。护理院收费内容包含床位费、护工费和伙食费，根据房间类型和护理等级的差异，三人间收费区间在 6120～13620 元/人/月，四人间收费区间在 4950～12450 元/人/月。

天地健康城德颐护理院费用表　　　　　　　　表 8.10-3

房间类型	费用类型	一陪一	一陪二	一陪三	一陪四	一陪多
三人间	床位费（元/人/天）	119	119	119	119	119
	护工费（元/人/天）	300	120	100	80	50
	伙食费（元/人/天）	35	35	35	35	35
	合计费（元/人/月）	13620	8220	7620	7020	6120

续表

房间类型	费用类型	一陪一	一陪二	一陪三	一陪四	一陪多
四人间	床位费（元／人／天）	80	80	80	80	80
	护工费（元／人／天）	300	120	100	80	50
	伙食费（元／人／天）	35	35	35	35	35
	合计费（元／人／月）	12450	7050	6450	5850	4950

说明：1. 医疗、护理费用根据医保政策按一级医院比例报销，自负部分患者自行承担。
2. 首次住院押金为 10000 元。
3. 表中的月合计费用按 30 天计算。
4. 表中价格为 2018 年 9 月价格，仅供参考，具体价格以项目实际公布价格为准。

3. 退住方式

1）服务式公寓入住金模式：

① 每年扣除入住金 5%（入住不满一年按照入住实际天数计算），扣至总入住金 50% 封顶。退房时，退还剩余入住金（据实结算）；

② 入住金不计利息。

2）独立式及服务式公寓月租模式

① 填写退房申请书；

② 客户交还相关材料；

③ 相关部分清点及结算费用。

4. 项目销售节点

天地健康城 2014 年 3 月开盘，至 2018 年销售率已经达到 90%，服务式公寓出租率约为 65%。

5. 项目运营平衡时点

当社区入住率达 60% 时，天地健康城实现运营平衡。

十一、项目客户及入住率

1. 项目客户

购买资格：不限定购买资格。

实际购买客户构成：虽然不限定购买资格，但是购买独立式公寓的客户仍以老年人为主。购买独立式公寓的人群六成以上为退休自住人群，20%以上为40~60岁未退休打算自住的人群，不到20%的购买客户是为父母买房；90%以上的客户是上海本地居民；购买人以教师、医生、公务员、高管为主，少量私营企业主；80%以上的客户是与子女分开居住的空巢老人，部分老人的子女在国外居住。

入住资格：经健康评估后，若无严重精神疾病/传染病、无暴力/自杀倾向均可入住，入住独立式公寓无年龄要求，入住服务式公寓需年满60周岁。

实际入住客户构成：以60~90岁老人为主，国家机关、企事业单位负责人、专业高级技术人员等高知人群为主。

2. 项目入住节点

天地健康城独立式公寓2016年1月开始正式入住，服务式公寓2016年11月开始正式入住，德颐护理院2017年4月开始正式营业，截至2018年9月，社区整体的入住率是45%。

十二、昱言观点

天地健康城市上海地区发展比较不错的CCRC养老社区项目，具有以下特点：

1. 澳洲运营经验的引进。我国的养老服务市场化发展起步晚，国内的项目初入此行时通常会先学习欧美日韩已有的经验，上海天地健康也不例外。但是与众不同的是天地健康城没有选择上述这些国家，而是另辟蹊径选择了与澳大利亚最大的养老社区开发及服务运营机构——AVEO集团合作成立了AVEO中国共同投资建设运营项目。

2. 全龄社区。天地健康城的独立式公寓不限定购买年龄和入住年龄，接受年轻人购买和入住，形成全龄社区概念。

3. 组团式设计。天地健康城的建筑风格为石库门里弄风情建筑风格，采取组团式设计，社区分为六大组团，每个组团围合式庭院布局。

4. 配套齐全。天地健康城设置了集中分布的配套设施，如恬愉学堂等，同时在老人日常活动必经的组团入口处设置邻里中心，配套设施齐全，方便老人既能就近在本组团内活动也可以走出组团在社区内活动的配套组合方式给了老人多样化的选择。

5. 租售结合的销售方式。天地健康城属于招拍挂拿地的商业用地，项目在销售方式的设计上比较灵活，如独立式公寓销售产权，服务式公寓租赁，销售方式灵活。通过产权销售、租赁以及按月收取服务费的组合，既促进了天地健康城可以快速收回成本，也保证了项目后续服务的持续。

6. 慢病管理效率高。天地健康城通过恬愉会员服务有效地控制了入住社区的长者的慢性病发病率，2016年和2017年连续两年新发慢性病病例为零。

第九章　新东苑·快乐家园
——海派文化智慧养老综合社区

案例导读：

新东苑·快乐家园地处上海大虹桥核心，是上海首块有偿出让的养老用途专项用地，距离航空、高铁和地铁交汇的虹桥交通枢纽约4公里，距离上海医疗资源最先进的新虹桥国际医学中心也仅1.5公里，拥有得天独厚的便利交通和丰富的医疗资源，是上海对接江浙沪等长三角地区最近的高品质智慧养老综合社区，也是2016年中国十大养老品牌之一。

新东苑·快乐家园占地面积120亩，是由新东苑国际投资集团投资约20亿元开发建设的海派文化智慧养老综合社区。2017年1月项目一期开业一期占地100亩，建筑面积约15万m^2，包含12栋建筑，包括6栋养老合院、4栋小高层养老公寓、1栋医疗护理楼和1栋综合配套服务楼，建成养老公寓600余套，护理院床位200张。新东苑·快乐家园社区与埃顿服务（Aden Service）成立埃星物业管理公司来管理园区，可以提供从居家养老、机构服务、社交文化到健康护理的一站式持续照料服务。项目养老公寓和合院收费模式以会籍制和租赁制为主，快乐家园护理院按天收取床位费，预计投资回收周期在10年以上。

新东苑·快乐家园有两大特色：一是文化养老，首先项目配建了大量的公共配套，如五感园、智慧工作坊、创业体验街、时光宝盒、慧音讲堂、快乐学堂等，为老人提供丰富的文化生活；其次项目的合院式住宅充分展现了传统中国文化的精髓，每幢合院都有自己的主题和装修风格，如1号合院，引入中国传统的禅文化，设置了藏经阁、禅堂、素斋餐厅；2号合院为海派风格，中西合璧。二是智慧养老，社区每栋住宅楼都放置了一台可以提供陪护、聊天、做游戏、学习以及部分服务功能机器人；社区自主研发的一款社区服务APP，入住老人可以通过手机移动端或者电视机上的端口操作，可以提供项目介绍、家政服务、点餐服务、维修服务、佰老汇等服务，能够快速地实现远程点播、下订单、购买平台上的商品、报修、点餐等服务。

一、项目概述

新东苑·快乐家园是由新东苑国际投资集团开发建设的海派文化智慧养老综合社区，属于上海首块有偿出让的养老用途专项用地，被评为上海绿色养老建筑社区，2016年荣膺中国养老十大品牌、2017年品质排行榜——年度最具影响力养老品牌、2018年中国养老行业十大竞争力品牌。新东苑·快乐家园地处上海大虹桥板块的华漕金丰国际别墅区内，是沪上对接江浙等长三角地区最近的国际化健康养老社区，距离航空、高铁和地铁交汇的虹桥交通枢纽仅约4公里，距上海医疗资源最先进的新虹桥国际医学中心也仅1.5公里，周围还集聚了多所国际教育机构，包括英、美、日、韩及新加坡等在内的多所国际学校。

图 9.1-1　新东苑·快乐家园综合配套服务楼

新东苑·快乐家园是一个以海派文化、智慧养老为理念的高品质养老社区。新东苑·快乐家园总投资近20亿元，总占地面积120亩，其中：一期占地面积100亩（约6.6万 m²），建筑面积约15万 m²，由6幢4层楼的合院式住宅，4幢9层楼的长者公寓，1幢8层楼的医疗护理楼，1幢4层综合配套服务楼共计12栋建筑组成；二期规划占地20亩。2017年1月8日，项目一期正式运营，一期规划600余套房间，可为约1700位长者提供从居家养老、机构服务、健康护理、社交文化的一站式持续养老服务。新东苑·快乐家园是在民政部门备案，在工商部门注册的营利性项目。

为了确保提供高品质的社区管理与运营服务，新东苑集团选择与世界知名服务运营商——法国埃顿（Aden Service）成立合资公司，为快乐家园提供国际化社区管理与高品质、多样化的膳食服务。

二、项目背景

1. 企业背景分析

新东苑·快乐家园是由新东苑国际投资集团有限公司投建的，公司从20世纪90年代初涉足房地产领域，2003年7月20日正式成立集团公司。集团从最初单一的房地产开发公司逐渐发展为一家优秀的综合性多元化企业，经营范围包括房产开发、健康养老、金融投资及文化旅游，开发的业态包括中高档住宅、酒店式服务公寓、商铺、写字楼、购物中心和餐饮娱乐设施等，总开发面积近200万 m²。顺应国家经济结构调整和产业转型的宏观形势，集团于2014年起实施整体战略转型，现已专注于养生养老项目和文化旅游项目等的投资开发与经营，积极打造以健康养老产业与文化旅游产业双核驱动、房产开发和金融投资两翼并举的现代服务型企业。

健康养老产业： 是集团转型发展的双核之一，旨在打造集养老项目开发、养老社区管理、医疗护理、全程健康管理、居家养老信息化服务等于一体的投融产业结合、轻重资产并举、线上线下贯通的现代化复合型服务体系。集团早在2009年起就着力于健康养老产业的投资发展，2012年新东苑·快乐家园项目拿地，2014年开工建设。新东苑·快乐家园是新东苑集团投资兴建首个健康养老项目。在未来十年，新东苑将通过自主开发、兼并收购和受托管理等多种途径，在全国主要宜居养生城市及海外旅游度假区发展多个健康养老"快乐家园"，以持有型物业和俱乐部会员制的模式，实现跨地域连锁经营，满足中外适龄长者的居家养生和候鸟式养老的需求。

文化旅游产业： 作为集团另一个重要支柱产业，整合集团旗下黄浦江水上旅游、韩国文化特色商业街、七宝古镇商业街、新东苑国际酒店式公寓、上海首家适老化影剧院等资源，全力打造海派文化特色旅游项目，与健康养老形成产业互动联合机制，在"熟年候鸟旅游"和"健康养身度假"等领域真正为现代都市人群塑造身心皆健康的全程式服务平台。

现代产业金融：分为债权借贷和股权投资两大业务领域。在股权投资领域，主要聚焦国内外医疗健康产业、互联网金融以及智能硬件等领域。投资形式多样化、多渠道，包括通过基金参与投资，企业直接投资，通过早期天使投资以及 VC、PE 和 FOF 形式的投资等，未来将会设立国内领先的、专业的养老产业基金与国际文化旅游产业基金，为"双核驱动"的持续性发展提供强有力的资金支持。

2. 营业初期城市状况分析

上海市是我国最早进入老龄化社会的城市，也是我国老龄化程度最严重的特大型城市。2017 年年末，上海市常住人口总数为 2418.33 万人，其中 60 岁及以上常住人口达到 539.12 万人，占常住人口总数的 22.3%；65 岁及以上常住人口达到 345.78 万人，占常住人口总数的 14.3%。65 岁及以上老年人口增量（26.99 万）自 2010 年第六次人口普查以来首次高于新出生人口增量（19.2 万）。全市户籍人口平均期望寿命达到 83.37 岁，其中男性 80.98 岁，女性 85.85 岁。

2017 年，上海市按常住人口计算的人均生产总值为 12.46 万元。据抽样调查，全市居民人均可支配收入 58988 元，比上年增长 8.6%，其中城镇常住居民人均可支配收入 62596 元，增长 8.5%。

人口老龄化问题是上海社会发展过程中必然面临的最严峻挑战，也是必须承担和解决的社会责任。随着社会经济的发展，人们的养老观念开放，鼓励社会力量发展养老事业以适应一个人口迅速老化的社会结构，让每一位老人能够安享一个健康安全而有尊严的晚年是应对人口老龄化的重要举措。

三、项目周边环境

新东苑·快乐家园位于上海大虹桥板块内，项目紧邻金光路，距离航空、高铁和地铁交汇的虹桥交通枢纽直线距离仅4公里，500米内有4个公交站，距离地铁17号线蟠龙站约1公里，交通便捷。项目周边医疗资源、教育资源和生活配套资源丰富，居住氛围成熟。

1. 项目区位

新东苑·快乐家园位于上海市闵行区金光路199号，与上海市中心人民广场的直线距离约19公里，约40分钟车程；与虹桥交通枢纽的直线距离为4公里。

图 9.3-1　新东苑·快乐家园区位图

2. 项目交通条件

新东苑·快乐家园位于上海市闵行区，距离航空、高铁和地铁交汇的虹桥交通枢纽直线距离仅4公里，交通便捷：

公交：项目500米内有4个公交站：803路、190路、闵行18路途经公交车总站，1503路、徐泾3路途经汇龙路徐德站，1503路途经汇龙路徐祥路站，华漕5路、闵行28路途经金光路运乐路站。

地铁：距离地铁17号线蟠龙站约1公里。

主干道：紧邻金光路。

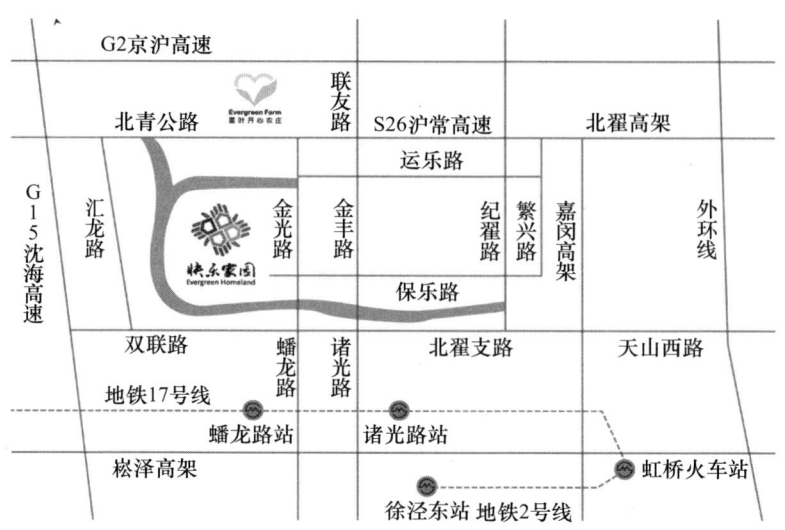

图 9.3-2　新东苑·快乐家园交通图

3. 项目周边资源

新东苑·快乐家园地处上海大虹桥核心——华漕金丰国际别墅区，拥有得天独厚的便利交通条件以及丰富的医疗资源，是上海对接江浙等长三角地区最近的国际化健康养老社区：

医疗资源：距离上海医疗资源先进的新虹桥国际医学中心仅 1.5 公里，周边还有复旦大学附属华山医院（西院）、上海新起点康复医院、上海永慈康复医院等。

教育资源：周边还拥有包括英、美、韩、新加坡等在内的多所国际学校在内的教育资源。

生活配套资源：金丰时尚生活广场、大润发、绿地旭辉天地、联华超市、金丰瑞健康生活购物超市以及项目的沿街商铺等。

四、项目规划

1. 项目地块条件

新东苑·快乐家园是上海市第一块获批的持有型养老用途专项用地，使用年限为 50 年。上海市第二块养老用途专项用地位于崇明岛。

2. 项目规划概要

新东苑·快乐家园占地面积 120 亩,项目分两期建设,一期占地 100 亩,二期规划占地 20 亩。其中一期共规划有 12 栋建筑:6 幢 4 层楼的合院式住宅,4 幢 9 层楼的长者公寓,一幢 8 层楼的医疗护理楼,1 幢 4 层综合配套服务楼(集中配套活动空间、办公、沿街商业和公共配套等),并配有 500 多个停车位可供租用。新东苑·快乐家园有大量的公共配套,其中快乐家园护理院建筑面积为 9800m^2。

图 9.4-1 新东苑·快乐家园规划效果图

新东苑·快乐家园的设计灵感源于江南传统的"庭院"文化,以自然循环、生命和谐为设计理念,从小合院为元素演变到街坊、里坊这样的大社区,描述出一幅小家与大家之间、邻里之间和睦相处的场景,为长者打造一处建筑与自然"三重循环"的高品质生态颐养社区。作为追求品质生活的高端养老住区,新东苑·快乐家园每栋养老公寓都有自己的主题文化:如 1 号合院主打禅文化理念,装修素雅恬淡;2 号合院以海派文化为主题,融合中国传统的书墨文化以及海外文化。

快乐家园景观设计以和谐、养生、快乐为主题,整个社区景观以"仁义礼智信,琴棋书画诗禅"等传统文化元素作为核心理念,以"两轴""两环""一带"为设计主线:

1)养生景观轴

突出和谐养生主题,将景观营造与环境、运动、文化、休闲、娱乐等元素相结合,打造生态快乐家园。

2）林荫步道

在社区的北面和西面的 2 条天然河道边打造了 2 条塑胶亲水步行道。西面的亲水步行道，由南往北分别是竹园、桂花园、茶花园、月季园、色叶植物园，还有一片很珍贵的红豆杉林。两边苍翠的绿篱环绕林荫步道，焕发无限活力，独具匠心的种植设计增添小区的动静相宜之美。

3）中央广场

中央广场种植象征长寿的银杏树，并在广场中设有休闲聚会和运动健身的场所。

4）亲水平台

在临近园区水域的空间铺设五彩斑斓的漫步道和休息区，让长者可以临碧波荡漾的水面，舒展休憩，放松身心。

5）五感园

五感园采用有益于长者听觉、视觉、触觉、味觉和嗅觉的特色园艺疗法，通过感官刺激延缓衰老，修养身心。

6）风雨连廊

新东苑•快乐家园设有风雨连廊，与一般养老住区的风雨连廊不同，该项目的风雨连廊不能贯穿整个社区，其中 1 号、2 号和 3 号合院通过风雨连廊连接，5 号、6 号和 7 号合院通过风雨连廊连接，养老公寓则通过地下车库相连。

图 9.4-2　风雨连廊

图 9.4-3　林荫步道

3. 项目开发周期

新东苑•快乐家园总占地面积 120 亩，分两期开发：

一期：占地 100 亩，建筑面积约 15 万 m^2，2014 年开始建设，规划有 12 栋建筑，包括 6 栋合院、4 栋公寓、1 栋医疗护理楼、1 栋综合配套服务楼。一期建成养老公寓 600 余套，护理院床位 200 张，共计容纳约 1700 位长者，并配有 500 多个停车位可供租用。2017 年 1 月，养老住区开始分批开放。2017 年 8 月，快乐家园护理院开始营业。

二期：占地 20 亩，2019 年开始建设。二期计划增设游泳池等康体娱乐设施，并会适当增加医养结合居住空间的占比。

五、项目居住产品

新东苑·快乐家园目前仅一期产品投入运营，因此本部分的居住产品仅指一期。一期占地 100 亩，建筑面积约 15 万 m^2，规划 12 栋建筑，其中居住产品 11 栋，分别为 6 栋养老合院、4 栋小高层养老公寓和 1 栋医疗护理楼，可提供养老公寓 600 余套和护理院床位 200 张，计划共可容纳 1700 位老人。

1. 养老公寓

新东苑·快乐家园的 4 幢长者公寓位于景观河畔，视野开阔，景色宜人。户型有一房一厅、一房两厅和两房两厅，面积从 $43m^2$ 到 $128m^2$ 不等。每幢公寓楼 1 层和各居住层都有大量的公共空间，供入住的长者们用餐、会客、聊天、下棋和喝茶等。截至 2018 年 9 月，公寓已经开放 9 号公寓和 11 号公寓，约 200 套。

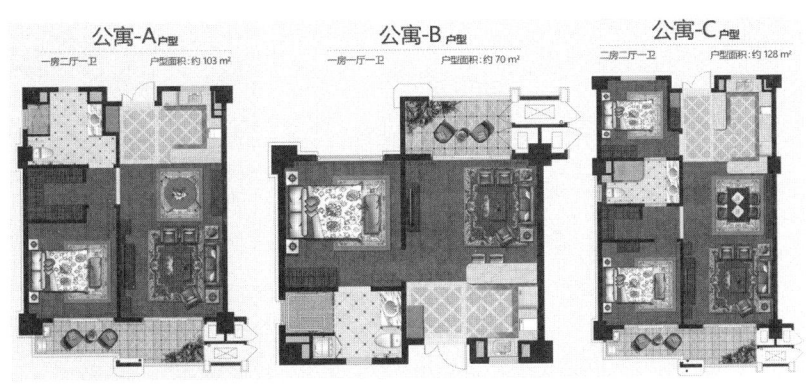

图 9.5-1　新东苑·快乐家园养老公寓户型图（部分）（一）

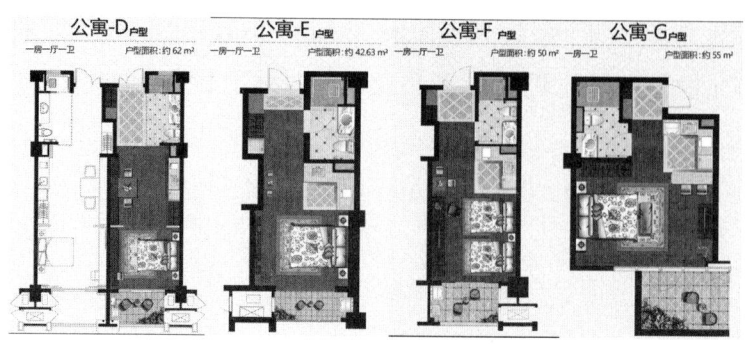

图 9.5-1　新东苑·快乐家园养老公寓户型图（部分）（二）

新东苑·快乐家园的 6 幢合院式住宅充分展现了传统中国文化的精髓，每排合院都有风雨连廊相互连接，无论天气如何老人都可以在合院中自由散步。每幢合院都有自己的主题和装修风格，如 1 号合院，引入中国传统的禅文化，设置了藏经阁、禅堂、素斋餐厅；2 号合院为海派风格，中西合璧。每栋合院一楼大堂有服务台、会客休闲大厅和餐厅，提供 24 小时管家服务；地下室有台球房，棋牌室，影音卡拉 OK 房等娱乐休闲设施；三层的公共大露台设有休闲桌椅、健康鹅卵石步道，老人可以在露台享用下午茶。合院的户型有一房一厅、一房两厅、两房两厅和三房两厅，面积从 48m² 到 238m² 不等。截至 2018 年 9 月，合院已经开放 1 号院和 2 号院，约 60 套。

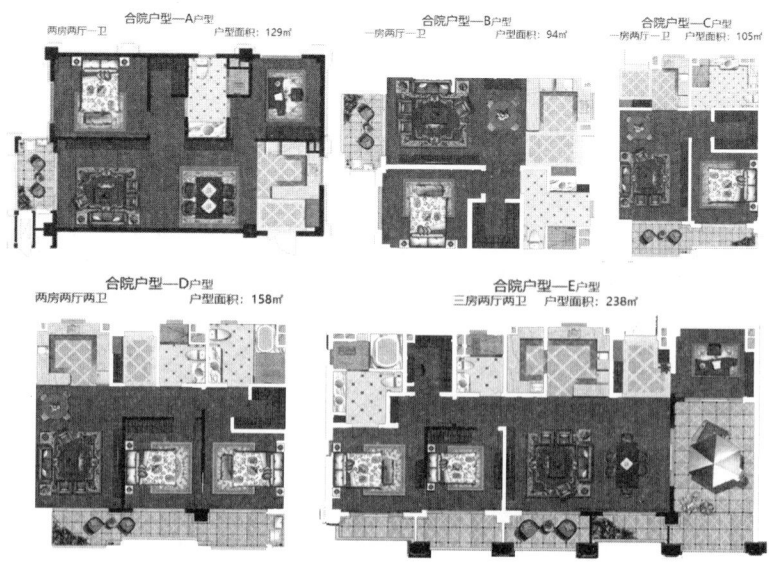

图 9.5-2　新东苑·快乐家园合院户型图

2. 护理院

快乐家园护理院位于新东苑·快乐家园内，与曙光医院进行合作托管，按照医院病床的综合管理方式管理，共建有9个楼层，可为200余位有护理需求的老人提供医养融合、中西康复、专业护理等一系列医养服务。护理院楼一层和二层是医疗区域，三层至九层是护理区，内部设计以轻松舒适为导向、温馨宁静为目标，空间规划有酒店式大堂、各层亲情公共区域、温馨专业设备先进的康复区、配置齐全的半失能照护房间、全失能照护房间、认知症照护房间和单人VIP套房等。针对老人不同的医疗康复需求，房间门口配置了老人专用的休息沙发，房间内配置了护理床、呼叫铃、负压吸氧、氧气管道、自动马桶等，其中六人间为公共浴室，双人间房间内设有浴室，VIP套房设有厨房、客厅等。为了给老人提供更舒适的居住环境，护理院病房全部朝南，北向区域以功能用房和活动区域为主。快乐家园护理院2017年8月开业，截至2018年9月，护理区开放了三层、五层和六层，总共入住80多位老人。快乐家园护理院还荣获IIDA 2017年医疗室内设计大赛专业护理设施类大奖。

快乐家园护理院楼层功能表 表 9.5-1

楼层	功能		
B1层	地下车库		
F1层	酒店式大堂、洽谈室、康复治疗室、会议室		
F2层	挂号、收费、出入院、诊室、药房、输液/注射室、B超、心电图、X光室、检验科、行政办公室		
F3层	护理区	失能护理区	六人间为主，共40张床位
F4～F8层	护理区	护理区（5层元规划为失智护理区）	双人间为主，每次床位数不同，其中5层32张，6层28张
F9层	护理区	VIP护理区	套房为主

图 9.5-3 快乐家园护理院

六、项目公共配套

为了丰富老人的日常生活，提供多样化的服务，新东苑·快乐家园配套了大量的公共配套设施供老人使用。

1. 项目公共配套

新东苑·快乐家园社区内有一栋综合配套服务楼（分为南楼和北楼）。综合配套服务楼目前既可以为社区内的老人提供增值服务，也可以对外营业，如慧音剧场可以对外接商演。

新东苑·快乐家园综合配套服务楼设施分布　　　表 9.6-1

楼层	南楼	北楼
一层	知序幼儿园、悦星旅游、罗森便利店、瑞士牛排馆	亲子托幼机构、雷允上药房、乐河的畔面包房、工商银行、生活馆、景德镇崔公窑
二层	知序幼儿园	健身房、虎杖传说还原生活馆、升学指导区
三层	知序幼儿园	慧音剧场
五层	新东苑集团办公区	新东苑集团办公区

备注：综合配套服务楼一楼为可对外营业的沿街商铺。

同时，社区内在每栋楼内设有公共活动空间和配套设施，如餐厅、老年大学（烹饪教室、多媒体教室、艺术教室、茶艺教室、插花教室、沪剧教室、烘焙教室等）、图书馆、棋牌室、电脑房、影墨阁、多功能厅、会议室、智慧工作坊、中央秘书处、时光宝盒等。室外设有文化广场、沿河健康步道、五感园、养生景观轴、中央广场、创业体验街和快乐学堂等服务设施，鼓励老人老有所为，继续积极地参与社会生活。在距离社区 20 分钟车程的地方，项目还保留了 150 亩的开心农场，既作为项目的蔬果基地，也是亲子乐园，为入住老人提供归园田居的乐趣。

2. 项目特色配套

图 9.6-1　新东苑·快乐家园慧音剧场

新东苑·快乐家园项目属于新入市的项目，配套设施的整体档次比较高，具有浓厚的海派文化特色，有很多独具特色的配套，比如五感园、养生景观轴、智慧工作坊、中央秘书处、创业体验街、时光宝盒、慧音讲堂（适老化剧场）、快乐学堂、开心农场等。

七、项目医疗配套与医疗资源

1. 自建医疗设施

新东苑·快乐家园的医疗功能与护理功能设置在快乐家园护理院内,该护理院是上海市医疗保险定点单位,由上海中医药大学附属曙光医院托管,并与沪上多家知名三甲医院合作,开辟就医绿色通道,以强大的专家名医库为载体,多方合作,提供专家咨询、专科、专病治疗等服务。护理院设计的温馨舒适,主题颜色以原木色为主,避免给入住老人带来冷冰冰的医院的感觉。快乐家园护理院自2017年8月1日开业至今,累计门诊量3991人次,累计入院185人次。

图 9.7-1　新东苑·快乐家园护理院医务团队

快乐家园护理院楼层分布表　　　　表 9.7-1

楼层	功能分布
一层	酒店式大堂接待区、专业评估区域、康复医疗中心、针灸推拿区域
二层	内科、外科、中医科、老年病等各科门诊,并开设专科病房、特需门诊,以及预检、挂号、收费等
三层至九层	护理区

2. 合作医疗资源

新东苑·快乐家园与上海市多家优质医疗资源开通了绿色通道，如新虹桥国际医学中心、华山医院、华东医院、第六人民医院以及第十人民医院（洽谈中）等，项目还与上海市曙光医院、和睦家医疗建立了合作关系，可以定期邀请合作医院的专家前来坐诊。

八、项目适老化与无障碍

新东苑·快乐家园社区内配置了超过 50 项适老化设计和人性化服务设施，可以满足老人在医、食、住、行、乐、学、养等方面的多样化需求。

1. 房间内适老化

新东苑·快乐家园房间内部的适老化设施有：房间入户门为子母门，设置记忆橱窗，配有四合一电子智能门锁；房间内选用韩国进口防滑防摔的木纹弹性地板，装有不活动检测器、智能电视机实现远程亲情互动、紧急呼叫设备、大按键电话、软硬适中的床垫、暖色灯光、室内无高差设计、符合老年人人体工学的沙发、空气净化器、新风系统、全屋地暖；开放式厨房内设有厨房直饮水、电磁炉、壁柜式冰箱等；卫生间设有扶手、淋浴、干湿分离、置物架等。

2. 公共空间适老化

新东苑·快乐家园公共空间的适老化体现在：超宽走廊、走廊扶手、医用电梯、护理院入户门前的休息区、护理院的色彩识别等。

3. 户外适老化

新东苑·快乐家园的户外空间也设置了相应的适老化设施，如风雨连廊、园区的电瓶车、充电桩、塑胶健步道、无障碍坡道、台阶扶手等。

4. 智慧系统

新东苑·快乐家园的智慧系统主要体现在机器人和社区自主研发的APP（快乐汇）：

1）机器人服务

养老住区每栋居住楼内都放置了一台社区与第三方机构共同研发的机器人。快乐家园一代机器人主要可以提供陪护、聊天、做游戏、学习以及部分服务功能，能够娱乐老年人身心，在子女探访时，还可以与孙辈玩耍。

2）快乐汇

新东苑·快乐家园自主研发的一款社区服务APP，入住老人可以通过手机移动端或者电视机上的端口操作，可以提供的服务有项目介绍、家政服务、点餐服务、维修服务、佰老汇，能够快速地实现远程点播、下订单、购买平台上的商品、报修、点餐等服务。

图9.8-1　新东苑·快乐家园机器人

九、项目服务体系

1. 服务理念

新东苑·快乐家园配置贴心管家、星级物业、健康管理、营养膳食和文化娱乐五大服务团队，秉承真情真意、细致体贴的养老服务理念，打造沪上高品质健康养老综合社区。

2. 服务内容

新东苑·快乐家园社区与埃顿服务（Aden Service）成立埃星物业管理公司来管理园区，为老人提供优质的服务。

新东苑·快乐家园服务体系　　　　　　　　表 9.9-1

服务分类	具体服务
社区管理服务	与法国埃顿成立埃星物业管理公司，把埃顿多年的高品质社区管理服务经验直接转换为专属快乐家园的星级社区服务，为入住长者提供保安、保洁、综合设备设施管理、餐饮等服务，并确保每一位快乐家园的服务人员都具备专业的急救技能
营养膳食服务	社区每天为入住长者提供三餐三点（早、中、晚餐和早茶、下午茶、夜宵）为入住长者提供西式糕点、中式餐饮、养生素食、东方禅茶和农场果蔬等餐饮服务；快乐家园的开心农场全天候提供绿色无公害果蔬；营养专家量身定制食谱，提供全天候多样化、多形式的膳食服务，还有烘焙教室让长者精进手艺
文化娱乐服务	以"海派文化，智慧养老"为理念，从上海本土特色中汲取为长者喜闻乐见的文化内容，同时与时代紧密相连，为长者提供以上海本地文化、中国国学文化、国际西洋文化为载体的一系列丰富多彩的文化娱乐活动。如社区建有慧音剧场，是上海首座适老化剧场，入住长者、社区周边居民、曲艺爱好者可以在这欣赏戏曲名家的精彩表演，同时也是社区长者展示才艺的舞台；快乐学堂作为上海大学的第 21 所分校，开设书法、合唱、烘焙、茶艺、国学、沪剧、国画、中国舞等丰富课程和讲座，并且定期进行游学交流活动，为学员带来丰富多彩、怡然自乐的"文化养老"生活
医疗康复服务	康复护理院可以为入住老人提供康复服务、护理服务、医疗服务、定期体检、健康管理、慢病管理等服务；与沪上多家优质医疗资源建立合作关系，可以邀请医疗专家来社区坐诊等
健身康体服务	社区设有健身房、沿河的塑胶健步道、各类活动室、五感园等，方便老年人健身、散步

十、项目运营及收费模式

1. 项目运营模式

新东苑·快乐家园项目由新东苑国际投资集团开发建设，养老住区由新东苑集团和法国埃顿（Aden Service）成立的合资公司——埃星物业管理公司管理。

2. 项目收费模式

新东苑·快乐家园的养老公寓和合院收费模式以会籍制和租赁制为主，目前有少量的短期体验产品。快乐家园护理院按天收取床位费。

1）养老公寓和合院收费模式

新东苑·快乐家园养老公寓和合院的长期入住模式有两种，会籍制和租赁制。目前项目还推出了部分短期体验活动。

会籍制：

会籍制分为白金会籍（10年）、翡翠会籍（20年）、钻石会籍（与土地使用权年限一致）。会籍都可以转让、继承和灵活退出，白金会籍、翡翠会籍退出时退还残值（扣除相关税费），钻石会籍退出时退还原会籍价款（扣除相关税费）。

会籍价格：以11号楼 $55m^2$ 公寓为例，白金会籍价格124.3万元起，翡翠会籍价格186.4万元起，钻石会籍310.80万元起。会籍客户还需要每月支付基础服务费，每月每人7000元起，房间每增加一个人增加5800元（增加人数不能超过该房入住人数上限）。

说明：上述价格有效期至2018年12月31日，此价格仅供参考，以项目实际公布的价格为准。

租赁制：

租赁制即月租模式，签订租赁合同，按月缴付租金。

月租价格:以11号楼以 $55m^2$ 公寓为例，月租为19000元/1人,21000元/2人。

说明：上述价格有效期至2018年12月31日，此价格仅供参考，以项目实际公布的价格为准。

体验活动：

目前，快乐家园推出了部分短期体验活动，以11号楼以 $55m^2$ 公寓为例，入住两晚的体验价格为1300元/2人起，一个月体验价格从12200元/2人起。

说明：上述价格有效期至2018年12月31日，此价格仅供参考，以项目实际公布的价格为准。

2）快乐家园护理院

快乐家园护理院按天收取床位费，具体费用包含医疗费、床位费、照护费用和营养膳食费用，收费情况如表9.10-1。

新东苑·快乐家园护理院收费　　　　　　　　表 9.10-1

费用类型	费用细分	具体费用
医疗费	医保患者	按上海市医疗保险规定并结算
	非医保患者	非医保患者按自费病人标准结算（医疗项目收费参照医保定价）
床位费	两人间	150元/天/人
	多人间	60元/天/人
照护费用	一对一护理	300元/天/人
	一对二护理	150元/天/人
	一对三护理	100元/天/人
营养膳食费用	营养膳食费用	60元/天/人

备注：以上价格仅供参考，以项目实际公布的价格为准。

3. 项目运营平衡分析

新东苑·快乐家园预计整体入住率达到70%左右会实现项目运营平衡。

十一、项目客户及入住率

1. 项目客户

购买资格：项目不限定购买资格。

入住资格：退休长者。

实际入住客户构成：老上海人占80%以上；以退休的医生、记者、导演、院士、科学家、教授和企业高管为主。

2. 项目入住节奏

新东苑·快乐家园2017年1月开业，截至2018年9月开业一年半多的时间里已经入住了200余位老人（常住老人约100位），其中已经开放的公寓入住率为接近 70%。

十二、昱言观点

新东苑·快乐家园目前开业运营仅有 2 年的时间，与其他项目相比，明显更重注品质，具有如下特点：

1. 新东苑·快乐家园的土地是上海市第一块获批的持有型养老用途专项用地，该土地的获批可以说是上海市养老服务发展的一块里程碑。因为是持有型养老用地，通过会籍制和租赁制让渡房屋的使用权。

2. 文化基调浓厚。新东苑·快乐家园整体风格以我国传统文化为基调，融合国际文化、上海文化，形成了独到的海派文化特色，以文化为媒介吸引有共同爱好的老人，再构老人的社交圈。

3. 硬件设施标准高。新东苑·快乐家园硬件设施品质高，每幢合院都有自己的主题和装修风格，或恬淡素雅，或雍容华贵，合院地板选用弹性地板，有效预防老人摔倒后造成的伤害。项目公共配套丰富多样且有多项独特的配套，如慧音剧场是国内第一家适老化剧场。

4. 探索合作运营模式。新东苑·快乐家园社区与法国埃顿服务成立埃星物业管理公司，共同管理养老社区。但是法国埃顿作为酒店管理服务公司，在养老服务管理方面的成效有待验证。

5. 后期房间的改造。新东苑·快乐家园虽然已经开业运营，但是项目是分批开放产品，不断根据客户的需求改造尚未开放的产品。

6. 目标客户明确。新东苑·快乐家园属于高投资、高品质型的项目，决定了其目标客户是沪上最有钱、最追求生活品质的那部分老人。

新东苑·快乐家园 2017 年 1 月开始运营，目前正是项目的快速成长期，未来的发展有待市场的验证！

第十章 泰康之家·燕园

一、企业概述

2007年3月泰康人寿提出以连锁酒店的模式投资建设养老社区、发展养老机构的创业构思，2009年保监会批准泰康成为首家投资建设养老社区的保险公司，随即泰康保险集团旗下康养产业投资运营子公司泰康之家投资有限公司（以下简称泰康之家）成立，作为国内投资建设大型CCRC型养老社区，探索医养融合模式的先行者，泰康之家已经走过了10个年头。

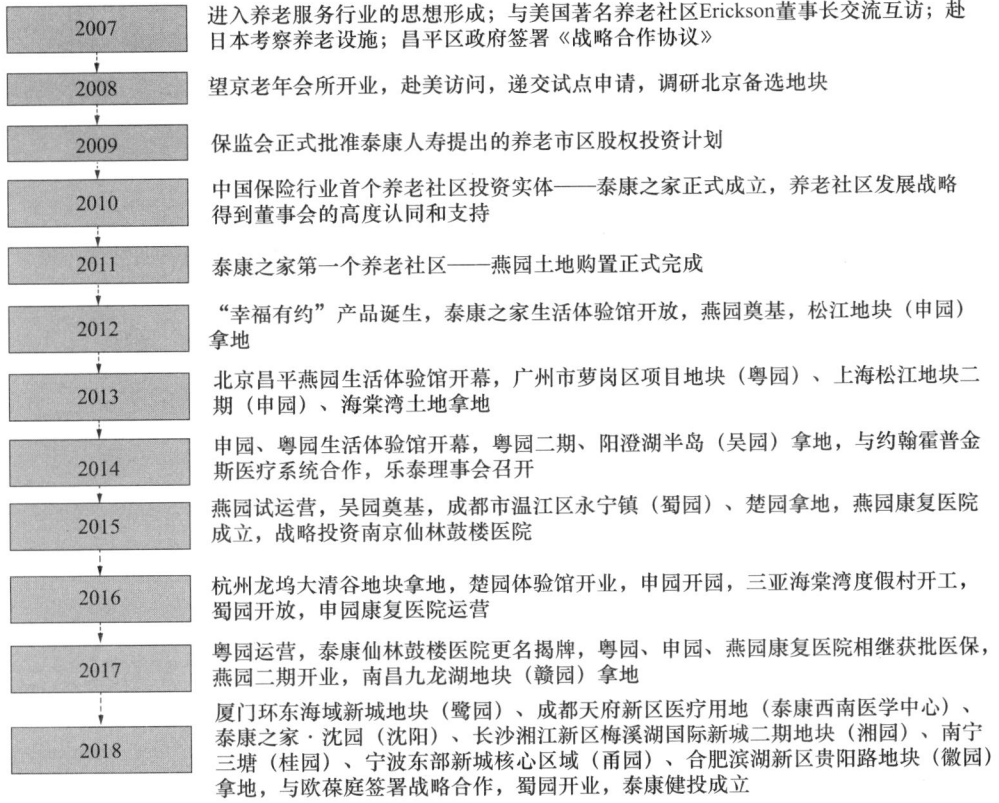

图 10.1-1 泰康之家的发展历程

泰康之家秉承集团"活力养老、高端医疗、卓越理财、终极关怀"四位一体的商业模式，坚持"市场化、专业化、规范化、国际化"理念，聚焦老年全生命链产业，专注养老康复实体的建设与运营，首创虚拟保险产品与实体医养服务的跨界整合，引领国人养老观念和生活方式的变革，形成了都市医养社区、度假特色社区和国际联盟社区三类产品。泰康之家的医养社区，围绕长辈的健康需求，配建具备医保资质和泰康国际标准康复体系（TKR）的康复医院，提供包括独立生活、协助生活、专业护理、记忆照护、老年康复及老年医疗在内的覆盖老年人全生命周期的持续健康服务。目前泰康已完成北京、上海、广州、三亚、苏州、成都、武汉、杭州、南昌、厦门、沈阳、长沙等15个核心城市医养社区布局，成为全国高品质连锁养老集团之一。其中北京燕园、上海申园、广州粤园以及成都蜀园已经开园营业。

泰康之家康养社区布局策略非常清晰，首先布局北上广一线城市，逐渐向二线省会城市拓展。在城市内部区位选择上，首选邻近市区、自然环境好、周边配套完善的地块。

泰康之家产品线及项目简介　　　　　　表 10.1-1

产品线	项目	项目简介
都市医养社区	泰康之家·燕园	位于北京昌平，占地254亩，总建面约31万㎡，总投资约53亿元，共能容纳约3000户居民，2015年6月26日试运营
	泰康之家·申园	位于上海松江，占地9万㎡，建面约22万㎡，可容纳逾2400户居民，2016年7月18日开业
	泰康之家·粤园	位于广州市长岭居国际生态居住区内，总建面12万㎡，总投资逾16亿元，可容纳约1200户居民，2017年1月18日试运营
	泰康之家·蜀园	位于成都温江国际医学城内，占地面积约7.7万㎡，地上建筑面积约17万㎡，可容纳约1800户居民，2018年1月18日试运营
	泰康之家·楚园	位于武汉东湖严西湖畔，地处高新区花山生态新城核心地段，占地92308㎡，总建面近17万㎡，可容纳2300户居民
	泰康之家·大清谷	位于杭州西湖景区，占地约4万㎡，建面约5万㎡，总户数约400户，预计2020年开业
	泰康之家·赣园	位于南昌九龙湖新城核心地段，占地139亩，地上建面约11万㎡，可容纳近2000户居民，预计2021年开业运营

续表

产品线	项目	项目简介
都市医养社区	泰康之家·鹭园	位于厦门市同安区，占地31759m²，地上建面约10万m²，全部建成可容纳1000户居民，预计2021年开业运营
	泰康之家·沈园	位于沈阳市浑南区，地上建面约8万m²，全部建成后可容纳2000户居民，预计2021年开业运营
	泰康之家·湘园	位于湖南长沙湘江新区梅溪湖国际新城二期，占地约197亩，地上建面近20万m²，全部建成后可容纳2000多户居民，预计2021年开业运营
	泰康之家·桂园	南宁三塘，项目拟投资27亿元，地上建筑面积约22.8万平方米，合计约2000~2600户养老单元，总居住人数约3000~3800人。一期计划于2019年开工建设，2021年初正式入住运营
	泰康之家·甬园	宁波东部新城核心区域，建面25万m²
	泰康之家·徽园	合肥市滨湖新区贵阳路地块，占地120亩，规划总地上建设面积约16万m²，约1000户
度假特色社区	泰康之家·吴园	位于阳澄湖半岛的核心板块，分大小两个地块沿湖展开，占地31万m²，建面18万m²，绿化率60%，总户数2000户，会所配套1.5万m²
	泰康之家·三亚海棠湾度假村	位于三亚海棠湾林旺片区滨海酒店带，占地约15万m²，建面约6万m²，总户数约400户，预计2019年开业
联盟社区	国际联盟社区ABHOW	1949年，ABHOW在成立第一个养老社区时提出了持续关爱的理念，如今这个理念已在全球范围内被广泛认可。时至今日，ABHOW共成立了43家养老社区，无论在加利福尼亚、内华达州，还是华盛顿，都能找到ABHOW养老社区
	国内联盟社区	拓展中

资料来源：根据网络资料整理。

泰康希望形成养老险与养老社区、健康险和医疗体系、养老金和资管体系三大闭环，即客户购买泰康养老保险入住泰康之家养老社区；购买泰康健康险享受泰康医疗资源的健康医疗服务，交付养老金享受泰康资管财富增长服务。其中养老保险和养老社区的闭环已经成型，未来5年到8年泰康在养老领域有可能再投入1000亿元，以模式化复制、全国性布局和重点城市深耕的推进方式布局到全国20~30个省会城市，力争在每个核心城市都有一家三甲医院＋一个养老社区。

2018年6月28日，泰康健康产业投资控股有限公司正式成立，该公司是泰康集团旗下专业从事医疗养老产业及不动产投资与运营管理的全资子公司，这也标志着医疗养老产业及不动产投资与运营管理上升为泰康人寿三大业务板块之一。

二、项目背景及周边环境

泰康之家·燕园位于北京北六环外昌平新城核心区，昌平区南邵镇景荣街2号院，距离北京市中心40公里，车程约1小时。2015年6月26日项目开始试营业。

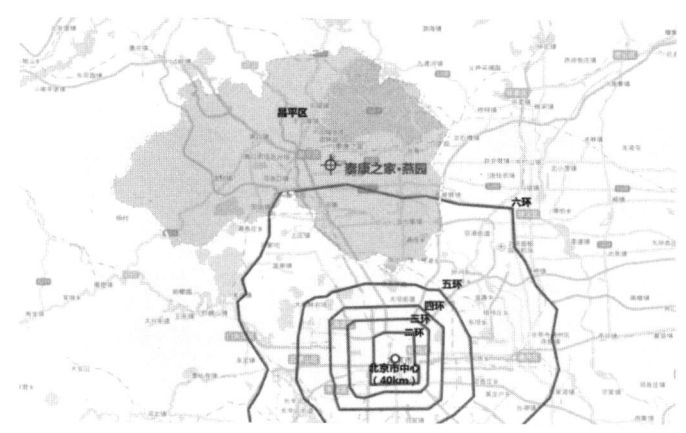

图 10.2-1　泰康之家·燕园区位图

1. 营业初期城市人口经济状况

2015年年末，北京市全市常住人口2170.5万人，其中60周岁以上老年人口340.5万，占常住总人口的15.7%；65周岁以上老年人口222.8万，占常住总人口的10.3%。北京市人口老龄化的趋势不可逆转，老龄人口高龄化的速率也在增长，空巢老人数量持续增加。根据人口统计资料，截至2014年底北京市户籍人口中的空巢老人就有50万。北京市劳动适龄人口比重下降，常住人口老年抚养比持续上升，从2010年的15.9%增长到2015年的21.1%。

北京市作为我国的首都，2015年常住人口人均地区生产总值已经达到106284元，但多层次养老体系的建设不完善，服务于中高端老年人的空间环境适宜、配套设施适老、医养结合到位,服务体系完善的持续照料社区还处在发展提升期。

2. 项目周边资源

医疗资源:周边医疗资源丰富,燕园除了自建的泰康康复医院,社区周围 30 分钟左右可以到达的医疗机构多达 6 家:昌平医院、昌平中医院、北大国际医院、清华长庚医院等。

景观资源:紧邻白浮泉湿地公园、蟒山国家森林公园,自然环境佳,区域植被覆盖率高达 60.6%,空气质量常年在二级以上。

教育资源:周边 1000 米内有南邵中心小学、北郡嘉源泉幼儿园等。

生活配套:周边百货、超市配套齐全,更有丰富的旅游、休闲度假运动娱乐资源。

3. 项目交通条件

泰康之家·燕园坐落北京昌平新城,临近北六环,交通便利:

公交站:周边 500 米内有 5 个公交站。43 路途经景荣街西站,643 路、昌 3 路、昌 66 路、昌 66 路区间途经景文屯北站和兴昌佳苑站,884 路、昌 3 路途经南百路站;

地铁:距地铁昌平线南邵站约 500 米;

主干道:紧邻南丰路、景兴街、南环南路等。

三、项目地块条件、规划及开发周期

1. 项目地块条件

地块为北京市国土资源局 2011 年 11 月在市土地交易市场公开挂牌出让的北京市昌平区中关村科技园昌平园东区三期 0303-03 地块,地块编号为京土整储挂(昌)[2011]137 号,性质为 F1 住宅混合公建用地、R53 托幼用地。地块拿地地价为 16 亿元,受让单位为泰康之家(北京)投资有限公司与北京昌科航星科技开发有限公司联合体。地块四至为:东至南丰路,南至白浮泉北路,西至南丰东路，北至昌怀路，该宗地将以"七通一平"形式供地，绿化率为30%，容积率为2.15。规划经济技术指标如表10.3-1：

规划经济技术指标　　　　　　　　　　　　　　表 10.3-1

挂牌编号	建筑使用性质	出让年限	土地面积（m²）	建筑控制规模（m²）
京土整储挂（昌）〔2011〕137号	F1住宅混合公建用地、R53托幼用地	居住70年 商业40年 综合50年	172498 其中建设用地面积143386	（地上）308589

2. 项目规划概要

泰康之家·燕园规划地上建筑面积308589m²，规划养老公寓3000套，护理院床位267张，建成后将容纳4500位老人入住。

图 10.3-1　泰康之家·燕园效果图

在景观园林方面，泰康之家·燕园以"健康、有爱、安全、安心"为造园宗旨，借鉴中国传统园林手法，打造人文、活力、安全、无障碍的园林空间，下沉庭院、康复花园、古典花园、记忆恢复花园、四季花厅等不同功能花园为老人打造丰富多样的景观空间；社区设置大型户外活动区，如晨练中心、露天电影院、篝火晚会区域，激发老人活力。

整体来看，泰康之家·燕园的规划设计有如下特点：

分区组团式规划：方便分期开发和分区服务，可根据市场及时调整项目开发和经营模式。

户型设计：一梯两户，大面宽、小进深的单元设计，所有房型南北通透，南向采光良好。

十字景观区设计：形成中央景观区和院落生活空间两个层级的室外公共空间。中央景观空间呈十字形，纵向景观贯穿南北。在院落空间内，则主要考虑老年人日常室外活动的各类需求，在组图绿地中设置棋艺花园、健身乐园、儿童乐园、宠物花园等空间，营造可供老人交流的邻里场所。

人车分流和三级漫步系统设计：第一级道路系统有设在建筑周围的环路系统组成，可直达建筑入口；第二级别道路系统环绕中央绿地区域，通过建筑底层的架空空间相连；第三级别道路系统为环形步道之间的支路，使老人在任何地方均可便捷的回家。

3. 项目开发周期

项目目前已经开放两期：

一期：2012年6月6日，正式动工建设；2015年6月26日开园试营业。一期开放了1号楼和2号楼，包含二级康复医院、专业护理区、协助护理区、记忆障碍区、独立生活区及地下一层及首层为6000m²的会所。

二期：2017年8月18日营业，地上建筑面积2.5万m²，可提供216套养老公寓，配建5000m²多功能优雅会所、650m²洒满阳光通透舒适的四季花厅、大堂会客区、文体中心、教室等。

四、项目居住产品

泰康之家·燕园规划养老公寓3000套，护理院床位267张，建成后将容纳4500位老人入住。燕园根据居民不同的健康状况将居住产品分为自理型、协助自理型、专业护理型、记忆障碍型等不同类型四个不同的居室类型，以便提供不同程度的生活照顾和护理服务。同时赋予人性化命名并设计不同的居室空间配比和设施配置。

1. 独立生活单元（青松阁）

青松阁作为独立生活单元，一期开放的独立生活区有四种户型：建筑面积 $64m^2$ 一居室、$94m^2$ 一室一厅、$121m^2$ 大一室一厅和 $181m^2$ 两室一厅，主力户型为 $64m^2$ 一居室，所有户型均是单廊采光，居室净高 3 米。作为国内高端的养老社区，燕园一期的户型整体偏大，二期户型面积有所调小，偏向于经济实用。居室内配置独立厨房空间、电磁炉、冰箱、微波炉、洗衣机、卫生间（安全按钮、适老化卫浴洗涤设施预留空间）等，储物空间高达 10%～12%，方便居民带着自己的物品入住。

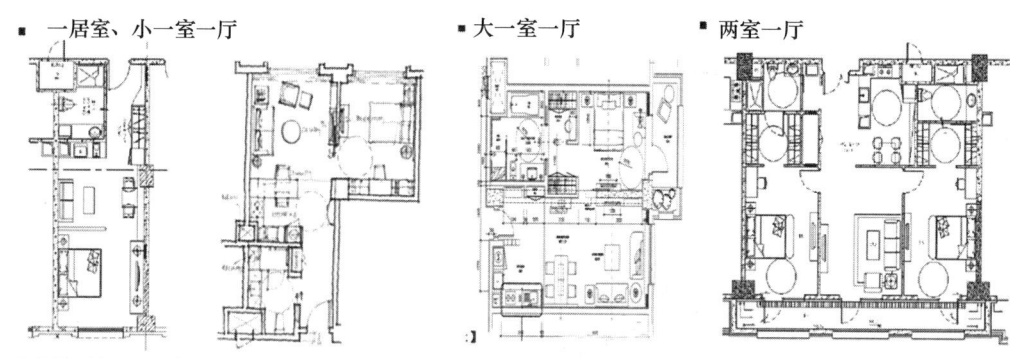

【建筑面积 64 平方米】【建筑面积 94 平方米】【建筑面积 121 平方米】【建筑面积 181 平方米】

图 10.4-1　一期独立生活区户型图

2. 协助生活单元（雅竹阁）

雅竹阁为泰康之家·燕园的协助生活单元，户型为开间，使用面积为 $34m^2$，房间内配置餐吧台（电磁炉、冰箱、微波炉）小洗衣机、适老化居家家具配置、带淋浴的独立卫生间。

3. 专业护理单元（兰芝阁）

兰芝阁为泰康之家·燕园的专业护理单元，户型为开间，面积为 $34m^2$，房间内配置餐吧台（电磁炉、微波炉）适老化居家家具配置、带淋浴的卫生间。房间的设计强调温馨舒适的居家氛围，避免了给病人带来住在病房一样的感觉。

4. 记忆障碍单元（碧莲阁）

碧莲阁为泰康之家·燕园的记忆障碍单元，户型为开间，房间面积为34m²，房间内配置适老化居家家具配置、唤起记忆的陈设、带淋浴的卫生间。房间的设计强调温馨舒适的居家氛围，避免了给病人带来住在病房一样的感觉。

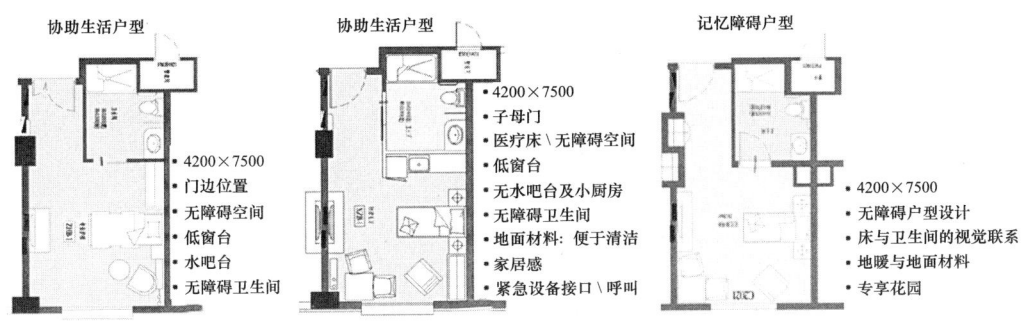

图 10.4-2　非自理区户型图吧

五、项目公共配套

为了丰富老年人的生活，泰康之家·燕园配备齐全的公共配套：18000m² 社区商业，一期中心5000m² 的文化活动中心（含1500m² 健身运动中心，400m² 健身房），20000m² 中央花园、酒店、幼儿园等，12000m² 的超大会所，满足居民对文化娱乐、医疗保健、运动健身、营养美食、社会交往、财务安全及精神追求七大退休需求。

六、项目医疗配套与医疗资源

"医养融合"为泰康养老社区的最大特色，目前已经形成"一个社区＋一家医院"的模式，燕园也不例外。社区投资2亿元配建了1万 m² 的二级资质康复及老年病医院，2015年11月开业，设置2个标准手术室、114张病床，设有综合门诊、康复中心、中医养生治疗中心、健康服务中心、远程会诊中心、急诊处置转诊接待中心。康复中心设有：神经康复、骨关节康复、老年康复、心血管康复等专科。医院位于北区西端的1号楼,地处城市道路交叉口,可以为社区老人和周边居民提供老年病和慢性病预防、治疗、康复、长期护理、慢病管理、临终关怀的全过程医疗护理服务。同时,社区签约了999急救车驻场,可及时响应紧急医疗救助需求。

通过建设二级康复医院,与知名三甲医院建立绿色通道,与约翰霍普金斯医院打造全球医疗直通车,燕园形成了三级医疗体系,打造深度的医养融合社区。针对老年人群慢病为主、多病共存的特征,全面构筑三重防线:第一重,急救保障,组建专业急诊急救团队,一旦长者出现急救状况,医院自身具备强大的急救处置能力,亦可即刻对接大型综合医院。第二重,老年慢病管理,对长者的生活方式、饮食及医疗保健习惯进行全面全程干预。第三重,老年康复,通过专业的康复手段,介入到护理过程中,尽可能延缓人体功能衰老,提升长者生活状态及生活质量。

七、项目适老化与无障碍

泰康之家·燕园借鉴国际适老标准,结合中国老人人体工程学特征,研发设计适老空间、布置适老设施设备,从整体规划到室内设计的空间尺寸、家具和材料选择,从公共服务空间到卧室和卫生间都竭力为居民打造无障碍、适老、安全的居住环境。考虑老人们的特殊需求,燕园的社区设施进行60多项的适老化设计。

泰康之家·燕园房间内适老化有:户内门厅方面,预留轮椅回转空间,鞋柜旁设置换鞋凳和扶手;户内走廊方面,地面无高差,方便使用轮椅;浴室和卫生间方面,干湿分离,采用防水防滑的铺设辅料,增加浴室必要的看护空间,卫生间扶手等;厨房方面,采用非明火形式的厨具设备,可自动关闭火源的防烫电磁炉,厨房橱柜台面高度和上柜高度尺寸符合适老化特征,操作空间提高照明度;居室空间方面,地面防滑无高差,各类电器插座、开关的位置高度符合亚洲老年人的身体特性,紧急呼叫系统等。

泰康之家·燕园公共空间的适老化有:公共走廊设置双侧扶手,加大走廊宽度方便轮椅和行人并行通过,走廊摆放方便老人休息的舒适座椅;电梯深度可以运送急救担架，候梯厅满足轮椅回转需求。

泰康之家·燕园的户外适老化有：雨棚、坡道、休息长椅、风雨连廊、夜间照明等，在园林无障碍设计中设置了无障碍坡道、无障碍电话、无障碍休息场地、无障碍停车、无障碍厕所等设施。

八、项目服务内容

为保证社区居民的活力生活，社区提供近 12000m^2 的超大会所，提供丰富多彩的服务，满足居民对文化娱乐、医疗保健、运动健身、营养美食、社会交往、财务安全及精神追求七大退休需求。泰康制定了 26 项生活照料服务标准，38 项基本护理服务标准，14 项医疗护理服务标准，5 项生活照料服务操作考核，21 项基本护理服务操作考核，用统一严格的服务标准要求社区的服务人员，为社区长辈提供生活照料或专业护理服务。泰康之家·燕园的社区服务具有全覆盖、全天候、一站式、标准化、个性化和智能化等多重特点，最大限度满足入住长者的需求。

九、项目运营及收费模式

泰康之家·燕园属于泰康之家自建自营的都市医养社区，项目运营广泛借鉴了美国和日本的经验。

作为保险金融机构投资的大型养老社区，针对不同年龄阶层客户的财务状况特征，泰康之家通过金融创新为不同年龄的客户提供养老规划。

针对年龄未满 60 周岁，即可通过购买养老相关保险产品并签署《确认函》的方式入住泰康养老社区，这样客户在获得保险收益的同时，还可获得养老社区的保证入住权和其父母的优先入住权。客户达到入住年龄后可入住社区，用获得的保险利益支付社区月费，客户父母可通过购买乐泰财富卡并一次性缴纳入门费作为押金（可退）后，每月缴纳月费即可入住社区。

泰康之家·燕园独立生活区保险费用＋服务费收费表　　　表 10.9-1

户型	入门费（万）	入住人数	保险费用（万/户）	标准月费（元/月） 房屋使用费及居家费用	标准月费（元/月） 预估餐费	其他服务收费
一居室	20	1人	200	10500	1800	
一居室	20	2人	200	13100	3600	
舒适一室一厅	20	1人	200	15150	1800	按个人需要付费使用，参照社区特约项目价目表
舒适一室一厅	20	2人	200	17750	3600	按个人需要付费使用，参照社区特约项目价目表
温馨一室一厅	20	1人	200	20200	1800	
温馨一室一厅	20	2人	200	22800	3600	
温馨两居室	20	1人	200	30300	1800	
温馨两居室	20	2人	200	32900	3600	

备注：如同一房屋内入住人数为 2 人，则共同居住的第 2 人须符合社区关于同住人的相关规定且不包括保姆等具有私人护理性质的同住人员。第 2 人入住享受第二人入住优惠，仅须按价格表缴纳相关月费。

以上价格表适用于 2018 年 1 月 1 日起至 2018 年 3 月 31 日止完成入住，且按《泰康之家养老社区入住协议》约定，缴齐相关费用起 30 日内新入住燕园社区 1 号、2 号楼独立生活公寓的养老社区客户。

针对年龄在 60 岁以上的客户，泰康之家养老社区在开业前期可以为客户提供即期入住的养老服务。客户可通过购买乐泰财富卡并一次性缴纳入门费作为押金（可退）后，每月缴纳月费和餐费即可入住社区。

泰康之家·燕园独立生活区乐泰财富卡＋服务费收费表　　　表 10.9-2

户型	入门费（万）	入住人数（人）	乐泰财富卡（万/户）	乐泰财富卡会员月费（元/月） 房屋使用费及居家费用	乐泰财富卡会员月费（元/月） 预估餐费	其他服务收费
一居室	20	1	100	6000	1800	
一居室	20	2	100	8600	3600	
舒适一室一厅	20	1	150	8400	1800	按个人需要付费使用，参照社区特约项目价目表
舒适一室一厅	20	2	150	11000	3600	按个人需要付费使用，参照社区特约项目价目表
温馨一室一厅	20	1	200	11200	1800	
温馨一室一厅	20	2	200	13800	3600	
温馨两居室	20	1	300	16800	1800	
温馨两居室	20	2	300	19400	3600	

备注：价格表中显示的乐泰财富卡的标准价格是各户型的均价，每套房屋的实际价格会根据户型、楼层、朝向等因素而浮动，以社区最终审批通过的价格为准；如同一房屋内入住人数为 2 人，则共同居住的第 2 人须符合社区关于同住人的相关规定且不包括保姆等具有私人护理性质的同住人员；第 2 人入住享受第二人入住优惠，仅须按价格表缴纳相关月费。

以上价格表适用于 2018 年 1 月 1 日起至 2018 年 3 月 31 日止完成入住，且按《泰康之家养老社区入住协议》约定，缴齐相关费用起 30 日内新入住燕园社区 1 号、2 号楼独立生活公寓的养老社区客户。

泰康之家·燕园的入住资格为男性住户应≥60周岁，女性住户应≥55周岁。实际入住客户多为高级知识分子、离退休干部、企业管理者等共和国第一代建设者。

燕园一期2015年6月开业，据泰康之家CEO刘挺军接受经济观察报记者的专访时透露，2017年3月燕园一期入住率超过96%，燕园在2017年实现盈亏平衡，并有望在2018年开始盈利。

第十一章　恭和家园

一、企业概述

恭和家园是由乐成老年事业投资有限公司投资建设的，公司成立于 2007 年，是乐成集团有限公司（简称"乐成集团"）的全资子公司，注册资本 8 亿元人民币，涉及养老产业中投资建设、连锁养老服务设施运营、养老护理人才培训、老年用品研发等多个产业领域。

乐成旗下的养老服务设施均由隶属于乐成集团的恭和苑养老机构管理有限公司运营管理。恭和苑作为一家直营连锁健康养老服务品牌，遵循贴近医疗资源、贴近子女亲朋、贴近成熟社区的"三贴近"原则，在全国多个城市核心区布局了养老社区项目，目前项目已覆盖北京、浙江、海南等地区，其中北京双井恭和苑、海南海口恭和苑、浙江慈溪恭和苑、北京双桥恭和家园（CCRC 社区）、北京恭和老年公寓已投入运营，浙江莫干山恭和苑、宁波鄞州恭和苑等正在筹备当中。

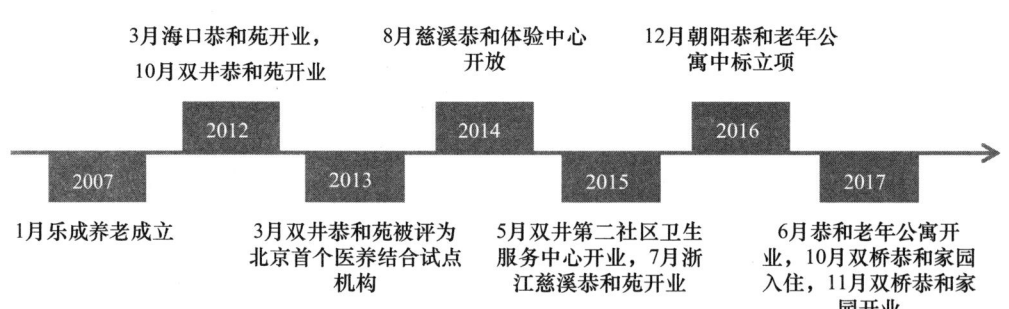

图 11.1-1　乐成老年事业业务板块发展历程

二、项目背景及周边环境

恭和家园位于北京市朝阳区双桥西巷 6 号，地处 CBD 商务中心与通州城市副中心之间，15 分钟可达三环，距离北京市中心 15 公里。

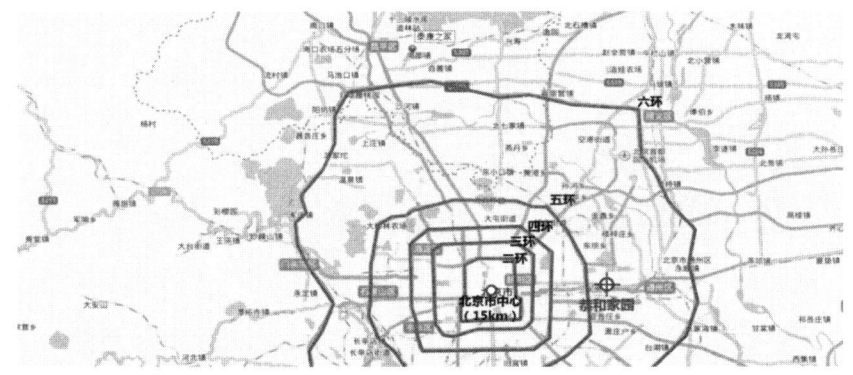

图 11.2-1　恭和家园区位图

1. 营业初期城市状况分析

2017 年年末北京市常住人口 2170.7 万人，其中 60 周岁以上老年人口 358.2 万人，占常住总人口的 16.5%，占户籍人口的 24.1%；65 周岁以上老年人口 237.6 万人，占常住总人口的 10.9%；居民人均寿命也上升到 82.03 岁。2017 年年末北京市人均地区生产总值达到 12.9 万元，人均可支配收入为 5.7 万元。北京市老年人口绝对数量和相对数量持续增加，户籍人口老龄化程度在全国已居第二，面对非常严峻的老龄化形势，北京市出台了多项促进养老产业发展的政策来积极应对人口老龄化面对的局面。为推动养老产业供给侧改革，民政局和住建委联合发文，探索推动"居室分割定向出售、公共服务空间持有经营、限龄人群居住"的养老社区服务模式，养老设施建设用地共有产权试点在全国首先开启。

在北京这样的超大型城市中有着庞大的高净值人群，随着经济的发展和社会观念的进步，市场对于新型的养老社区和养老机构的接受程度越来越高，有效需求快速上升，而符合这批年人养老需求、靠近中心城区、功能配置完善的中高端养老社区在市场上仍然是市场上稀缺产品。加上中国人传统观念里对房屋产权的偏爱，恭和家园的模式受到市场青睐。

2. 项目周边资源

景观资源：周围簇拥有 2200 亩的三大公园——杜仲公园、金田公园、百花公园；

医疗资源：周边拥有民航总院、朝阳区中西医结合急诊抢救中心、双桥医院、管庄中医院等多家医疗机构，以及在建的朝阳医院分院和北京中医医院分院；

教育资源：朝阳区第一小学、朝阳区第二实验小学、七彩梧桐幼儿园等；

生活配套资源：周边有充分满足日常生活需求的商场、超市、银行、影城等配套设施，如东星时尚广场、国泰百货、永辉超市及长楹天街等商场。

3. 项目交通条件

恭和家园位于朝阳区双桥区域，交通便捷，紧邻东五环，出行便利：

公交：项目 500 米内有 3 个公交站，312 路途经杜仲公园站，475 路、运通 111 路、397 路、411 路等途经咸宁侯站，475 路、411 路、运通 111 等途经何家坟站；

地铁：北侧为京通快速路与双桥地铁站；

主干道：南侧紧邻 2016 年 10 月全面通车的城市主干道——广渠路延长线。

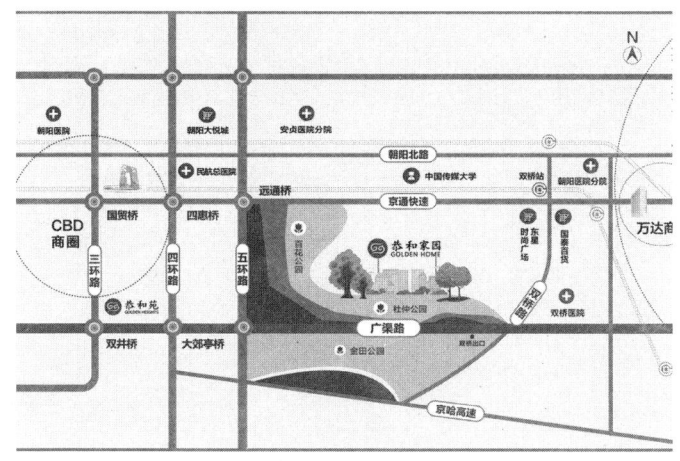

图 11.2-2　恭和家园交通图

三、项目地块条件、规划及开发周期

1. 项目地块条件

双桥恭和家园是乐成老年事业投资有限公司于 2010 年 9 月 30 日以协议出让

的方式获得的地块，土地性质为医疗卫生慈善用地，土地出让金2451.3912万元。项目最初拿地名为"双桥老年康复医院"，建设项目为"以亚急性康复治疗为主要功能的专业民营康复医院，是为综合医院急性治疗后需要继续接受专业康复训练、恢复身体机能的患者提供服务"。随后分别在2011年及2015年变更出让合同，土地现在变性为F3混合多功能型用地（50年），增加建筑面积及地下空间。乐成集团最终以8000多万的出让价款获得了地上建筑面积36770m^2，地下建筑面积12350m^2，还有几千m^2的地下车库及仓储面积。恭和家园的地块总成本约为1.26亿元。

2. 项目规划概要

图 11.3-1　恭和家园效果图

恭和家园总用地面积27238m^2，总建筑面积49120m^2，其中地上建筑面积36770m^2，规划养老居室365套；卫生服务站和养护中心面积3000m^2，共39间护理房间68张床位。

恭和家园的规划亮点如下：

宽楼间距：楼栋之间采取1.9倍宽大楼间距设计，保证低楼层住户采光良好；

节庆长廊：2000m^2节庆长廊联结社区内所有养老公寓和公共活动区域，方便不良天气时老人使用公共设施；

发光跑道：环绕社区的800m^2PC发光慢跑道，利于老人锻炼身体；

屋顶花园：有效利用屋顶空间设置，给老人提供亲近自然的场所。

3. 项目开发周期

恭和家园从 2010 年拿地到 2017 年开售，中间经历了 7 年的思考沉淀与开发建设，项目整体建设，分期销售，第一批入市产品推出 145 套，2017 年 7 月开始销售，年底售罄，11 月开始入住。

四、项目居住产品

恭和家园共由 365 户产权式养老公寓组成和 3000m² 的养护中心组成。养老公寓建筑面积为 31430m²，共计 365 套，户型面积为 79～270m²，全部为精装适老设计，目前第一批产品已经全面入住；卫生服务站和养护中心共 39 个房间 68 张床位。

1. 养老公寓

恭和家园的养老公寓部分为 7 栋为 4～6 层精装适老公寓，户型为 79～97m² 一室一厅，103～109m² 两室一厅和 239～270m² 三室一厅，主力户型面积为 79～97m² 一室一厅。养老公寓全部配置开窗电梯（其中 6 部医疗电梯），公寓内配备地热采暖、加舒浴洗浴器、烟感喷淋系统、双重呼叫报警装置、红外线感应灯等。

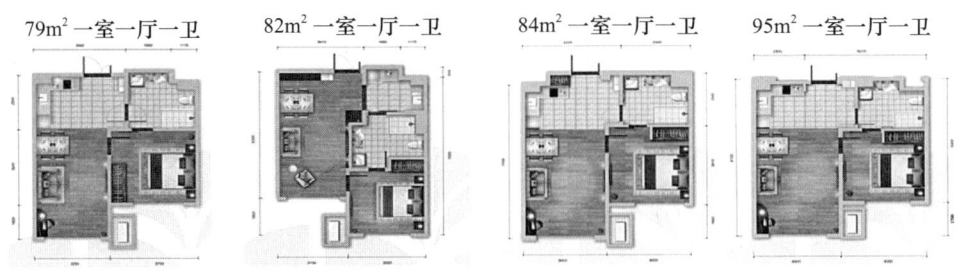

图 11.4-1　恭和家园户型图

2. 养护中心

图 11.4-2　恭和家园护理院房型

恭和家园社区内的养护中心和社区卫生服务站（共 3000m^2）设在一起，其中护理中心共设置 39 个房间，合计 68 张床位，分为单人间和双人间。

五、项目公共配套

恭和家园设有 3000m^2 医疗护理中心，设全科、中医、康复大厅、输液室、检验室、处置室和注射室、挂号收费及药房等；2000m^2 节庆长廊联结所有公寓，社区餐厅、家庭厨房、亲子乐园、手工区、图书区、书画区、桌球区、棋牌区、800m^{2}PC 发光慢跑道、门球场、曲苑舞台、综合活动场地、芳香园、屋顶花园等；社区北侧 10000m^2 开心农场。

图 11.5-1　恭和家园配套设施图

六、项目医疗配套与医疗资源

恭和家园总建筑面积不到 5 万 m^2，在社区型养老项目中属于中小体量，因此恭和家园没有配建大体量的医疗设施，而是延续了乐成做机构型养老项目的作风，投资建设了一个 $3000m^2$ 的医疗护理中心。医疗护理中心设有全科、中医、康复大厅、输液室、检验室、处置室和注射室、挂号收费及药房等，可为入住老人提供医疗和康复服务。医疗护理中心刚拿到服务牌照，还未获得医保资质，现在入住老人通常由恭和家园工作人员帮助在双井第二社区卫生服务中心（双井恭和苑配建的医疗设施）拿药。

恭和家园通过医疗卫生服务站与双井第二社区卫生服务中心共享双向转诊及医联体医院的就医服务，真正做到小病慢病不出门，大病急病通三甲。

图 11.6-1　恭和家园医疗护理中心

七、项目适老化

恭和家园是北京首个严格按照《养老设施建筑设计规范》打造的养老社区，和普通住宅最大的区别，就表现在适老化设计上，主要是以安全、便捷为主要原则，按照长者的生活规律与习惯设计。

恭和家园在老人住房内设置了多项适老化设施，如入户门设置入户置物台、钢衬子母门、双猫眼等，室内地面无高差设计、外出照明一键断电、室内烟感喷淋系统、墙角圆角处理、开关/电源插座高度适宜设计等，卧室内双向呼叫报警器、感应小夜灯等，卫生间紧急呼叫系统、松下加舒浴、卫生间扶手、厨卫操作台面降低设计以及油烟机推拉式设计等。

在公共空间方面，恭和家园共设有6部有开窗的医用电梯，方便长辈知晓轿厢外情况和紧急事件时医护人员第一时间了解电梯内的情况并及时救助；同时，7栋养老公寓居室与娱乐、医疗服务空间通过风雨连廊无缝连接。

恭和家园是按照养老设施设计建筑规范要求打造的社区，户外细节上也采用很多人性化适老设计、社区内无障碍规划，如悦老园林、节庆长廊、宽大楼间距、坡道、夜间照明等。

为了更好地为老年人服务，社区还设置了智慧系统如红外线感应灯监测老年人的活动状况，双重呼叫报警装置让遇到突发状况的老年人随时呼叫服务人员以便及时获得救助等。

图11.7-1　恭和家园悦老园林

八、项目服务内容

恭和家园之前，乐成集团已经成功运营了好几个养老项目，因此形成了比较完善的养老服务体系。餐饮服务方面，园区的餐厅配置了专业的营养师、烹饪师，针对个性化需求与治疗性饮食，采取不同的办法，提供个性化膳食搭配，还另设有家庭厨房，满足长辈们家庭聚会等多种生活需要。休闲娱乐服务方面，为入住长辈日常开展阅览、书画、台球、唱歌、电影、园艺种植等丰富多彩的活动；开设恭和学堂定期为老人开展内容丰富的知识讲座；定期组织老人休闲观光，进行异地养生；亲子乐园提供空间与场所促进老人与孙辈交流玩耍，老少同乐。

医疗康复方面，社区卫生站、护理中心提供预防、诊治、急救、康复全套体系，无间隙配合实现"健康有干预、慢病有管理、急病有措施、大病有通道"，解决长辈居家养护需求。社区还为老人提供洗衣、房间打扫、换洗窗帘床单等基本生活服务和健身运动服务等。

九、项目运营及收费模式

恭和家园属于乐成集团自建自营项目。项目由乐成老年事业投资有限公司投资建设，由恭和苑养老机构管理有限公司运营管理。

按照北京市民政局、北京市住建委联合印发《共有产权养老服务设施试点方案》（京民福〔2016〕73号）规定，乐成集团（简称乐成）可将恭和家园的365套养老居室分割销售，乐成和购买人按份共有居室产权，其中乐成所持产权份额为5%，购买人所持产权份额为95%，养老设施居室之外的其他公共养老服务设施由乐成持有100%产权。恭和家园与一般的养老机构不同，由于是公开市场拿地，政府又有特批，因此是北京唯一的"有房本"的养老院，产权年限为50年，购房者可以获得产权证。

恭和家园老年公寓共365套住房，2017年7月恭和家园第一批145套公寓开始销售，同年年底售罄，平均成交价格为4.1～4.2万元/m²。除购置房屋的价格外，每套房间的服务费（相当于物业费）为3080元/月，每月的服务费无论老人入住与否都是要按时交付的。恭和家园养护中心的收费方式为押金加月费形式，根据房间类型和老人的身体状况收费。

第十二章 万科随园嘉树·良渚

一、企业概述

随园嘉树·良渚由浙江万科随园嘉树老年公寓管理有限公司管理运营。该公司作为养老产业的市场先行者,在万科强大专业体系与知名品牌的支撑下,积极探索并确立了现代养老服务的新理念,开创邻里式养老领袖品牌,形成市场化新型养老服务模式的同时整合了国际化的养老服务优势资源,可以提供养老咨询服务、营销策划服务、销售代理服务、运营管理服务、人才培训服务。公司还在为老人的服务实践中梳理了 8 大类服务模块 165 项服务内容,涵盖产品硬件服务、健康管理、护理、康复、医疗、缤纷生活、营养餐饮、特色家政等,构建起长者服务的闭环。

目前,浙江万科随园嘉树老年公寓管理有限公司旗下已经搭建起多层次、多方位的养老服务体系:服务于活力长者的随园嘉树养老公寓,主要面向自理型长者;为术后康复及失能长者提供服务的随园护理院及中医诊所随园里仁堂;提供居家养老服务的随园之家;为老人提供社区照护服务的随园智汇坊。四大产品之间既相互独立,又相互依托和打通,实现了长者人群的全面覆盖和服务生态闭环。

二、项目背景及周边环境

随园嘉树·良渚地处杭州西北部的余杭区,位于良渚文化村核心地带,距离杭州市中心仅有 20 公里。

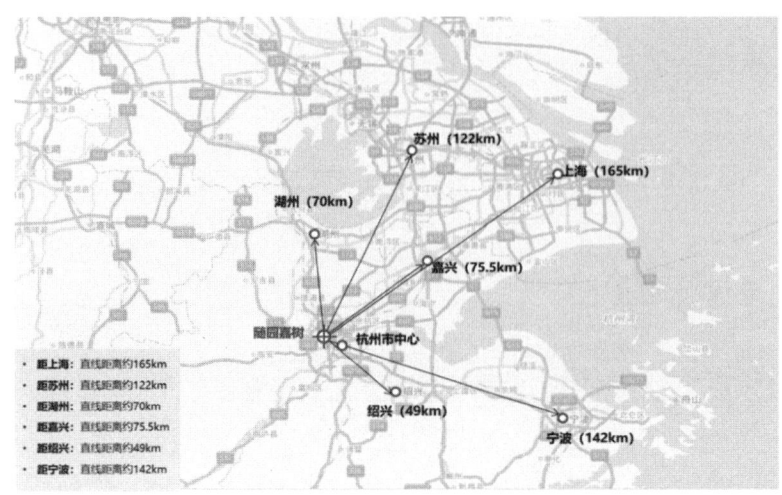

图 12.2-1　随园嘉树·良渚区位图

1. 营业初期城市人口经济状况

2013 年，杭州全市生产总值约为 8343.5 亿元，全市城镇居民人均可支配收入 39310 元，接近富裕国家水平。据《杭州市 2013 年老龄事业统计公报》资料显示，截至 2013 年年底，杭州全市 60 岁以上的老年人口为 134.88 万人，占总人口数的 19.10%，比全国平均水平高 4 个多百分点。杭州老年人口基数大，比例高，且杭州人均可支配收入已经接近富裕国家，舒适型养老住宅潜在市场机会较大。市场调查的数据反映出，社会财富增长和购买力上升以及社会化养老意愿的逐步增强，为舒适型老年公寓产品的发展提供了有力的支撑。

2. 项目周边资源

随园嘉树·良渚位于 4A 级景区良渚文化村内，与良渚文化村核心配套区仅隔着一条风情大道。杭州良渚文化村是杭州市最重要的生态文化、休闲旅游景区，整体占地 10000 亩，规划建设用地约 5000 亩，总建筑面积 340 万 m^2，住宅 230 万 m^2，公建 50 万 m^2，旅游服务配套 70 万 m^2，经过近十年的规划建设其整体风貌已经成型。随园嘉树·良渚主要利用良渚文化村内的商业、生活配套，北面有浙江大学医学院附属第一医院良渚门诊部作为项目的专业医疗配套，南邻一个大型生态住宅区，西接丘陵绿地。随园嘉树·良渚依托整个"大良渚"的优美环境和成熟配套，为老年公寓的打造提供了得天独厚的有利条件。

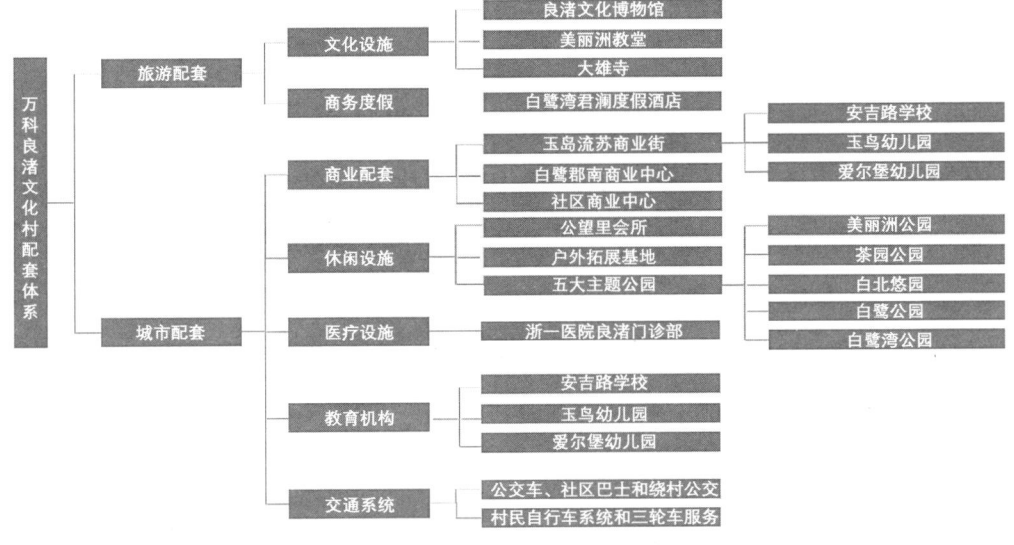

图 12.2-2　良渚文化村配套设施

3. 项目交通条件

随园嘉树·良渚可利用多种交通路径接驳良渚新城，实现与杭州市中心的快速连通：

公交：从杭州市汽车北站（莫干山路）乘坐 372 路、389 路可直达良渚文化村；另 333 路、313 路公交经转乘也可到达良渚文化村。文化村内部有社区循环巴士 K491A，每天有 18 班次往返。随园嘉树每周有三天设有直发杭州市中心的班车。

地铁：杭州市 2 号地铁在良渚设站，2017 年 12 月已经开通，距随园嘉树 2 公里，良渚文化村内有摆渡车与地铁站接驳。未来杭州地铁 4 号线二期、10 号线会在良渚新城设多个站点并和 2 号线共同形成一横两纵的地铁路网。

主干道：从上海、嘉兴、温州、南京、湖州、宁波、绍兴方向到良渚文化村都需要进入新 104 国道，再向北直行 4 公里即可看到良渚文化村标示牌。从杭州城西及中心城区经古墩路和东西大道可达良渚文化村。

三、项目规划

1. 项目地块条件

随园嘉树·良渚用地总面积63853m²，土地属性为旅游用地，40年产权（2003～2043年），容积率1.0，建筑密度22.73%。

2. 项目规划概要

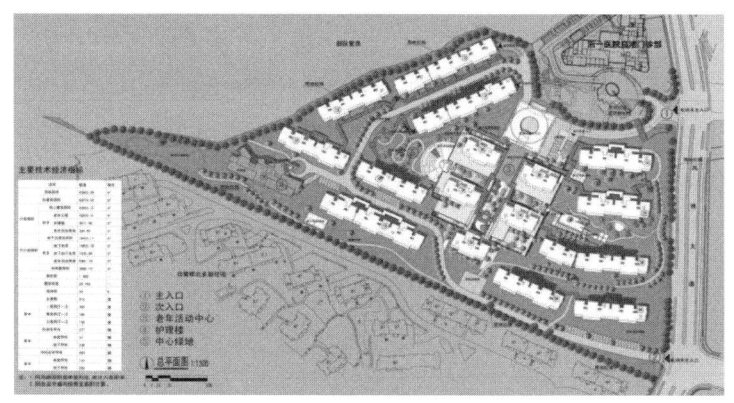

图12.3-1 随园嘉树·良渚规划图

随园嘉树·良渚占地面积63853m²，地上建筑面积63853m²，共17栋建筑。随园嘉树·良渚整体布局严谨，建筑层数控制在5层，低密度建筑与良渚文化村建筑体量相协调。随园嘉树·良渚的集中式服务区——金十字中心设置在住区中央，并通过风雨连廊连通各栋建筑，其服务范围可辐射所有住宅楼栋，集中管理和服务空间也可以为老人提供更多的户外活动和交流空间。除了金十字中心连接的景观外，每个单元都在门厅旁边设置了入户小庭院。社区内主要道路坡度控制在5%以内，配合通达全区的风雨连廊系统设计，解决了山地高差和无障碍通行的问题。停车泊位主要设置在地下，保证社区地面人车分流，若有救护车可直接到达每栋楼地下层。

随园嘉树·良渚的规划亮点如下：

"金十字"：社区中心设置"金十字"老年活动中心，每栋公寓都通过风雨连廊与"金十字"配套区无缝衔接，便捷满足社区老年人日常活动所需。

"无障碍"：配置风雨连廊（3268m²）、无障碍交通动线、无障碍救护动线等保证社区无障碍。

"宽间距"：超过常规社区15%～30%的楼间距，全南朝向以及大进深双开间的阳台设计，提升了采光、通风标准。

图 12.3-2　项目鸟瞰图

3. 项目开发周期

2009年随园嘉树·良渚项目立项，2011年开工，项目一次性开发建设。

随园嘉树·良渚的养老公寓分两批销售：2013年5月随园嘉树·良渚第一批养老公寓启动预售，销售30年使用权，2015年1月交付使用；第二批产品采取使用权租赁制，分为15年租期和5年租期。

四、项目居住产品

随园嘉树·良渚养老社区的16栋养老公寓房全部为全南向5层楼建筑，带电梯的通廊式住宅，共计615户。良渚随园护理院是一栋5层建筑，位于社区最西端，建筑面积4571m²，设有100张床位。

1. 养老公寓

随园嘉树·良渚养老公寓建筑面积58937m²，规划养老公寓615套，户型有三种：75m² 一室两厅（精致养生套型），89m² 两室两厅（舒适养生套型），110m² 三室两厅，主力户型为 75m² 一室两厅（舒适养生套型）。

图 12.4-1　随园嘉树·良渚户型图

2. 良渚随园护理院

良渚随园护理院的建设理念为"积极、阳光、舒适"，公共空间采用了暖色系照明，并设置了多样化就餐环境和多元化交往空间，房间内部考虑了去机构化，室外设有康复花园。良渚随园护理院建筑面积 4751m²，可提供共 100 张护理床位，每 12 居室组成一个管理单元，每层设一个休息空间，供老人们休闲社交。良渚随园护理院共有三种房型：单人间、双人间和套间，其中绝大多数是双人间。虽然随园护理院为与随园嘉树·良渚社区内，但由随园护理院来管理的。

图 12.4-2　良渚随园护理院

作为万科首个养老康复护理机构之一，良渚随园护理院与杭州邵逸夫康复科、解放军128心肺康复科，胡庆余堂开展技术合作，采用澳大利亚皇家全科医学院和澳大利亚养老品质鉴定中心权威护理评估标准，以先进的服务水准为长者提供介护与术后康复等医护服务，也可以根据老人个性化需求提供心理、精神、安全等方面的服务。

五、项目公共配套

因为随园嘉树·良渚树位于商业配套和城市配套齐全的良渚文化村中，在公共配套方面，随园嘉树·良渚多借助良渚文化村的大配套，内部的配套以满足老年人需求的养老配套为主。随园嘉树·良渚的养老配套主要分布在4571m^2的"金十字"养生休闲区，包括景观餐厅、阳光阅览室、多功能厅、小剧场、健康管理中心、视听室、卖品部、健身房、棋牌区、咖啡角、植物角、理发厅以及老年大学"随园书院"等。

六、项目医疗配套与医疗资源

随园嘉树·良渚为社区建立了三层医疗配套：第一层是健康管理中心，引入浙一医院心内科专家坐诊，可为入住老人提供身体的定期量测，实时监控等服务；第二层是浙一医院良渚门诊部，可提供一般老年病和常见病的检测治疗；第三层是浙江省老年医院，可提供紧急救助绿色通道就医协议。

随园嘉树·良渚内部设置健康管理中心，位于良渚随园护理院一层，设有检查室、X线室、心电图室、抢救室、采样处、言语治疗室、康复室、B超室等，并且邀请浙一医院的心内科专家坐诊，为入住的老人提供定期的体征测量和实施监控等服务。

外部医疗资源方面，随园嘉树·良渚毗邻良渚文化村医疗配套——浙一医院良渚门诊部，该门诊部是浙一医院分支下属机构，诊疗面积共约2000m^2，设有内科、外科、口腔科及检验、超声、心电图、放射、药房等，配备牙科诊疗床、输液室、观察室等设备和功能区，可以充分利用浙一医院的优质医疗资源，为社区居民提供医疗服务。另外随园嘉树·良渚与浙江省老年医院签订紧急救助绿色通道，保证入住老人可以优先就医。

七、项目适老化与无障碍

自2009年开始，万科通过对适老住宅性能的持续研究，以随园嘉树·良渚为实践平台，探索出40余项适老性能设计，建立起养老地产产品设计和运营体系。随园嘉树·良渚房间内的适老化设施如表12.7-1所示；公共空间适老化设施有人性化专业电梯、走廊扶手、防滑地砖等；户外适老化设施有无障碍园区设计、风雨连廊、公共观光电梯、室外坡道、标知系统等。

随园嘉树·良渚室内适老化   表12.7-1

区域	适老化细节
入户动线	超常规无障碍空间尺度，主过道宽1.2米；卡式数码锁；入户转换空间；插卡取电；入户及玄关收纳等
卧室	分床设计；起夜地灯；卧室应急灯；卧室独立收纳柜等
厨房	直饮水龙头；高照明度厨房用灯；电磁炉；厨房橱柜下拉篮等
卫生间	防滑地砖；双地漏排水；地面无高差；壁式置物格；"L"型安全扶手；TOTO卫浴丽马桶；可进入台盆柜；带扶手厕纸架；暖足机；松下暖浴快；卫生间暖气片等
室内采光	朝南采光；7.2米大进深双开间阳台；大采光尺度等
室内设施设备	地暖；中央空调；新风系统；系统门窗；空间尺度无障碍标准；大字说明，多开关控制的室内开关系统；外开门；低位阳台晾衣架等
家庭智能化	一卡通；大按键智能电话；玄关人体智能感应灯；按拉一体式一键紧急呼叫按钮；不活动通知等

资料来源：网络资料。

八、项目服务体系

随园嘉树·良渚服务体系立足联合国五大照护原则（独立、参与、照顾、自我实现、尊严）为长者提供覆盖身心灵的全方位服务；同时重点关注活跃长者的需求，为长者提供积极、健康、快乐的生活方式。随园嘉树·良渚为入住长者提供包括健康管理、智慧小区、舒适生活、尊荣享受四大服务体系，每个体系均区分基础服务与增值服务,共86项,为长者实现品质、尊严的晚年生活。

随园嘉树·良渚服务内容　　　　表 12.8-1

服务类型	基础服务	增值服务
健康管理 （18项）	14项：药物安全建议活动、阳光档案、健康计划、医疗优先、生理量测记录查询、周全性评估、营养评估、药事提醒、慢性病干预、定期专家问诊、定期卫教讲座、康复评估、日常辅导、适应辅导	4项：健康体检、康复计划、康复活动、个案辅导
智慧小区 （13项）	13项：无障碍园区环境、无障碍救护设施、无障碍通行服务、人性化电梯、智能电话、全区信息化功能、离家状态断电切换、人体感应传感器、智能门禁、温差探测器、紧急呼叫系统、不活动通知、紧急求助	—
舒适生活 （19项）	8项：家属联络、节日活动实施、定期检查电器安全、入户打扫、每日问候、情绪安抚、情绪转介、包裹快递服务	11项：床上用品更换清洗、窗帘和纱窗清洗、特别膳食服务、专属营养师配餐、精致餐点、点餐送餐服务、私人秘书服务、出行陪伴、租车服务、生活用品代购服务、家具/地板/洁具
尊荣享受 （36项）	25项：舞林门、交友会、歌咏会、电影院、随园运动会、活力健身、乒乓球、健康体适能课程、迷你私人花园农场、摄影社、票友会、计算机课程、美学课程、传统文化社、文艺展示、棋牌博弈、手工艺课程、书画课程、理财咨询、生命教育活动、远程视频越洋电话、健康促进/预防保健、志愿服务、住院探视、个案灵性关怀	11项：太极社、茶艺坊、烘焙工坊、厨艺课堂、温馨旅游季、欢乐下午茶、葡萄酒俱乐部、高尔夫兴趣组、瑜伽社、治疗性团体活动、慢性病支持团体

备注：此表中的服务内容为随园嘉树·良渚运营初期的服务内容,具体服务内容依据社区老人随时调整,仅供参考。以社区实际提供的服务内容为准。

九、项目运营及收费模式

随园嘉树·良渚项目属于万科自营自建的项目,由浙江万科随园嘉树老年公寓管理有限公司管理。

随园嘉树·良渚的第一批养老公寓产品采取使用权销售的模式,销售30年的使用权；第二批产品调整了收费方式,采取了使用权租赁的形式,租赁期为15年和5年两种。

随园嘉树·良渚第一批养老公寓约 160 套，采取使用权销售模式销售，收费内容为 30 年使用权费用和服务费。

随园嘉树·良渚养老公寓使用权销售模式收费标准　　表 12.9-1

收费模式	户型	使用权销售	服务费用
30 年使用权	75m² 一室两厅	约 120 万	2500 元 / 人 / 月
	100m² 两室两厅	约 160 万	3000 元 / 人 / 月
	110m² 三室两厅	约 176 万	3200 元 / 人 / 月

备注：此表中的价格为 2017 年底的价格，仅供参考，具体价格以随园嘉树·良渚公布的价格为准。

随园嘉树·良渚第二批养老公寓产品采取租赁模式，收费内容为租金和服务费，租期分为 15 年长租和 5 年短租两种。若客户中途退租，则按签约价格退还未住年限的租金。

随园嘉树·良渚养老公寓 15 年长租产品收费标准　　表 12.9-2

收费模式	户型	租金	服务费用
15 年长租	75m² 一室两厅	约 80 万	2500 元 / 人 / 月
	100m² 两室两厅	约 110 万	3000 元 / 人 / 月
	110m² 三室两厅	约 120 万	3200 元 / 人 / 月

备注：此表中的价格为 2017 年底的价格，仅供参考，具体价格以随园嘉树·良渚公布的价格为准。

随园嘉树·良渚养老公寓 5 年短租产品收费标准　　表 12.9-3

收费模式	户型	租金	服务费用
5 年长租	75m² 一室两厅	约 33 万	2500 元 / 人 / 月
	100m² 两室两厅	约 43 万	3000 元 / 人 / 月
	110m² 三室两厅	约 48 万	3200 元 / 人 / 月

备注：此表中的价格为 2017 年底的价格，仅供参考，具体价格以随园嘉树·良渚公布的价格为准。

随园嘉树·良渚的目标客户是 60 周岁以上且追求一定的生活品质的老人。2013 年开始销售，2015 年开始运营，2017 年住满，随园嘉树·良渚目前入住老人超过 1000 人。其中江浙沪的老人占到 60% 以上，其他区域占 40% 左右；截至 2017 年，入住老人的平均年龄约 75 岁；以大学教授、政府退休高干、退休医生以及一些成功的企业家等高职、高知、高净值客群为主；异地养老的客户一般是子女在杭州工作，随子女迁居的老人。

第十三章 上海康桥亲和源

一、企业概述

亲和源集团有限公司创建于2005年3月,注册资金2亿元人民币,是专门为老年人提供快乐服务、健康服务以及终身照料服务,从事高端养老住区投资、开发、建设、运营及养老产业服务的社会企业。

2016年6月29日宜华健康与亲和源签署协议,以现金方式收购亲和源58.33%股权,股权交易价格协商确定为40831万元,股权于2016年11月完成过户。2017年4月,宜华健康再次与亲和源签署协议,拟以支付现金的方式购买剩余的41.67%股权,股权交易价格协商确定为29169万元。两次收购完成后,亲和源公司将成为宜华健康的全资子公司。宜华健康医疗股份有限公司为上市公司,2015年转型进入医疗健康产业后,确立以医疗产业服务和养老产业服务两大主营业务方向。

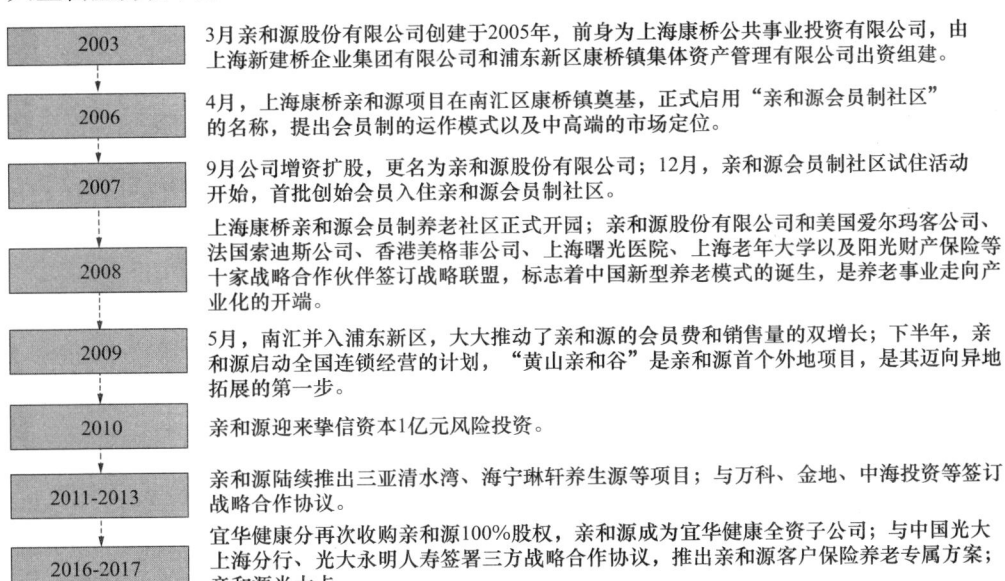

图13.1-1 亲和源集团发展历程

作为我国最早从事养老服务业的公司，亲和源不断总结经验、养老服务体系和标准，实现品牌的延伸与扩张。在重资产运营模式上，以上海康桥亲和源养老社区旗舰店为基础，逐步在长三角、珠三角以及北上广深等经济发达城市实现异地扩张，目前已拥有已开业和在建的养老社区约 15 个，拥有的中高端养老公寓超过 3000 套。在轻资产运营模式方面，亲和源集团从多年项目投资与管理经验中，提炼出可复制的、有助于项目快速落地的实战经验，为企业提供咨询策划、设计管理、项目筹开、委托运营一站式养老专业指导服务。此外，亲和源推进衍生业务，逐步进入老年健康、老年教育及老年金融等领域，将各种老年产业有机交融，围绕银发经济拓展养老产业链。

二、项目背景及周边环境

上海康桥亲和源位于上海浦东康桥秀沿路 2999 弄。社区距离上海市中心直线距离约 17 公里，东距浦东国际机场 12 公里，西离虹桥机场 25 公里，北离陆家嘴金融贸易区 10 公里，距离新建的迪士尼乐园商圈约 3.3 公里。

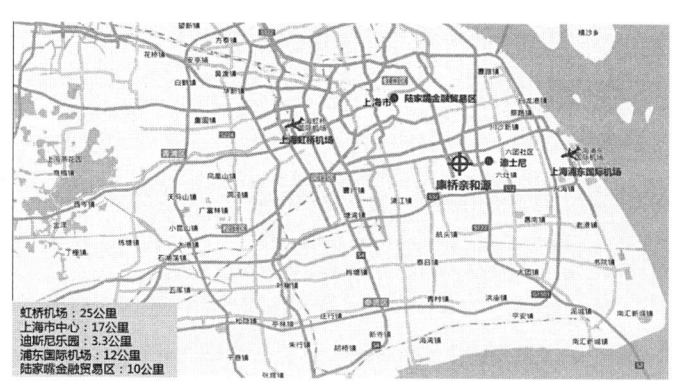

图 13.2-1　上海康桥亲和源区位图

1. 营业初期城市状况分析

2008 年年末，上海市常住人口总数为 1888.46 万人，其中户籍常住人口 1371.04 万人，户籍老年人口 300.57 万人，占户籍总人口的比例为 21.9%，已经进入超老龄化社会（当一个地区的老年人口占总人口的比例超过 20% 则进入超老龄化社会）。据当年抽样调查，城市居民家庭人均年可支配收入 26675 元，比上年增长 12.9%。

总体上看，我国当时的养老服务产业仍处于初期萌芽阶段，在相应的养老基础设施、养老制度建设、养老产品开发和从业人员方面均存在供给不足的状况。统计数据显示，截至 2008 年年底，上海市各类养老服务床位约 8.06 万张。其中，由社会投资建设的养老机构仅有 295 家，提供床位 4.21 万张。按照上海当时的老龄口计算，每千名老年人拥有养老床位 26 张，而发达国家每千名老年人拥有养老床位 50～70 张左右。与养老服务设施总量供应不足的同时，医养设备配置水平较低、服务能力有限也是养老产业发展的一大问题。有近一半的养老机构没有配备医疗设施、康复设施，导致需要医疗照护的老人有需求却无法入住。随着上海老龄化、高龄化程度的不断提升，养老产业供需严重失衡的状态将会持续，医、养、护、乐融合，服务设施完备、服务理念先进的养老服务设施会受到中高端市场的认可。

2. 项目周边资源

医疗资源：周浦医院康桥分院等；
景观资源：社区配套绿化景观等；
教育资源：康城学校等；
生活配套：易买得超市、欧购购物中心、康叶菜市场等。

3. 项目交通条件

图 13.2-2　上海康桥亲和源交通图

公交：龙滨线申江路秀沿路站，周川线申江路秀沿路站、康桥环线、603路等；
地铁：距离地铁11号线康新公路地铁站1.1公里；
主干道：社区东临申江路外环匝道1公里，西近创业路，南贴秀沿路，北靠川周公路。

三、项目地块条件、规划

1. 项目地块条件

上海康桥亲和源项目地块位于上海市浦东新区康桥镇19街坊36-14丘，为协议出让的其他居住用地（养老院），地块占地面积为83800m^2，出让期限为2007年7月5日至2056年4月17日，容积率不大于1.21，建筑密度为15.5%，绿地率51%。

2. 项目规划概要

上海康桥亲和源规划占地面积为83800m^2，总建筑面积为101592m^2，其中地上建筑面积为101592m^2，规划养老公寓838套，护理院床位200张。

上海康桥亲和源是我国开发比较早的养老社区项目，即便如此，该项目在规划上依然有很多值得同行借鉴的亮点：

1) 总体布局

上海康桥亲和源可划分为五个功能区：老年公寓区、医疗护理区、会所办公区、商业配套区和配餐区。

2) 道路系统

养老社区主入口位于南侧秀沿路，次入口位于东侧规划路，考虑到小区内车流量较小，社区内采取人车分流和人车混行并用的模式。居住区内的机动车辆从东侧规划路出入口进入可到达住宅户门或者是区内地面停车位。居住人口主要从秀沿路主路口进入，经机动车道或者景观绿地小径、走廊、景观大道到达住户入户门，小区景观道路场地及老年公寓入户均满足无障碍设计。

3) 景观及绿化设计

上海康桥亲和源设计上体现人与自然的和谐，绿化结合建筑布局成自然曲线。用水系和绿化来与养老社区周边的建筑物分隔,兼顾划分界限和美化环境的作用。在整体环境设计中还特别考虑社区中居住人群都是老年人特点按照无障碍规范设计。园区总体绿地率高达51%。

4)朝向与日照间距

上海康桥亲和源的老年公寓朝向控制在南偏东或南偏西30度左右,是上海市最好的采光朝向,所有老年公寓均满足老年居住建筑东至日满窗日照有效时间不小于3小时。

5)风雨连廊

上海康桥亲和源的各建筑物之间有风雨连廊相接,方便老年人在不良天气出行。连廊的功能多样化,既是体现人车分流原则的步行道,也是的景观步道。

图13.3-1　上海康桥亲和源效果图

四、项目居住产品

上海亲和源占地面积125亩,地上总建筑面积共106638m^2,共有838套养老公寓,上海康桥亲和源的养老公寓由12幢多层电梯住宅楼组成,可提供精装修全配置的养老公寓838套,护理院床位200张,2008年开业,目前已经住满。

1. 养老公寓

上海康桥亲和源的养老公寓由 12 幢多层电梯住宅楼组成，建筑面积共 76874.88m²，可提供精装修全配置的养老公寓 838 套，户型为 58m² 小一室一厅，72m² 大一室一厅，120m² 三室一厅。

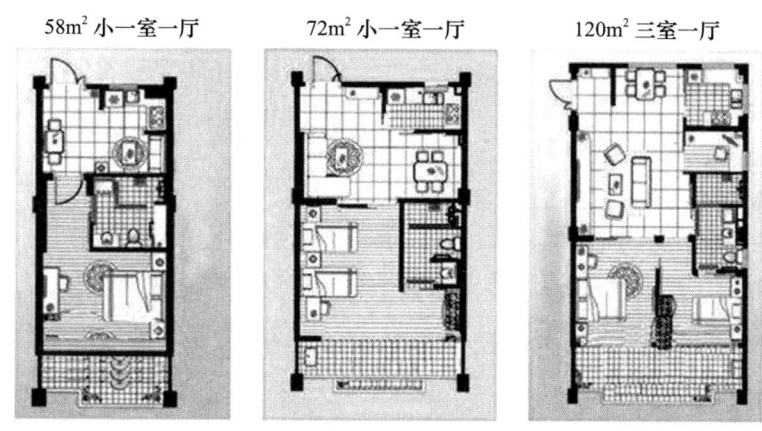

图 13.4-1　上海康桥亲和源养老公寓户型图

2. 护理院

亲和源护理院和亲和源医院位于一栋楼内，1～3 层是医院，设床位 99 张；4～11 层是护理院，护理院床位 200 张。护理院坐落于环境优雅的上海康桥亲和源老年社区内，与社区共享风雨连廊、花园、餐厅、健康会所等。护理院只对亲和源内部老人提供服务，房间分二人间、三人间、四人间、豪华包房，采用中央空调、中心供氧、房间内 24 小时提供热水和直饮水，配备液晶电视、电冰箱、设有独立的卫浴间，每间房都朝南，光照充足，每层设有公共会客区域、康乐活动室和护理站。

亲和源护理院除了照护失能半失能老人外，还开展失智老人护理并建立了失智老人特色健康照护体系，通过 24 小时生活照料、并发症预防、心里关怀、饮食照护等为失智老人提供专业的护理，彻底解决失智老人日常家庭照护的难题。

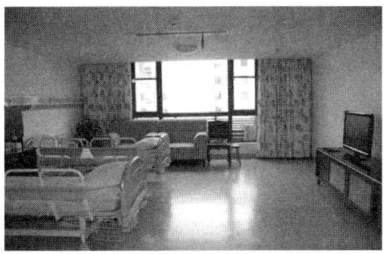

图 13.4-2 上海康桥亲和源护理院

五、项目公共配套

上海康桥亲和源配置了亲和源医院、亲和源护理院、亲和学院、配餐中心、度假酒店、老年商街、健康会所等公共配套。

医护配套： 上海亲和源医院/护理院是经卫计委批准的集医疗、护理、康复、临终关怀、老年痴呆及生活照料为一体的医疗/照护机构。

亲和学院： 亲和学院与上海老年大学合作，由上海老年大学总部派出师资且提供课程，目前开设英语、电脑、音乐、艺术、运动等6大类15个学习班，学院二楼设置7个教室（含2间钢琴房），面向亲和源社区会员进行招生。

配餐中心： 与麦金地餐厅合作，打造2574m²的养生餐厅。

度假酒店： 设有74套客房，公寓式配置，酒店式管理，提供分时度假、老年旅游休闲、短期托老以及亲和源老年新生活体验等服务；亲和源内老人带朋友居住享受优惠价格。

老年商街： 建筑面积1450.3m²，沿街商铺，对外开放，商铺只租不卖，沿街店铺包括美容美发、饭店、超市、药店等，室外健身区、迷你高尔夫球场、室外茶座、活动广场、景观水景、草坪广场、门球场、舞蹈广场、亲和广场等。

六、项目医疗配套

亲和源的自建医疗资源为亲和源医院，于2008年成立，属于一级综合医院，共有99张床位，与护理院设于一栋楼内（1～3层为医院）。医院设置了内科、外科、中医科、康复医学科、口腔科、耳鼻喉科、放射科、检验科、精卫科、护理部等科室，可提供常见病、多发病的检查和治疗，由医护人员 24 小时提供医疗服务，满足需要长期护理的患者提供医疗护理、康复促进、生活照料、老年痴呆、临终关怀等服务的医疗机构。亲和源医院已开通医保并拥有三甲医院的绿色通道，对外可辐射周边社区，可接受非亲和源社区内的人员就医。另外，上海康桥亲和源还与上海市一些优秀的医疗资源签署合作协议，开通了绿色通道，保证入住老人突发疾病时可以获得及时的救助。

图 13.6-1　亲和源医院

七、项目适老化与无障碍

上海康桥亲和源房间内的适老化设计较为完善：玄关设置鞋柜/鞋凳；卫生间马桶边、淋浴房内安装尼龙扶手，洁具采用节水型洁具，小便器采用自感应式，洗手间不设置门锁，安全便利；洗浴、厨房设置感应灯，跨进房间灯即亮；紧急报警系统和红外线感应系统，每套公寓的厨房、客厅、卫生间、卧室和阳台都安装了紧急报警系统和红外线感应系统，如有紧急情况即可按下紧急按钮，监控中心接到报警后会及时通知公寓的秘书和工作人员，第一时间赶到老人的房间；而且一旦老人体温发生变化或暂时不行动了，系统马上会发出警报。同时每位会员都会配有一张多功能的会员卡，卡上装有无线定位系统，确保老人在社区的任何地方都有安全保障。

上海康桥亲和源公共空间的适老化设计有净宽 1.8 米可容两个轮椅同时通过的超宽走廊，并设有高低扶手；老年公寓及配套建筑所有电梯都是担架梯且电梯内设紧急呼叫按钮。

在户外的适老化设计方面：色彩识别和醒目标识，建筑外墙面以鲜明的色彩提高公寓识别性能和记忆提示性能；每栋楼的正面、侧面等都设有项目的标识，方便老人外出回家已经寻找公共活动空间。每栋建筑之间都有风雨连廊相通，构建全天候社区；步行道路结合连廊，兼顾游览、休闲、散步、休憩等功能，住户可以风雨无阻地到达每个区域。社区里的所有轮椅都可以360度旋转，整个社区尽量采取无台阶、无竖立的板墙、门等障碍结构，住区内各级道路按无障碍要求设置，并保证通过的连贯性；公共绿地的入口、道路及休息凉亭等设施的地面平整、防滑，地面有高差时，设轮椅坡道和扶手；公共服务设施的出入口通道按无障碍要求设计；公用厕所的入口、通道按无障碍要求设计，且至少设一套满足无障碍设计要求的厕位和洗手盆。院内随处可见的亭子、草坪等公共休息区，还专门设计了阳光玻璃活动室供老人们在冬季聊天、下棋。

社区投资1500多万建有智能化总控中心，800多个摄像头联网工作，大型电子屏二十四小时显示，配备专人全天候值班管辖和掌控智能化系统：电视监控系统、报警系统、巡更系统、无线定位求助系统、智能一卡通系统、远程抄表系统、背景音响系统、楼宇设备监控系统、综合布线及计算机网络系统、触摸屏信息管理系统、ERP信息管理系统。

八、项目服务体系

亲和源提出"代天下子女尽孝，为世间父母分忧"的服务理念，给住在社区的老人以最高层次的贴心、关爱，为老年人提供快乐服务、健康服务以及终身照料服务。

亲和源服务内容　　　　　　　表13.8-1

服务分类	服务内容
餐饮服务	引进麦金地餐厅，针对不同环境的用餐需求，为广大团膳客户量身定制全方位的服务与产品形式，涵盖现场蒸式套餐、各色风味小吃、精选会议用餐、中高端自助餐、节庆酒会、宴会接待、中西茶点等。 为就餐顾客提供轻松愉快而有营养的正餐级品质工作服务

服务分类	服务内容
基础生活服务	以家访初拟住养方案、入住7天后制定集医疗和护理、生活照料、营养促进、心理辅导、康乐活动等为一体的生活服务系统,为住养老人提供或协助日常就餐、生活起居(穿衣、修饰、如厕等)、洗澡、清洗衣物、居家助洁(环境、房间、床单元)等生活照料
医疗护理服务	亲和源护理院全线开通上海市"三段"医保服务,拥有一级医院专业医疗资质,并有强大的三甲医院作为支撑,合作建立老年人专享的医疗服务绿色通道,第一时间解决老人就医问题。 实行医生三级查房制度和护士医疗护理制度。 以传统医学、老年病、康复医学为特色,为住养老人提供常见病、多发病的检查和治疗。 为失能老人的医疗、护理、康复提供权威保障。 配备全套化康复诊疗仪器设备,开展专业老年康复护理服务,为住养老人提供保健和康复的评估,并制定康复计划,开展物理治疗、作业治疗、传统康复治疗等项目
休闲娱乐服务	志愿者为老人组织丰富的休闲娱乐活动,舞蹈类活动有排排舞、交谊舞、广场舞。 音乐类活动有口琴兴趣组、功能笛组等。 体育类活动有桥牌沙龙、游泳俱乐部、练功十八法、鱼趣小组、回春医疗保健操、太极拳、门球等。 休闲类活动有英语沙龙、书画组、摄影沙龙、手工艺社、插花班、手工编织等。 唱歌类活动有男声小组唱、女声小组唱、社区大家唱、英语唱沙龙等
特色服务	失智护理:亲和源护理院作为专业的老年护理机构,开展特色的失智老人护理,并建立了失智老人特色健康照护体系,通过24小时生活照料、并发症预防、心理关怀、饮食护理等为失智老人提供专业的护理。 临终关怀:亲和源护理院对临终垂危病人提供心理关怀,安置温馨舒适的临终病房,并通过专业的医疗手段控制病情、延续生命,让病人在人生旅途的最后一段过程得到满足和舒适的照顾,帮助患者排解心理问题和精神烦恼,令其内心宁静面对死亡,并能帮助病患家人承担一些劳累与压力

数据来源:数据来源于网络资料,仅供参考,具体以项目实际公布为准。

九、项目运营及收费模式

上海康桥亲和源属于亲和源股份有限公司自建自营。在运营上,社区将国外俱乐部的理事会负责制引入到养老社区中,由老人们自己选举出社区的"最高权力机构"——理事会,而亲和源设立的秘书处则是执行机构,社区所有服务采用外包购买的方式提供。亲和源的产品服务标准是由理事会来定的,所有的服务都由秘书处把关,供应商的服务达不到老人的要求,秘书处就会去更换更好的供应商。

亲和源养老公寓是国内最早实行以会员制销售使用权的养老社区，其养老公寓的收费模式为会员费＋服务年费。

亲和源养老公寓收费情况　　　　　　　　　　　　　　表 13.9-1

会员卡	房型	会员费	服务费
A 卡会员（永久会员）	一室一厅（小套）	可继承转让，会员费为 178 万/套	年费为 3.98 万/年
	一室一厅（中套）		年费为 4.98 万/年
	三室一厅（大套）		年费为 7.38 万/年
B 卡会员（终身制，15 年内可退）	一室一厅（小套）	75 万	年费为 4.5 万/年
	一室一厅（中套）	90 万	
	三室一厅（大套）	108 万	

数据来源：数据来源于网络资料，仅供参考，具体以项目实际公布价格为准。

亲和源护理院采取短租模式，按月收取床位费和服务费，收费标准依据房型和护理等级制定，具体收费情况如表 13.9-2：

亲和源护理院收费标准　　　　　　　　　　　　　　表 13.9-2

户型	床位费	护理服务费	合计
豪华房（月/间）	4500 元	5000 元	9500 元
包房（月/间）	3500 元	4500 元	8000 元
3 人房（月/人）	1300 元	1800 元	3100 元
4 人房	1200 元	1500 元	2700 元

数据来源：数据来源于网络资料，仅供参考，具体以项目实际公布价格为准。

另外，亲和源公司还依托上海康桥亲和源会员制养老社区设立了 3A 国家养老文化文化旅游项目——亲和源养老文化生态景区，门票收费 100 元。

第三篇

CCRC 专家谈

郑嵘

北京天华建筑设计有限公司　副总建筑师
北京天华建筑设计有限公司　养老业务负责人

天津天华建筑设计有限公司　执行副总建筑师
清华大学建筑学院　校外导师
《养老社区停车配建指南》编委会　成员
北京交通大学建筑学院联合毕设校外导师

第十四章 我国CCRC养老社区规划设计

一、CCRC养老社区的规划理念

1. CCRC养老社区的理念

CCRC，即"Continuing Care Retirement Community"的缩写，中文译作"持续照料型退休社区"，该理念最早源自美国教会创办的组织，现今已有100多年的历史。最初的CCRC养老社区为了退休后的神职人员建立，后来逐渐转变为普通市民也可享受的养老模式。在CCRC养老社区从出现到发展的过程中，CCRC的理念也逐渐成熟。

CCRC基本理念是从被动型、托管式养老向自主型、享老式养老观念转变，让养老从"安身养老"变"活力养生、健康享老"，颠覆并革新原有的老年生活方式。CCRC倡导以人为本，用户为先，在设计上以用户为导向。CCRC理念下的养老社区，在物质层面需满足"安全与保障"和"持续与稳定"这两大要点。

"安全与保障"指的是CCRC养老社区的硬件部分需做到充分考虑安全防护措施与日常紧急情况下的救护条件，软件部分需做到日常家居及医疗护理的专业服务。

"持续与稳定"指的是CCRC养老社区要保证老人在持续稳定的物理、生理及心理环境中幸福的颐养天年，而这其中又细分了三层含义：社区及居室空间独立且具有归属感；配套设施丰富且完善；在生命体征不同阶段得到持续关爱，无需离开熟悉环境。

CCRC是一种复合式的养老社区。由于其需要满足退休老人不同阶段的养老需求，其服务内容涵盖了老年生活的各个部分，其社区功能需兼顾衣食住行、医疗健康、心理关照、自我价值再实现和社会生活等各方面的需求，并力图为老人退休后营造一种全新的生活方式。

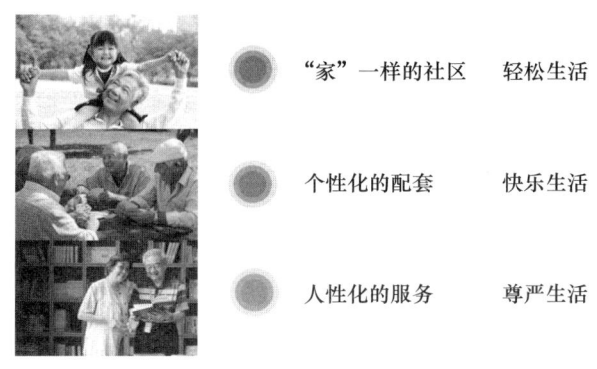

图 14.1-1　CCRC 理念的社区形态

可见，CCRC 的理念实质即为"原居养老"。在这一理念指导下，CCRC 养老社区涵盖了非常全面的内容，从而保障老人在健康状况和自理能力变化时，依然可以在熟悉的环境中继续居住，并获得与身体状况相对应的医疗、护理和照料服务。人性化的社区理念使 CCRC 养老社区受到广泛的认可和欢迎，并且对养老产生了积极贡献。

2. CCRC 养老社区的规划理念

创建良好的 CCRC 养老社区并不是单纯将居住产品与配套设施、配套服务集中起来，而是致力创造一个有内容、有生活的社区主结构，为老人创造一个有场所感、有记忆感的社区印象，通过社区核心把生活的点滴鲜活的串联起来。

按照目前已有的理念及经验，CCRC 养老社区在规划上需要具备较好的核心感、开放性和地域化特征。

1）核心感

CCRC 养老社区的核心感实质上依托于社区的共享空间，在规划设计上一般称为公区或社区中心。这种核心感的存在，一方面是一个养老社区必须具备的，另一方面源于社区本身往往具有配套核心的规划结构。

由于三种类型的生活模式共存，出于分类管理的需要，一个 CCRC 养老社区在空间规划布局上三种居住形态往往分区，虽然分区会在一定程度上割裂不同类型老人间的交往。为了满足老人的日常生活与交流的需求，社区往往会设置一个集合餐饮、休闲娱乐、健身活动、培训沙龙等为一体的配套核心，如社区中心、会所或中央景观带等。出于对居住者身心健康的考虑，每种居住生活组团都会共享社区中心的服务，社区自然而然地会形成向心性的、共享的功能布局。

图 14.1-2　以中央绿地为核心设置公共服务设施

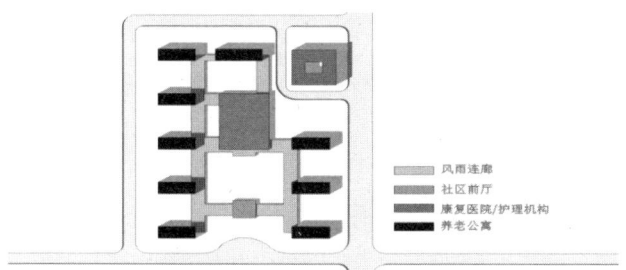

图 14.1-3　以社区共享服务中心为核心联系邻里生活空间

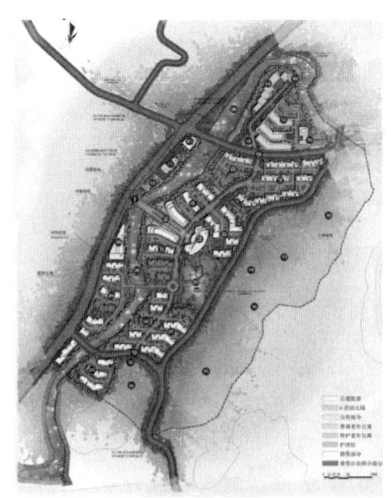

图 14.1-4　以公共生活轴为核心联系邻里生活空间

从目前国内已建成的CCRC养老社区来看，社区核心感的形成正是源于在社区规划上注重形成社区服务的配套核心，配套服务集中化设置，强调对内服务等特征。CCRC养老社区核心感构成的特征不同决定着其社区规划特征的差异（如图14.1-2、图14.1-3、图14.1-4）。

2）开放性

开放性是指CCRC养老社区内部各功能的相互联系和相互影响，良好的开放性，意味着社区内部各部分能较好地互联、交融。开放性是CCRC养老社区内部运行的必需，也是影响社区内部品质的重要方面。

内部的开放性对于CCRC养老社区尤为重要。因为CCRC养老社区一般是相对独立的社区组团，通常选址在距市中心50～100公里，一小时车程左右，交通便利的城市周边地区，而社区以围墙封闭自成一体，通过安全监控、保安巡查等多种方式提供安全保障。在这种情况下，只有社区内部具有较好的开放性，社区氛围才能避免封闭感，更舒适怡人。同时，社区内部较好的开放性，意味着社区内老人之间、老人与社区环境之间的互动良好，这些都直接体现着社区品质的高低和养老环境的好坏。

通常来说，具备好的开放性的CCRC养老社区在景观、生活设施、专业医护人员等方面会有较好的配置。

在规划上，构筑开放性良好的CCRC养老社区可以从以下几方面着手：

景观上，绿色生态触手可及，社区配有大面积绿化、景观、花园、种植园区等，为入住者提供优美的居住环境，并且从个人住所到服务场所、公共空间全部为无障碍设计（如图14.1-5）。

生活上，配备齐全的生活配套设施满足多样化的生活需求，如餐厅、超市、银行、邮局、美容美发及各种娱乐活动场所（如图14.1-6）。

医护上，配备优质的医疗资源满足老人群体日常需求，因而社区需要建设社区医院，并拥有经验丰富的各专科医生，为入住者提供预防、医疗、护理和康复等多种专业的医疗服务；同时需要配备足够的专业护理人员，以保障社区内的入住者在身体状况和自理能力发生变化时，可以获得与其健康状况相对应的关怀照料服务。

图 14.1-5　开放的景观空间，在享受美景的同时促进老人的健康和互动

图 14.1-6　开放空间既是风雨无阻的回家路径，也是提供生活服务的街区

此外，由于社区规模大、入住人员多，社区需要为老人提供充分的活动学习空间及各种设施来满足入住老人交流和休闲娱乐需求，丰富入住老人的精神文化生活，比如鼓励老人结交志趣相投的朋友，协助相同兴趣爱好的老人自愿组成各种学习小组、活动小组（如图 14.1-7），如书画、音乐、棋牌、球类、手工制作、电脑、养生等活动小组。

图 14.1-7　开放的艺术/交流空间

3）地域化

如前文所述，CCRC 养老社区是一个相对独立而完整的社区，老人人生中近三分之一的时光将在此度过，构建一个品质优良的社区营造归属感非常关键，其中至关重要的就是 CCRC 养老社区对地域性的回应。每个城市都具有独特的地域特征与文化，在 CCRC 养老社区中融入地域性的特点，进而凸显大众认可的项目优势（如图 14.1-8），有利于增强老人的归属感与社区的可识别性，优化居

住体验。

图 14.1-8　CCRC 养老社区在不同地域需有当地特色

3. 小结

CCRC 养老社区从 100 多年前开始出现，历经发展演变，其理念得以发展成熟并形成独特的养老模式。按照已有的经验和模式，构建良好的 CCRC 养老社区需要符合核心感、开放性、地域化等三方面的规划理念和要求（如图 14.1-9）。

核心感
社区是有中心的

开放性
社区是可以逛的

地域化
社区是有个性的

图 14.1-9　CCRC 养老社区的规划理念

二、CCRC 养老社区的配套构成和分布原则

CCRC 养老社区最显著的特点就是以老人身体情况为依据对其产品的类型进行细致的划分，并且依据入住老人生理状况和心理状况的变化，即相应的需求变化来调整居所及服务。CCRC 养老社区的目标和要求就是打造"吃住娱医护"一体的一站式全生命周期的持续关怀照料社区。这一目标和要求的实现依赖于完善的并合理分布的社区配套。因此，可以这样认为，CCRC 养老社区需要有分布合理的社区配套来满足老人多元化、多层次的需求。

1. 借助需求层次理论理解 CCRC 养老社区内部的需求

1）马斯洛的需求层次理论

理解 CCRC 养老社区内部多元的、多层次的需求，可以借助马斯洛的需求层次理论。马斯洛把人的需要划分为五个层次：生理需要、安全需要、社会需要（友爱和归属的需要）、尊重需要、自我实现需要。马斯洛需求层次理论在一定程度上反映了人类行为和心理活动的共同规律，这同样适用于帮助理解 CCRC 养老社区内老人的多元化需求。

2）CCRC 养老社区内部的需求层次

打造"吃住娱医护"一体的一站式全生命周期的 CCRC 养老社区，需要满足社区内部三方面的需求：基本需求——居住；生活需求——餐饮与娱乐；健康需求——医疗与护理。

通常作为 CCRC 养老社区最基本需求的居住功能都能较好地满足。容易在不同 CCRC 养老社区之间产生差异化的则是生活需求与健康需求这两个方面，它们对应着 CCRC 养老社区不同的配套功能（如图 14.2-1）。

图 14.2-1　CCRC 养老社区配套功能与内部需求的对应关系

2. CCRC 养老社区的配套构成

CCRC 养老社区的配套功能的四个主要方面是餐饮、娱乐、医疗和护理。每个方面在社区内部有不同的配置特点和要求。

1）餐饮配套

餐饮功能是 CCRC 养老社区内老人日常需求最频繁的功能之一，在功能组织和流线上需满足相应的要求。由于老人有自理老人、介助老人及介护老人，在餐饮方面需要满足不同类型老人的用餐需求——包括堂食和送餐服务，此外还需要有员工餐厅。因此，餐厅的配置、送餐流线的规划等都是餐饮配套中需要妥善解决的问题。

2）娱乐配套

休闲娱乐功能既是老人日常生活的基本需求，也是老人养老康复的要求。目前，CCRC 养老社区往往都具有较为齐全的娱乐配套功能。这些配套功能涵盖了老人日常的心理、休闲、文化、健身和娱乐等多元功能，通常会由棋牌室、影音室、阅览室、健身房、咖啡吧、茶室、会所及老年大学等一系列的配套空间组成。

3）医疗配套

老年群体对医疗资源的依赖性较强，医疗配套完善的 CCRC 养老社区医疗救护方面更具优势。如果 CCRC 养老社区附近紧邻医疗资源，内部可以配置医疗室甚至是康复中心或者康复医院，护理单元需要每层设护理站。社区内的介护老人需要拥有专业护理团队 24 小时监护，可以说既是护理也是医疗，目前 CCRC 养老社区还会对老人进行健康管理评估。在规划组织上，需要规划好医疗动线并满足国家对医疗机构设置标准中相应的面积配比要求等。

4）护理配套

CCRC 养老社区可以为老人提供独立生活、介助服务、医疗护理、失智护理和临终关怀等多项服务，是涵盖老人晚年不同阶段的持续照料服务的一站式养老社区。据统计，老人生活在这样的社区中能够延长 8～10 年的寿命。可见，CCRC 养老社区的护理功能是至关重要的。所以，护理配套在构建社区时必须配置良好，以便形成便捷的护理流线、健全的设施配套以及 24 小时的护理服务。

3. CCRC 养老社区配套的整体分布原则

1）整体分布原则

CCRC 养老社区配套功能的分布原则总体上是基于老人自身的生理和心理需求确定的。CCRC 养老社区内的老人群体分为两类：自理老人和护理老人（包括介助老人、介护老人和失智老人）。居住是这两类老人共同的需求，但是两类老人在生理需求和心理需求方面不同，以居住功能为核心设置的配套设施分布原则也不同（如图 14.2-2）。两种配套流线类型中，自理单元的流线侧重要求主动线能满足自理老人本身的出行需求；护理单元的流线侧重要求送餐及医护流线进入每户进行服务，需要每层均设有较大的服务空间。

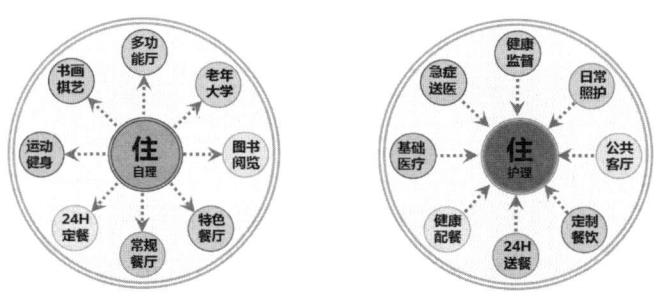

图 14.2-2　CCRC 养老社区自理单元和护理单元的配套分布特征

（a）自理单元的配套分布原则

自理老人行动力较强，更喜欢"走出去"，应合理组织老人使用各个配套功能的流线关系，通过配套多样性让老人主动融入社区生活。在配套分布上，要注重住户流线的便捷可达及空间感受。在配套流线组织上，自理单元是外向式服务流线，更注重流线的便捷性。

（b）护理单元的配套分布原则

护理老人行动力较差，更需要"送进来"，应合理组织配套功能可以到达老人的服务动线，加强入户服务品质，让老人足不出户即可享受多样配套服务。在配套分布上，注重服务流线设计的高效性。在配套流线组织上，护理单元是内向式服务流线，更注重流线高效性（如图 14.2-3）。

（c）CCRC 养老社区配套总面积占比

CCRC 养老社区配套总面积所占的比例没有具体的规定，需要根据项目定位和社区规划来决定。据现有 CCRC 养老社区项目的研究来看，通常集中配套面积会占项目总建筑面积的 2%～10%，配套所占比例越高，项目的档次也越高（如图 14.2-3）。

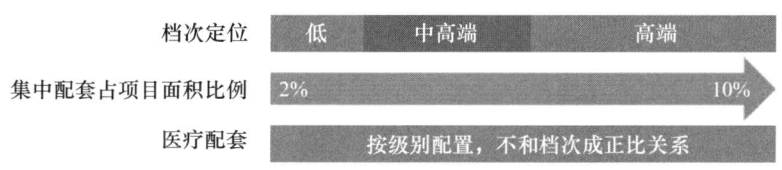

图 14.2-3　CCRC 养老社区配套总面积占比

值得注意的是，医疗配套的面积与 CCRC 养老社区项目周边医疗资源密切相关。一般而言，项目周边医疗资源越紧缺，项目需要配置的医疗机构的等级会越高，而配置的医疗机构级别越高则面积越大，相应的医疗配套的面积比例会提高。

2）具体配套的分布原则

（a）餐饮配套的分布原则与比例构成

由于 CCRC 养老社区内居住者各类健康状态、生活习惯、营养需求的老人，餐饮配套应提供多种选择并多时段供应，满足不同老人的饮食需求（如图 14.2-4）：如提供中餐厅、西餐厅、咖啡自助餐厅、护理层家庭餐厅等多种类型的餐饮配套服务空间；满足多时段的就餐需求，则应设置方便快捷的送餐配套流线及制定多时段供餐方案。

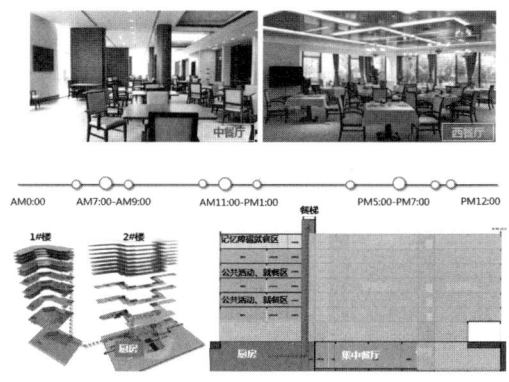

图 14.2-4　CCRC 养老社区多样化的餐饮配套

通常情况下，自理老人更愿意到集中的公共餐厅就餐，护理老人通常会在标准层组团就餐区就餐或送餐入户。因此，除了设置有集中就餐区的公共餐厅外，有些 CCRC 养老社区还需要在护理楼各层设置就餐区或配餐区（如图 14.2-5）。

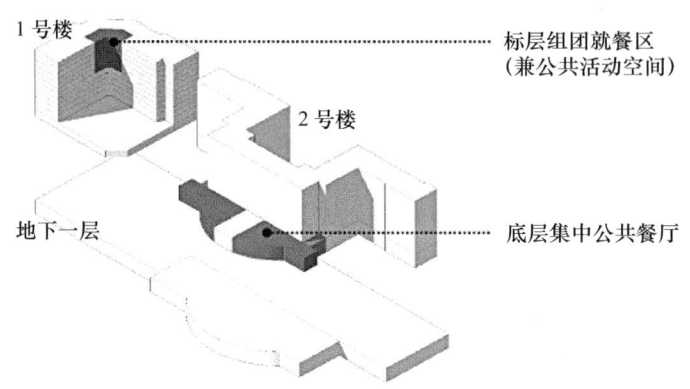

图 14.2-5　CCRC 养老社区餐饮配套空间类型

CCRC 养老社区的餐饮配套的面积一般以建议就餐人数比来计算和配置。建议就餐人数比通常设定为 40%，其经验计算公式是 40% ≤ 人数 ×90% 入住率 ×90% 就餐人数 ×0.5 翻台率。具体规范也可参考《老年人照料设施建筑设计标准》（JGJ 450—2018）的 5.2.6 对公共餐厅使用面积的要求：在老年人全日照料设施中，护理型床位照料单元的餐厅座位数应按不低于所服务床位的 40% 配置，每座使用面积不应小于 $4.00m^2$；非护理型床位的餐厅座位数应按不低于所服务床位数的 70% 配置，每座使用面积不应小于 $2.50m^2$。需要注意的是，公共餐厅空间除了底层集中公共餐厅外，一般还包含标准层组团就餐区，但由于标准层组团就餐区还常兼公共活动空间，面积划分不明确，通常用集中公共餐厅及公共活动空间的总和来对项目限定。

（b）娱乐配套分布原则与比例构成

CCRC 养老社区的娱乐配套的作用在于丰富生活，陶冶情操，打造具有高品质文化氛围的共享空间。娱乐配套的配置与客群定位紧密相关，不同身体状况的老人对配套的需求不同。自理单元由于自理老人身体状况允许，一般娱乐配套会集中设置在使用效率更高的低层配套空间，甚至地下配套空间中；而护理单元的每个标准层均需设置公共的娱乐活动区（如图 14.2-6）。

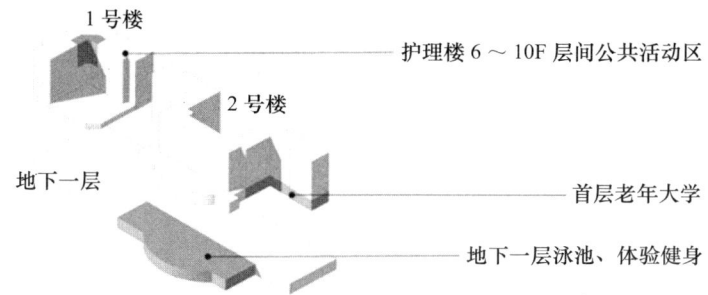

图 14.2-6　CCRC 养老社区自理单元和护理单元娱乐配套的分布

按照《老年人照料设施建筑设计标准》（JGJ 450—2018）规定老年人照料设施的文娱与健身用房总使用面积不应小于 2.00m²/床（人）。据现有项目来看，CCRC 养老社区休闲娱乐功能的人均面积一般在 2～10m²/人之间，并且人均面积越大，项目档次越高（如图 14.2-7）。此外，在项目方案设计中，可充分利用地下空间及下沉庭院开发地下娱乐空间，提升社区品质。

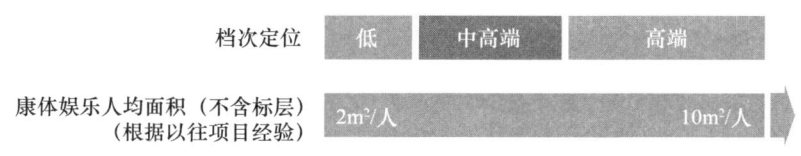

图 14.2-7　CCRC 养老社区娱乐配套的人均面积与项目档次关系

（c）医疗配套分布原则与比例构成

CCRC 养老社区需要设置注重健康管理和康复训练，兼顾对内及对外服务的特色化医疗配套。医疗配套的类型、等级及面积规模等的选取主要基于周边医疗资源的情况、养老项目运营需求和集团现有医疗战略等，和项目档次无直接关系。当基于项目周边医疗资源情况决定时，若项目周边 5 公里范围内有三甲或大型综合医院，项目内部可设置较小规模的医疗机构；若项目周边 5 公里范围内无三甲或大型综合医院，项目内部可设置较大规模的医疗机构。基于养老项目运营需求决定时，若项目客群以自理老人为主可适当降低医疗配置，若以护理老人为主可适当提升医疗配置；基于集团现有医疗战略时，若集团有医疗资源或合作方，可以考虑较大规模的医疗；若无医疗资源，医疗机构报审及操作难度较大，建议适当降低医疗配置。

由于 CCRC 养老社区项目设置的医疗机构的配比面积无硬性规范要求，因此医疗配套无确定的比例构成，但是项目一旦选定医疗配置的类型和等级之后，可以参照国家对医疗机构设置的标准来规划。

（d）护理配套的分布原则与比例构成

护理配套旨在提供健全、高效、定制化的高品质生活护理（如图 14.2-8）。而护理服务通常取决于服务对象的生命体征与需求、运营方的运营效率与习惯。

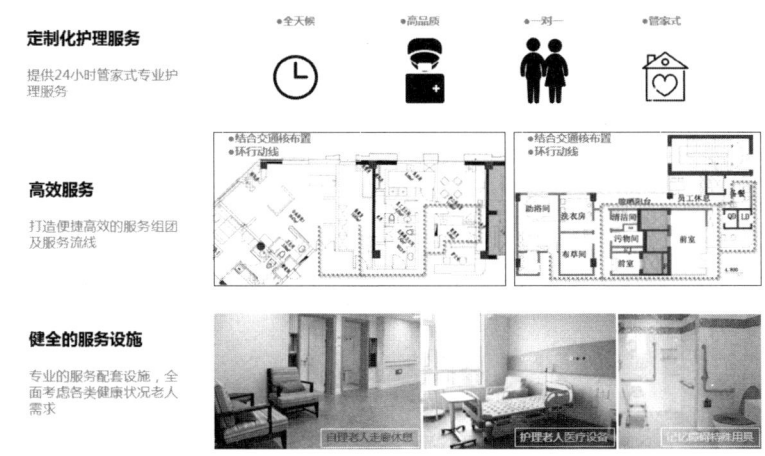

图 14.2-8　CCRC 养老社区护理配套服务目标

通常来说，自理单元（活跃老人）标准层一般公区较小，注重提供酒店化服务；护理为主的标准层或高龄自理＋护理的标准层一般公区较大，更注重集中运营管理效率。因此，与自理单元相比，护理单元的标准层中护理配套的面积通常比较大。

护理单元的标准层的配套常包括护理站、就餐区、助浴间、公共卫生间、开水间、洗衣房、储藏间等，自理单元的标准层一般不包含这些配置。据现有项目经验判断，护理单元及失智单元标准层公区配置的面积占标准层面积的比例范围分别为 15%～30% 和 20%～40%，一般而言公区配置的面积占比越高，项目档次越高（如图 14.2-9）。

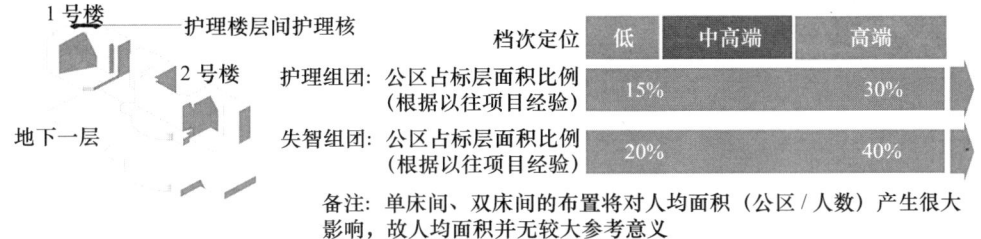

图 14.2-9 CCRC 养老社区护理单元和失智单元占标准层面积与档次关系

三、CCRC 养老社区建筑形式与使用客群的关系

1. 针对自理老人的单元设计

1）自理老人特点

自理老人，即独立生活老人，对护理服务的依赖程度低，主要使用公共配套设施。自理老人在 CCRC 养老社区中有独立住所，社区为这部分老人提供便捷的社区服务，如餐饮、清洁、医疗保健及紧急救护等。同时，为满足老年人精神生活的需求，社区会组织各种形式的活动，如老年大学、兴趣协会等。

2）自理单元的平面形式

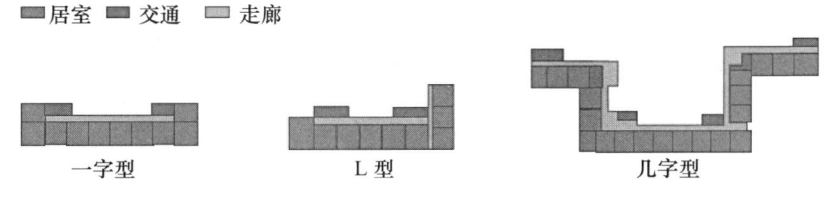

图 14.3-1 CCRC 养老社区自理单元常见标准层平面形式

CCRC 养老社区的自理单元建筑平面以单廊为主，单廊布局的特点在于能以竖向交通辐射居住单元或组团围合形式，采用类酒店化布局，注重居室的南侧采光及生活品质。自理单元常采用的平面形式有一字型、L 型、几字型等（如图 14.3-1）。

3）自理单元的标准层设计要点

由于自理老人日常活动主要集中于底层公共区域，对标准层公共活动区域依赖程度不高，CCRC养老社区标准层的公区面积比例可以较低，并与交通空间结合设置，主要满足休憩功能（如图14.3-2）。

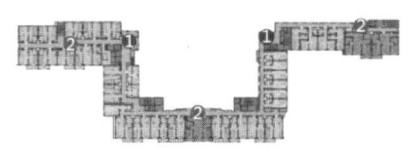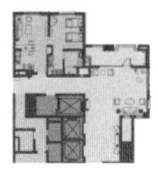

（走廊局部放大做休息区）　（走廊局部放大做休息区）　（电梯厅放大做休息区）

图14.3-2　CCRC养老社区自理单元标准层公区处理方式

CCRC养老社区自理单元的标准层在设计处理上有如下几种优化方式：

① 增加标准层标识性，使得标准层区域主题鲜明，吸引老人结伴入住，形成自治型BLOCK，丰富社区景观文化的同时可减少运营成本投入。

② 公共空间内外互动、上下共享，创造对内对外的品质共享空间。

③ 产品灵活组合、有机生长，根据市场需求灵活调整一户室和一房一厅的配比。

④ 运营中如果需要将自理单元转化为护理单元，可将公共客厅附近的一户改造为后勤用房。

⑤ 避免过长的贯通型走道，可通过产品组合创造转折，如每25～30m设置一个放大节点。

⑥ 结合电梯厅设置公共交流空间，结合电梯厅打造开放舒适的共享空间，促进老人互动交流。

4）自理单元的产品适老化设计

当前，CCRC养老社区中，自理单元的产品主要有四类（如图14.3-3）：一居产品、大一居产品、两居产品和三居产品，其中一居产品占主力，符合人群需求，市场接受度高。四类产品的特点和适用人群不同：

① 一居产品针对独居老人或夫妻两人居住老人。

② 大一居产品针对夫妻两人居住老人，可供访客和子女周末看望并短暂居住。

③ 二居产品针对夫妻两人居住老人，可供访客和子女周末看望并短暂居住，满足老人分床睡需求。

④ 三居产品针对夫妻两人居住老人，可供访客和子女看望并短期居住，满足老人分房睡需求。

图 14.3-3　CCRC 养老社区自理产品的类型

2. 针对护理老人的单元设计

1）护理老人特点

因为行动不便，护理老人需要层间公共活动空间。护理老人包括介助老人、介护老人和失智老人三类：

介助老人，主要是指生活需要他人协助的老人。这类老人除了需要社区服务外，还需要在饮食、穿衣、洗浴等日常生活方面获得一定的护理服务。当然社区也会在这些老人身体可接受范围内提供一些休闲娱乐活动。

介护老人，是指生活完全无法自理的老人，他们一般在 80 岁以上，需要专业的护理人员提供全天的照护服务。

失智老人，是指因为脑部伤害或疾病所导致的渐进性认知功能退化的老人，常见的是阿尔茨海默症患者。

2）护理单元的平面形式

CCRC 养老社区的护理单元由于居住其中老人生理条件的限制，需要得到及时、经常性的照顾和护理，其活动范围也多限于同层区域。因此，其护理单元的平面形式常设置为内走廊式、多房间、动线集中，以服务的公共空间为中心辐射居住单元，常见的平面形式有一字型、回字型、L 型、U 型等（如图 14.3-4）。

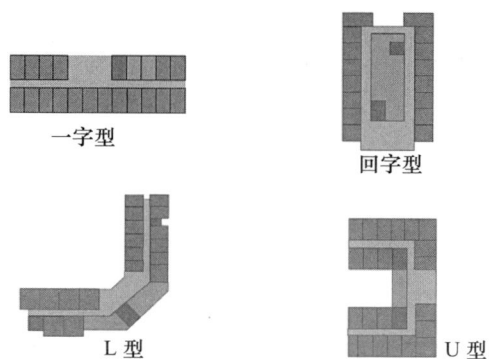

图 14.3-4　护理单元常见标准层平面形式

3）护理单元的标准层设计要点

为了满足该层老人的护理、就餐、洗浴、活动、休闲娱乐等日常活动，CCRC 养老社区护理单元的标准层往往会设置较大的配套面积，配套面积的大小会对照护品质及生活品质产生直接的影响。

① 护理等级与得房率

一般而言，在 CCRC 养老社区中，护理等级越高，需要的护理面积也就越大，得房率越低；护理等级越低，需要的护理面积也就越小，得房率会越高。CCRC 养老社区护理单元的标准层得房率低于自理单元的标准层得房率（如图 14.3-5）。

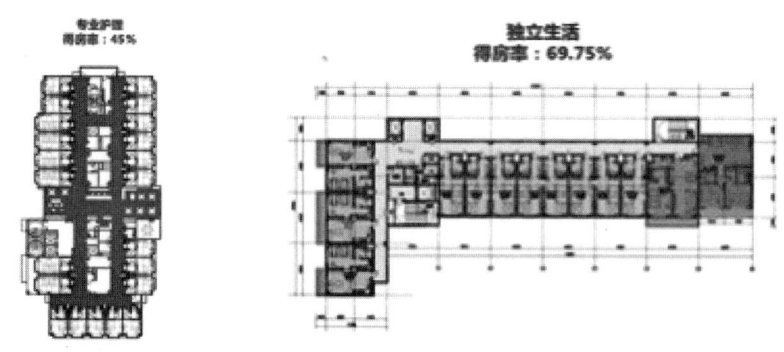

图 14.3-5　CCRC 养老社区护理产品标准层和自理单元标准层得房率

② 服务核设计要点

总体来说，CCRC 养老社区护理单元的标准层强调服务动线效率，房间多集中化分布，后勤配套功能较多。服务核在后勤配套中较为重要，在平面组织时，要注重对标准层的服务核的设计。服务核通常由以下部分组成：护理台（兼顾交通厅、公共空间及两侧护理单元）、备餐间（结合餐梯设置）、员工休息室、助浴间（含卫生间及衣物暂存）、洗衣房（结合晾晒阳台设置）、布草间、清洁间和污物间等。后勤配套在设计上要注意以下几点：环形动线，尽量留有后勤服务走道，后勤梯开向后勤服务走道。

4）护理单元的适老化设计

CCRC养老社区养老产品的适老化设计要充分了解和关注老年人的实际需求，护理单元的适老化设计也不例外。护理老人行动不便，但对阳光、自然充满渴望，需要被尊重。因此在适老化设计上应充分考虑他们的活动半径及活动形态，将适老化理念充分的展示到功能设计的各个环节。CCRC养老社区护理单元的适老化设计，在标准层上可以分为公区适老化设计和户内适老化设计。

① 护理单元公区适老化设计

在CCRC养老社区护理单元的各层中，走廊及入户空间是适老化设计的重要位置。走廊的适老化设计包括扶手倒圆角处理、走廊尽端装饰处理、灯光设计等（如图14.3-6）；入户的适老化设计包括入口标识、置物台、双猫眼等细节（如图14.3-7）。

需要着重注意的是，CCRC养老社区的护理单元不应设计的像医院一样。此阶段的老人如果长期处于类似病房的环境中，更容易产生消极厌世的情绪，应当以细致入微的贴心设计营造浓郁的居家氛围和关爱空间环境，为入住老人提供持续的有尊严的生活方式，使他们真正享受适老化居住环境和服务带来的完美体验。

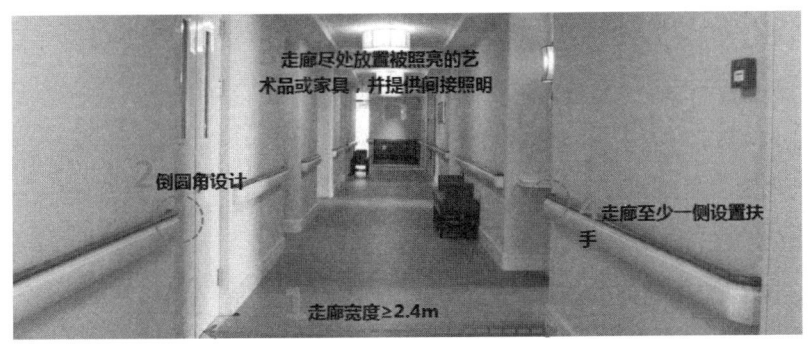

图14.3-6　CCRC养老社区护理单元走廊的适老化设计

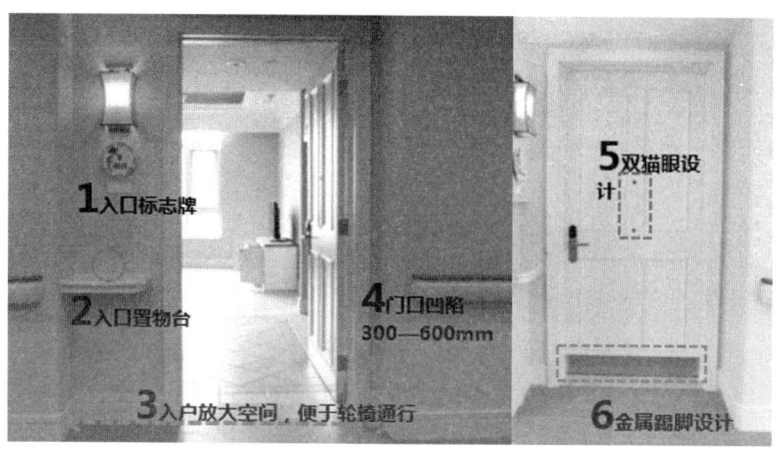

图 14.3-7　CCRC 养老社区护理单元入户位置的适老化设计

② 护理单元户内适老化设计

CCRC 养老社区护理单元的户内适老化设计分为户内各功能空间的适老化设计，如卧室、餐厅、门厅、卫生间等，各部分的适老化设计均需要兼顾护理救护的功能以及预留医疗救助的空间，室内主要活动范围内均需要有扶手供老人支撑（如图 14.3-8）。

图 14.3-8　CCRC 养老社区护理单元户内适老化设计

③ 失智（记忆障碍）单元适老化设计

失智症是一种因脑部伤害或疾病所导致的渐进性认知功能退化性表现，比较常见的是阿尔茨海默症。失智症老人具有特殊性，在 CCRC 养老社区中需要分区照护，失智单元的户型产品、装修装饰风格也有其相应的特点。

首先，在失智单元房间的空间尺度上，"小空间"是失智单元的一个特点，在"小空间"里，失智老人可以减少压力和焦虑，更加舒心的生活。

其次，由于失智老人需要随时被照顾，在失智单元的装修装饰上也有特定要求。户内的门可以做成分体门，关上门的下半部分，上半部分是敞开的状态，这样方便照护员在照护的过程中保持视线的通畅和快速定位护理老人；安置装饰架一般需安装在离地面 1.8 米的墙面上并可从走廊里看见，架子上可以放置个性化的艺术品或者安置一些衣物挂钩。此外，室内扶手、卫生间设施等宜采用明快、醒目的材质（如图 14.3-9）。

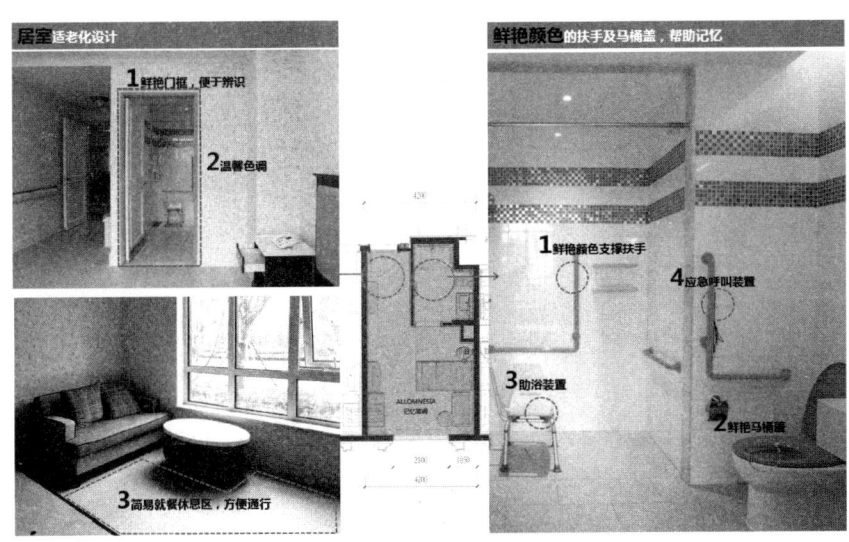

图 14.3-9　记忆障碍单元适老化设计

3. 产品需求变化趋势

随着养老实践的发展，CCRC 养老社区各类型产品也在相应的发展和变化，目前大致有如下一些趋势和变化：根据运营经验及客户反馈，老人对产品的户型面积的要求稍有降低；政策方面对养老床位数的需求不断增加；随着设计的精细化，在保证居住品质的前提下，可以适当减小居室尺寸，提高得房率。

四、CCRC 养老社区的探索

1. 探索的方向

1）更关注老人精神需求

CCRC 养老社区是一个能为老人提供一站式可持续照料的社区。但是，我们应该意识到这样的社区也让老人脱离了原来熟悉的生活环境和社会关系。在这种情况下，老人们是否会有心理落差或精神负担？这意味着我们不能仅仅关注入住 CCRC 养老社区的老人的生理状态，也要关注他们的心理变化。

入住 CCRC 养老社区的老人可能会产生两个问题：第一，脱离过去熟悉的生活环境和社会关系，老人将面临适应新环境和人际关系的重构问题；第二，可能也是更为重要的问题是老人迁移到一个只有老人的社区中，缺乏了不同年龄段各种类人群的接触，可能会对老人的精神状态产生不利的影响。因此，我们更要关注老人的精神健康——无论是社区归属感抑或是与各年龄人群接触的精神需求等等。只有将 CCRC 养老社区对老人的关注关怀拓展到生理、心理以及社交生活的方方面面，才能真正成为老人颐养天年的乐园。

2）文化性的挖掘

CCRC 养老社区的文化性，既可以从老年人群体的文化特质上挖掘，做出真正符合老人群体需求的项目；也可从当地文化特征来解读，构建更能符合当地文脉特征、文化内涵的优质养老社区。

CCRC 养老社区汇聚了大量文化水平较高的老人，他们既有享受文化的需求，也有继续学习和创作的条件。如果可在 CCRC 养老社区为老人的精神文化活动提供持续的、充分的平台，必然能构筑出独特的社区文化氛围和社区特色。这既体现了社区对老人的精神关怀，更是一种让老人自发构筑精神堡垒的方式，有利于增加社区凝聚力和老人的自信与活力。

3）主题创新

CCRC 养老社区在对社区老人的关怀照料中，需要不断创新思路和模式。一方面相继进入养老社区的老人实质上是越来越年轻的老人，另一方面长期居住其中的老人也需要有新鲜感,这对构筑有活力的养老社区来说很关键。关怀主题、活动主题、养老文化导向的创新都能成为是对老人精神文化生活的一种促进,利于老人延年益寿和 CCRC 养老社区的持续发展和进步。

CCRC 养老社区主题的创新还可以从"持续照料社区"变为如"流动养老社区"、"终生旅居养老社区"等等,通过让老人按意愿进行多地、多元化养老方式体验新型养老社区带来的舒适性和新鲜感。

2. 探索的类型

1)老年商业街

老年商业街是一种面向老年人休闲、娱乐、购物的商业街,在日本有较为成功的实例。老年商业街,开创的不仅仅是一种新的消费形式,也能为老人创造一种独特又放松的生活体验感和社交体验趣味,体现了对老人群体的关怀和尊重。若 CCRC 养老社区适当引入老年商业街的理念,也能在目前普遍强调养老护理、居住的 CCRC 模式中,注入一种购物休闲的轻松氛围,切实为在 CCRC 养老社区中老人的生活带来新的活力。

2)老年迪士尼

这是日本的养老社区兴起的一种养老管理模式。老年迪士尼在老人的活力上有很强的激励性,无论是老人积极地运动健身或者是完成日常力所能及的事上,进而激发了整个社区的活力。

当然,老年迪士尼的开创有偶然性也有必然性——日本当地民众素有不服老的风气,老年迪士尼正是这一风气的体现。反观我国养老社区不一定需要照搬日本的经验,我们同样可以开创具有我国特色的产品,比如"CCRC 型广场舞养老社区"等等,调动老人的生活热情,提高老人身体及精神健康水平。

3)花园养老

花园养老实质上是一种亲近自然的养老模式,在 CCRC 养老社区内除了提供专业的照料服务外,同时为老人提供良好的自然环境,甚至让老人种植花草果蔬、体验田园生活的养老照料方式。花园养老让老人收获一种复得返自然的意趣,而绿色植物本身代表着一种旺盛的生命力,既能美化生活环境,也能提高老人的心理满足感。

4）养老综合体

养老综合体是指以养老养生为主题的，有养老院、医院、购物中心、食品基地、酒店、学校、公园、公寓等多种业态布局并良性互动，满足养老、养生一体化解决方案的建筑群体。养老综合体涵盖全生命周期服务链，包括独立生活区、协助生活区、专业护理区、临终关怀区、失智照护区等。此外，养老综合体涵盖中医、食疗、运动，兴趣爱好、宗教信仰、养生等各种功能一应俱全。

张坤昱

昱言养老工作室/养老地图创始人

中原集团首席咨询顾问
民政部全国居家和社区养老试点　专家
北京大学国家治理与老龄产业政策研究课题组　执行主任
中国房地产业协会养老地产与大健康产业委员会　副主任

第十五章 我国 CCRC 养老社区盈利模式分析

严峻的人口老龄化形势催生了我国养老服务业的发展。从全国老龄委的预测数据显示：2020 年中国老年产业的规模为 8 万亿元，到 2030 年将达到 22 万亿元，显然未来养老产业市场规模将会越来越可观。预计到 2050 年我国老年产业市场消费潜力将增长到 106 万亿元，占 GDP 的比重为 33%。相应地，随着养老产业市场份额的增加，参与养老产业的企业数量也在逐年递增：2014 年地产商、保险企业、医疗服务企业、医药器械企业、康复辅具商等企业蜂拥而入，2015 年地产商、保险企业、医疗服务企业、康护服务企业、医药器械企业、互联网企业、大健康服务企业等产业链中的相关企业逐鹿中原，2016 年国有大型企业和民营实力集团开始进入市场，资本介入与跨界合作出现。目前国内市场已形成以服务商、地产商、保险企业、资本方为主体的开发模式，各主体多依托核心主业试水 CCRC 养老社区，关注运营和资产布局。

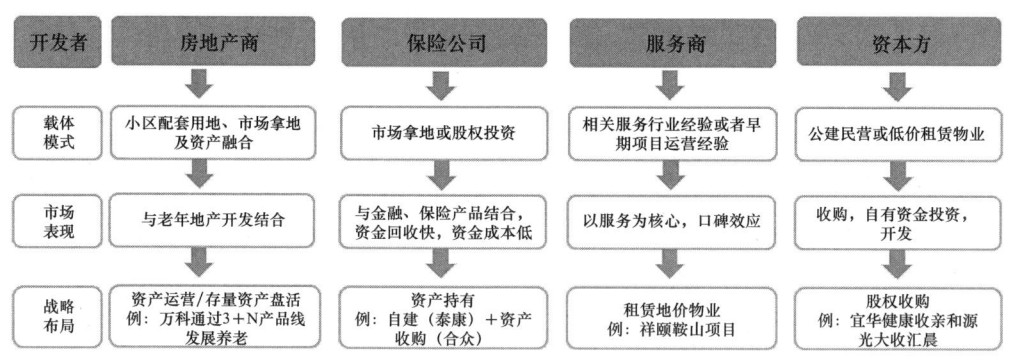

图 15-1 养老项目的市场开发主体

CCRC 养老社区虽然前景广阔，但属于高投入、慢产出、低利润的行业。百家争鸣的 CCRC 养老社区市场上如何收回投资成本，如何盈利成为每个开发者面临的难题。那么 CCRC 养老社区如何赚钱？盈利模式都有哪些？通过对市场现有的 CCRC 养老社区项目分析发现，常见的 CCRC 养老社区盈利模式如下五种：产权模式、使用权租赁模式、会员制模式、保险模式、金融模式。

一、产权模式分析

1. 产权模式

顾名思义，产权模式是指通过分割销售项目的产权来销售养老住宅，并且每月或每年收取一定的服务费或物业费等的盈利模式。该模式与传统的出售产权房方式基本一致，多数这种项目的本质是借养老地产之名进行房地产开发的行为。早期的 CCRC 养老社区项目一般采取这种方式，目前市场上已经较少出现这种类盈利模式。

产权模式具有以下优势：首先，从投资者的角度，企业可以参照同类用地性质的房价销售，可以预售，能够快速回笼资金，缓解开发企业的资金压力。其次，我国老年人的传统观念是将资产传给下一代，产权模式正好符合这种需求，比较受老年人青睐。再次，从投资者和老年人双方的角度来看，这种盈利模式的风险较小，企业可以避免全部持有养老项目带来的资金风险、运营风险以及不确定性风险；老人可以避免开发商"跑路"造成的财产损失。

但是，产权模式的前提条件是产权可以分割销售，适用性有限。同时，产权分割销售之后，开发商对业主和入住者资格把控能力降低，难以保证项目的入住者全部为老人或者以老人为主，因此项目后期容易沦为地产项目。另外，作为养老项目配套的大量公共设施受入住客户数量的影响运营难以为继，将成为项目的"鸡肋"，甚至成为项目的"累赘"。投资者也无法享受居住产品的后期溢价。销售价格受房价和住宅租金影响大。

采取产权模式的 CCRC 养老社区的住宅产品可以直接进入市场二次销售。

产权模式主要适用于住宅用地，如乌镇雅园、北京太阳城等。在商住和公寓限制性政策出台之前，一些商住用地开发的养老地产项目也可以采取这种盈利模式，如上海天地健康城。因为土地政策的收紧，采取产权模式的 CCRC 养老社区项目越来越少。

以上海天地健康城为例，项目位于上海市青浦朱家角地区，土地性质为商业用地，使用年限为40年。在10.7万 m^2 占地面积上，项目开发了15万 m^2 的建筑，规划了1138套养老居住产品（针对活跃老人的独立生活公寓868套，针对半自理老人的服务式公寓270套，德颐护理院设有护理床位300张）。对于868套针对活跃老人的独立生活公寓，项目采取了产权销售模式，2014年开盘均价约为1.3万元/m²，2018年9月均价为2.6万元/m²，每套公寓一年的服务费用约为6.5万元。

2. 共有产权模式

共有产权模式专指共有产权型CCRC养老社区项目的盈利模式。共有产权模式比较特殊，目前实际采取这种盈利销售的项目只有乐成集团在北京双桥的恭和家园，另外乐成集团在北京通州半壁店的项目（预计2020年入住）也将采取这种模式。

按照北京市民政局、北京市住建委联合印发《共有产权养老服务设施试点方案》（京民福〔2016〕73号），对恭和家园的共有产权规定如下：

《共有产权养老服务设施试点方案》

（京民福〔2016〕73号）

为落实《北京市人民政府办公厅关于尽快落实"医养结合"试点项目有关政策的通知》〔京政办函（2013）37号〕精神，加快本市养老服务业发展，引导和促进社会资本参与养老服务事业，根据《北京市人民政府关于研究本市"医养结合"养老服务模式试点有关工作的会议纪要》（2014年第165号）要求，支持乐成老年事业投资有限公司利用双桥养老设施建设用地，探索研究"居室分割定向出售、公共服务空间持有经营、限龄人群居住"的养老公寓服务模式，制定本试点方案。

一、试点项目基本情况

试点项目为北京市朝阳区双桥恭和苑养老服务设施项目，位于朝阳区双桥西巷6号，总建筑面积49120平方米，其中地上建筑面积36770平方米、地下建筑面积12350平方米。项目建设内容包括养老设施居室、医务室、养老机构（医疗/养护中心）、活动室、餐厅等，建设单位为乐成老年事业投资有限公司。

二、试点项目运营模式

（一）建设单位可将养老设施居室分割销售，建设单位和购买人按份共有居室产权，其中建设单位所持产权份额为5%，购买人所持产权份额为95%，养老设施居室之外的其他公共养老服务设施由建设单位持有100%产权。

（二）养老服务设施项目建设完成后，建设单位应当对自持部分长期持有运营，并为入住老年人提供医疗、养护等养老服务，满足其养老服务需求，具体养老服务费用由建设单位根据服务内容参照市场价格确定。

三、试点项目入住人资格

为保证本项目的养老服务设施属性，建设单位需限定养老设施居室入住人资格为年满60周岁（含）以上的老年人，但与入住人共同居住的亲属或者陪住人员除外，陪住人员原则上不得超过两人。其中，对配合执行北京市城市人口疏解任务的老年人及符合《特殊家庭老年人通过代理服务入住养老机构实施办法》（京民福发〔2015〕283号）规定的特殊家庭老年人，具有优先入住权。

四、试点项目销售管理

（一）养老设施居室预售要求：建设单位预售养老设施居室（含地下车位）95%产权份额，应取得市住房城乡建设委核发的《商品房预售许可证》，销售价格需遵循《商品房销售明码标价规定》，实行"一房一价"明码标价。

（二）养老设施居室购买人资格：养老设施居室的购买人应具有北京市户籍（含持有有效《北京市工作居住证》人员），或者连续5年（含）以上在北京市缴纳社会保险或个人所得税。

（三）购买人/入住人信息登记与报备规定：购买人购买养老设施居室时，应当填写《共有产权养老设施居室购买/入住登记表》，建设单位应当将该登记表、购买人及入住人资料向民政部门进行报备。养老设施居室入住人发生变更的，建设单位需在30日内向民政部门变更报备。

（四）购买合同签署：建设单位应当与购买人网上签署《商品房预售合同》并进行联机备案，通过合同明确双方的权利义务关系，合同中应当明确出售的为养老设施居室95%的产权份额，剩余5%由建设单位持有；其他内容如付款方式、交付时间等参照《商品房预售管理办法》执行。

五、试点项目再交易管理

（一）为了保证建设单位能够持有经营养老服务设施项目，建设单位不得将其持有的共有养老设施居室产权份额转让给第三方；购买人有权转让其持有的共有产额份额，但需经建设单位书面同意。建设单位同意转让的，应配合办理相关手续，不得设置条件和障碍。

（二）再交易购买人亦应具备北京市户籍（含持有《北京市工作居住证》）或者连续5年（含）以上在北京市缴纳社会保险或个人所得税。

（三）购买人转让其产权份额时，应当与再交易购买人按照北京市存量房交易管理流程进行，本试点方案中有特殊规定的除外。

六、试点项目监督管理

试点项目的属地民政部门应对项目后期的运营，包括入住人、养老服务项目质量等进行监督管理；住建（房管）部门应对项目销售管理、再交易管理等进行监督管理，如发现建设单位有违规行为，有权对建设单位进行纠正，并视情节轻重予以相应处罚。试点项目的实施推进情况，由市民政局牵头，及时向市政府报告。需要协调其他部门的，由市民政局会同市住房和城乡建设委研究提出。

七、本试点方案未尽事宜依据相关法律法规执行。

在具体操作上，乐成养老服务有限公司2010年9月30日以协议出让的方式获得土地，性质为医疗卫生慈善用地；随后调整为F3混合多功能型用地（50年），俗称北京唯一"有房本"的养老院，产权年限为50年，购房者可以获得产权证。作为北京市第一个共有产权试点项目，其养老公寓部分的购房者享有所购住房95%的产权，乐成享有5%的产权。2018年7月，恭和家园（共365套）第一批养老公寓产品开始销售，平均成交价格为4.1～4.2万元/m^2（数据来源于中国房价指数网）。除了购买产权外，恭和家园的住户每月还收取3080元左右的服务费用（数据来源于乐成集团网站资料）。

共有产权模式可以能够快速回流资金；企业通过持有5%的产权既能有效的监督每户的入住者中至少有一位是老人，也能保证后续服务的持续性。但是，目前国内市场采用共有产权模式销售养老社区的企业仅有乐成一家在试点，该模式需要政府的支持力度大，有一定的进入壁垒；共有产权的销售价格受房价和住宅租金影响大。采取共有产权模式的CCRC养老社区经共有产权的各方同意也可以进入市场再次销售。"一枝独秀不是春，百花齐放春满园"，期待未来有更多的共有产权项目出现。

二、租赁模式分析

租赁模式是指开发商持有 CCRC 养老社区项目并将产品通过租赁合同的形式出租给消费者。根据租期的长短可以分为短租模式和长租模式。

1. 短租模式

短租模式一般是指旅居产品、短期体验产品以及日托产品出租期限不超过一年或者 CCRC 养老社区居住产品出租期限不超过五年的情况，收费内容往往包含床位费或房间费、服务费和餐费，可以一价全包，也可以分开收费，其中床位费或房间费通常按月收取，也可按季度、半年或者按年收取，也有一些旅居产品、短期体验产品或者日托产品按天或按周收取费用（服务费和餐费通常包含在床位费或房间费中）；服务费和餐费按月收取；除上述费用外，还会收取一定额度的押金或医疗保证金。短租模式是机构型或者日托型养老服务设施常用的盈利模式，社区型较少采取这种方式。

短租模式租期灵活，租期灵活，运营良好的情况下可以根据市场变化灵活调整价格，便投资者于享受项目溢价。

但是，短租产品资金回笼最慢，会给企业带来比较大的资金压力；客户可以随时进入和退出，需要投资者提供良好的服务来增强客户黏性，运营压力大；租金受住宅租金影响大。

短租模式适合于不要求快速回流资金的 CCRC 养老社区项目或者旅居型养老社区项目，养老社区里的护理院一般也都是短租。因为短租模式下客户可以随时退出，一旦服务和运营出现问题，客户会迅速流失，所以短租可以说是检验项目服务的试金石。

如燕达国际健康城一期家居式养护区按月计费，按年交费的收费模式即为短租模式。入住该养护区的自理老人每三年签一次合同，费用每年略有调整。根据入住房间的差异，目前一人包房的价格约为 6100～11000 元/月/房，两人包房的价格约为 8000～14000 元/月/房，餐费按实际消费刷卡，另外每人需要缴纳 30000 元的入住保证金。

2. 长租模式

长租模式一般是指CCRC养老社区的居住产品出租期限超过五年的情况，常见的租期为5年、10年、15年和20年等。长租模式下，养老社区可以趸交房间使用费或者按合同约定分次缴纳，因为个体健康状况的差异服务费需要定期评估后按月或者按年收取，餐费按月收取或者按实际消费刷卡。

长租模式下项目可以根据需求，灵活制定租期并按照租期分段销售；未出租的租期可以随市场变化调整价格，一定程度上可以享受项目溢价；多种租期组合还可以满足不同老人的需求，增强客户黏性。但是，长租模式可以享受的项目溢价有限；租金受房价和住宅租金影响大。

长租模式是CCRC养老社区项目目前比较常采用的模式。长租模式可以退住。因为租赁合同的期限不能超过20年，所以有些CCRC养老社区项目会在租赁合同中约定或者通过签订补充协议的方式约定租赁期满后自动延期至新的约定期限（一般会延续至土地试用期到期）。

如燕达国际健康城家居式养护区二期的长租产品采取10年或20年长租的方式趸交床位费，服务费按年支付，20年长租期满后租赁期自动免费延续至项目土地到期。

三、会员制模式分析

会员制模式是CCRC养老社区项目目前较常采取的一种模式，会员制对应的标的既不是养老居住产品的产权，也不是使用权，而是一种权益。购买者需要缴纳一笔会员费购得会员卡，获取相应的权益。会员制模式可操作空间大，适合大多数养老项目。

不同的会员制模式对应的会员权益不同，有的会员权益已经包含床位或房间使用权益，入住时只需缴纳服务费和餐费即可，如康宁津园养老社区根据房间面积不同入住前需要缴纳一笔会员费，会员费包含了房屋使用权益，入住时只需缴纳2500元/人/月的服务费和按实际消费收取的餐费；有的会员卡不含床位或房间使用费，入住时需另缴纳床位或房间使用费、服务费和餐费即可，如泰康之家·燕园的乐泰财富卡模式,客户可通过购买乐泰财富卡获得入住资格,入住时需要缴纳一笔一次性入门费(20万元,可退),每月缴纳房屋使用费及居家费用和餐费才可入住社区。

会员制模式的权益期限灵活多样,可以吸引多样化需求的客户;会员费用可以参考房价和租金,但不完全受其影响,定价策略灵活;资金回流速度快且回流量一般较大。

但是,会员制对应的服务权益需要项目竣工才可销售;会员制销售模式使用不当会造成非法集资的风险;该模式需打造优质的服务体系和公共配套促进CCRC养老社区项目盈利,对服务和配套设施的要求高。

会员制模式的退出方式具有多样性。比如,有的会员卡可以退还全部会员费,如新东苑快乐家园的钻石卡。有的会员卡按入住合同约定的比例退还,如泰康之家的乐泰财富卡,当客户入住时间不满3个月或满3年时,退还比例为100%;入住时间为3个月(含)到1年时,退还比例为92%;入住时间为1年(含)到2年时,退还比例为95%;入住时间为2年(含)到3年时,退还比例为97%。有的会员卡不退还会员费,但是可以继承或者转让,如上海亲和源康桥社区的A卡会员,会员费为178万元,入住社区后每年需要根据房型缴纳3.98～7.38万元/年不等的服务费用。随着养老行业的不断规范,会员制模式也将完善。

当然,会员制模式也会受到一定的政策限制,如《北京市养老服务机构监管办法(试行)》(京民福发〔2018〕412号)规定:"除利用自建或自有设施举办的养老服务机构外,严禁实施会员制。会员制收费额度原则上不能超过经营者可抵押物估值。会员费不得投资风险行业。"

四、保险模式分析

保险模式是指由保险企业开发,并且通过与其企业本身的保险业务相结合来去化养老社区产品的盈利模式,保险模式的本质是一种金融模式。同时,具备雄厚的资金基础和丰富的优质客户积累的保险企业进入养老行业促进了养老行业长足的发展。早在2015年已经有泰康人寿、合众人寿、平安人寿、新华人寿、中国人寿、中国太保、阳光保险、太平人寿等 8 家保险机构参与到养老行业中来，虽然参与的保险企业众多，但是到目前为止，探索出较为成熟的盈利模式的只有泰康。因此，这里所分析的保险模式将以泰康之家为例。

在养老社区业务发展初期，泰康之家针对年龄未满 60 周岁的客户制定了幸福有约计划，即可通过购买 200 万的养老相关保险产品（可以一次性购买，也可以分 10 年购买）并签署《确认函》的方式入住泰康养老社区。这样客户在获得保险收益的同时，还可获得养老社区的保证入住权和其父母的优先入住权。客户达到入住年龄后可入住养老社区，并用获得的保险利益支付社区月费，客户父母可通过购买乐泰财富卡并一次性缴纳入门费作为押金（20 万元，可退）后，每月缴纳月费即可优先入住养老社区。2018 年 12 月泰康之家的幸福有约计划全面升级，推出 12 款全新的保险产品供客户选择。

泰康之家·燕园独立生活区保险费用和服务费收费表　　　表 15.4-1

户型	入门费（万）	入住人数	保险费用（万/户）	标准月费（元/月）		其他服务收费
				房屋使用费及居家费用	预估餐费	
一居室	20	1 人	200	10500	1800	按个人需要付费使用，参照社区特约项目价目表
		2 人		13100	3600	
舒适一室一厅	20	1 人	200	15150	1800	
		2 人		17750	3600	
温馨一室一厅	20	1 人	200	20200	1800	
		2 人		22800	3600	
温馨两居室	20	1 人	200	30300	1800	
		2 人		32900	3600	

备注：如同一房屋内入住人数为 2 人，则共同居住的第 2 人须符合社区关于同住人的相关规定且不包括保姆等具有私人护理性质的同住人员。第 2 人入住享受第二人入住优惠，仅须按价格表缴纳相关月费。

数据来源：泰康幸福说，本价格截止日期为 2018 年 3 月 31 日。

保险模式的前提条件是开发商必须是具有经营保险业务资质的企业。该模式的优势比较明显：首先，险资企业资金实力雄厚，为开发高品质养老提供了足够的经济基础；其次，保险企业通过保险业务积累了大批消费能力较高的优质客户；再次，养老社区的为老服务和医疗康复服务等属于对企业自身业务特别是寿险业务链的继续挖掘，是对产品端和资金端对接通道的打通；最后，也是最重要的，与保险业务挂钩销售的是保单购买人自身的保证入住权和父母的优先入住权，不需要像产权销售模式、使用权销售模式以及使用权出租模式那样每个居住单元只能销售给一位客户，可以快速地锁定大量未来入住的客户。另外，险资企业开发持有型养老社区也规避了"保险公司投资不动产，不得直接从事房地产开发建设（包括一级土地开发）"的政策限制（《中国保监会关于印发〈保险资金投资不动产暂行办法〉的通知保监发》〔2010〕80号）。

当然，保险企业投资的CCRC型养老社区也有其劣势，比如作为全持有型养老社区，后续的运营和资金压力势必不小；同时，因为不是按照与保险业务挂钩的去化比例远超1∶1，当客户的入住需求涌现时，将出现庞大的供需赤字。截至2018年底，泰康之家开放养老社区4家，分别为燕园、申园、粤园和蜀园，累计入住2400位老人，同期的幸福有约计划销售量约为7万份。继2018年底泰康之家拿下合肥徽园的土地之后，已经拿地的15个社区合计客户容量超过2万户，在不考虑未来幸福有约销量增加和以乐泰财富卡形式入住养老社区的客户数量下，目前泰康之家社区总客户容量与幸福有约计划的销售量差距巨大。

幸福有约计划对应的商品是保险产品，不是养老社区，客户只是锁定了自己在养老社区的保证入住权和其父母的优先入住权，不存在继承、转让和退出问题。客户入住养老设区时还需要缴纳20万元的入门费。入门费是可以按比例退还的，当客户入住时间不满3个月或满3年时，退还比例为100%；入住时间为3个月（含）到1年时，退还比例为85%；入住时间为1年（含）到2年时，退还比例为90%；入住时间为2年（含）到3年时，退还比例为95%。

2018年6月26日，泰康健投成立。目前泰康正在逐渐形成养老险与养老社区、健康险和医疗体系、养老金和资管体系三大闭环，即客户购买泰康养老保险入住泰康之家养老社区；购买泰康健康险享受泰康医疗资源的健康医疗服务，交付养老金享受泰康资管财富增长服务。其中养老保险和养老社区的闭环已经成型，未来5年到8年泰康在养老领域有可能再投入1000亿元，以模式化复制、全国性布局和重点城市深耕的推进方式布局到全国20～30个省会城市，力争在每个核心城市都有一家三甲医院＋一个养老社区，泰康摸索出的保险模式越来越成熟。

五、金融模式分析

信托、银行、保险与证券一起构成了现代金融体系。CCRC养老社区项目的金融模式是指与这些金融方式相结合而产生的养老产品销售模式，诸如以房养老、养老信托、大房换小房养老、遗嘱托管、抵押贷款养老等都属于金融模式的范畴。

拿以房养老为例，早在2003年时任中国房地产开发集团公司总裁的孟晓苏曾提议设立"反向抵押贷款"保险，让拥有私人房产并愿意投保的老年居民享受"抵押房产、领取年金"的寿险服务，这是以房养老在我国的初现。2004年底，中国保监会计划在广州、北京、上海等全国几大重点城市试点推出主要面向老年群体的住房逆向抵押贷款的寿险品种。2011年9月28日，全国政协举办"大力发展我国养老事业"提案办理会，"以房养老"的提案再次引发外界关注，却又因无相应法律保障而陷入难解困局。2013年国务院发布的《关于加快发展养老服务业的若干意见》鼓励发展养老金融，随后国家发展改革委、民政部联合召开的新闻通气会上透露，中国将逐步试点开展老人住房反向抵押养老保险，具体政策由保监会牵头将在2014年出台。2014年6月23日，中国保监会发布了《中国保监会关于开展老年人住房反向抵押养老保险试点的指导意见》表示自2014年7月1日起至2016年6月30日起在北京、上海、广州、武汉试点实施老年人住房反向抵押养老保险。但是我国将资产留给孩子的传统观念与以房养老的理念背道而驰，使得这种模式的推进举步维艰。

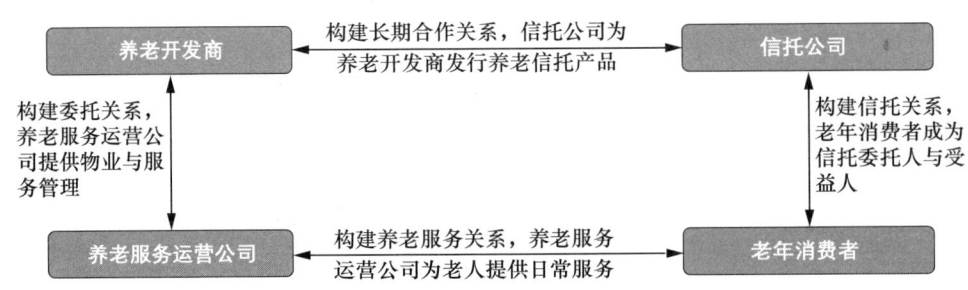

图 15.5-1 养老信托的基本思路

养老信托也是金融模式的一个重要方面,通过信托产品可以有效保护养老消费者的消费权益。养老信托的实质是将现有养老社区去化的两方法律关系转换为养项目投资者、养老服务运营商个人客户与信托公司的三方关系,由信托公司作为中立人,平衡并保护养老项目投资者与个人客户双方的权利义务。对于养项目投资者而言,利用信托机制改造现有养老地产盈利模式,对外发行养老信托产品,可以拓宽销售渠道,增加产品和服务的公信力,有效提升保护消费者权益的能力。对于消费者而言,养老消费信托模式可以确保消费者的养老物业居住权益或押金债权与养老地产开发商的经营风险有效隔离,并通过一次性趸交公寓服务费的方式,避免未来租金上涨风险,提升老年消费者的长期消费权益保护。目前养老信托产品有租赁型养老消费信托和股权型养老消费信托两种。

1)租赁型养老消费信托

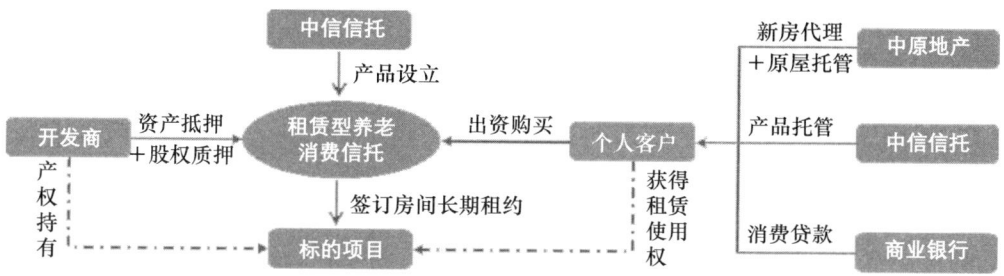

图 15.5-2　租赁型养老消费信托交易结构

租赁型养老消费信托的产品设计是将养老会籍卡中的居住权益与服务权益进行分离,并将养老房间的居住权益转换成养老消费信托。个人客户通过购买养老消费信托,指定信托公司向投资者租赁养老房间,从而间接获得养老房间的租赁使用权。为保障个人客户的居住权益,项目公司向信托公司提供房产抵押,项目公司股东向信托公司提供股权质押。如果信托化去化仅针对单一项目,则是单一养老消费信托;如果信托化去化针对的是一组项目,则是分时旅居消费信托。

2)股权型养老消费信托

股权型养老消费信托则是由信托公司发行信托计划收购项目公司股权,信托计划成为项目公司新股东。个人客户出资认购信托计划成为投资人。同时,个人与项目公司签订《长期租赁协议》,个人成为标的项目的长期租客。这样可以通过信托计划持有项目公司股权,实现个人居住权益与项目公司之间的破产隔离。

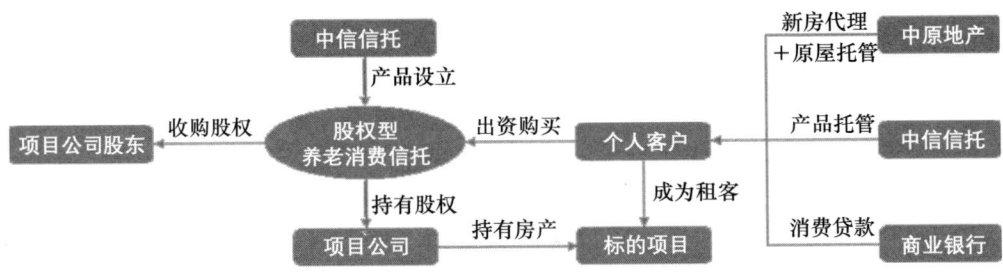

图 15.5-3　股权型养老消费信托交易结构

金融模式可以为拥有足够不动产但养老金不足的老年人提供新的养老途径，未来将成为商业养老保险的补充。随着国人观念的转变和模式的成熟，金融模式未来可期！

六、CCRC 养老社区盈利模式小结

CCRC 养老社区盈利模式对比　　　　表 15.6-1

销售模式	分类	亮点	风险
产权模式	产权模式	快速回笼资金；市场接受度高；规避多重风险	易沦为地产项目；运营压力大；投资者无法享受后期溢价；可复制性低
	共有产权	速回笼资金；市场接受度高；保证后续服务的延续性	进入壁垒高；可复制性低
租赁模式	短租	租期灵活，可根据市场灵活调整价格；便于享受项目溢价	资金回笼慢，资金压力大；运营压力大
	长租	租期灵活；可享受部分溢价；多种租期组合满足不同老人的需求，增强客户黏性	享受的溢价有限；租金受房价和住宅租金影响大
会员制模式	会员制模式	权益期限灵活多样，可吸引多样需求客户；定价策略灵活；资金回流速度快且回流量较大	竣工才可销售；对服务体系和配套设施要求高
保险模式	泰康模式	雄厚的资金；优质的客户；业务延伸；超售；规避政策	如何在客户需要时及时满足客户需求有一定的挑战性
金融模式	信托模式	创新销售模式；受法律保护；风险隔离	市场接受程度有限；尚无成熟的产品

CCRC养老社区的每个盈利模式都具备各自的优势与劣势，具体盈利模式的选择要综合考虑政策、土地性质、投资者对资金回收的要求、企业的资源、当地客户的接受度等多种因素。从目前开业的CCRC养老社区项目来看，行业也在不断探索和尝试，从发展初期的单一盈利模式逐渐向复合型盈利模式发展。如亲和源完全采取会员制模式，而2015年开始运营的泰康之家·燕园则选择了保险模式与会员制模式的组合方式，天地健康城采取了产权和租赁混合的模式。未来，各种盈利模式将会日趋成熟，不同盈利模式之间的组合也会碰撞更多的可能。

李子辰

养老自媒体公众号【养老有话说】创始人
养老自媒体公众号【养老智库】创始成员

《神州养老》专栏特约作者

上海陆家嘴养老峰会演讲嘉宾

首都经济贸易大学医疗健康校友会理事

第十六章　我国 CCRC 养老社区营销实践与研究浅析

2013 年"养老元年"以来，大量企业投身养老产业的投资与运营。这其中，以 CCRC 养老社区为代表的养老服务产业发展速度最为迅猛。但是 CCRC 养老社区一般体量较大，资金投入多，对项目营销和去化的要求也就较高。

一、养老社区营销的特点、难点与策略选择

1. 养老社区营销特点分析

与其他行业一样，养老社区也有其自身的营销特点，主要体现在以下 6 个方面：

1）首先，看一看传统营销 4P 理论之下的养老社区特点

营销 4P 理论是经典的营销理论模型，4P 即——产品（Product）、价格（Price）、渠道（Place）、促销或宣传（Promotion），该模型适用于各个产品和行业，那么，4P 模型中的各个要素在养老社区中有何特点呢？

1P（product）：首先看"产品"，与有形的产品不同，养老作为服务，更多的时候是呈现出一种无形的状态，因此从营销的角度，如何实现"服务的有形化展示"是最为关键的产品设计环节，只有通过服务的有形化，才能让客户更好的感知，进而产生认可与购买，比如：体验入住、日常活动照片墙、视频宣传片、政府的星级认定、客户的口碑与评价等，就是通过有形化的服务展示，将"产品"呈现在客户面前。此外，养老作为一种产品，其属性虽然偏向服务，但也与其他因素密不可分，比如：区位环境、硬件档次、品牌理念、团队素质、合作资源等，因此，要从产品要素的角度去定义养老产品，从而建立起一套完整的产品体系，这才是客户眼中的"养老产品"。

2P（price）：其次看"价格"，在谈价格之前，先看一下养老社区的普遍收

费构成,主要有以下5项:医疗押金＋一次性会员/趸交收费(非必须)＋床位费＋餐费＋服务费,其中后3项为每月基本消费(行业通常称为"综合月费"),作为实际消费,不予退还。

养老社区在价格维度,有以下3个特点:

第一,开业初期为了实现快速入住,通常会采取较大幅度的优惠折扣,因此在看价格的时候,除了看某一时点的价格标准,更要关注"价格变化的完整过程";

第二,为了保障早期入住客户的权益,通常情况下,早期入住客户一定是享受最低的价格;

第三,随着客户入住情况和市场竞争环境的不断变化,价格处在不断的波动中,当达到一定的入住率后(通常为入住率达到50%～60%的阶段),会开始出现价格提升,提升方式为:优惠力度逐步缩减或直接提价,但目前提升幅度尚无行业标准可循。

关于如何定价,普遍的做法是"以市场定价法为主,以成本定价法为辅",参考同业定价体系,综合评估价格和预期入住速度的关系,同时考虑适度考虑成本与收费的对应关系。

3P(place):再看"渠道",目前养老社区尚不具备类似酒店业的有效分销渠道(如:携程),C端获客主要依赖于项目本身的营销团队,从行业客户入住实际情况分析,有效渠道主要有:口碑转介绍(老客户带新客户)、百度推广、社区活动/地推、大客户开发(老干部局等)、北京晚报等。同时,以养老地图为代表的行业渠道平台正逐渐崛起。

4P(promotion):最后看"促销",养老社区的促销方式相对多样,原则上所有的促销都基于床位费为主,很少涉及餐费和服务费,具体的促销方式主要有以下6类:①直接打折,如:开业初期床位费8折,优惠一年;②变相打折,如:入住满一年,额外赠送3个月床位免费入住权;③会员模式,如:交纳100万元会员费,可享受床位5折或每月减免5000元优惠;④金融模式,如:购买××养老消费信托产品,可同时享受信托收益和入住优惠权益;⑤渠道政策,如:针对××老干部局推荐的客户,可享受床位××折优惠;⑥其他优惠,如:夫妻同时入住,可免一人医疗押金;团购政策,3人以上同时入住,可享受床位费95

折优惠；特殊待遇，本地区老人入住，可享受床位费9折优惠等。

2）养老社区营销的第2个特点是需要全员营销

要强调一下"全员"的概念，这里面既包括养老社区的内部员工，也应该包括已经入住的老人及其家属，甚至外部合作伙伴，充分调动每个人的资源是全员营销的核心。与其他行业不同，养老社区的营销并非完全由营销团队独立完成，而是需要整个项目团队每个岗位的共同努力，这主要基于以下几个原因：

第一，口碑转介绍是养老社区最有效的渠道：在多种营销渠道中，入住客户的口碑转介绍是养老社区重要的营销渠道，因此，每一项促使客户产生"正向口碑"的服务或做法都是极其重要的，可能是护理员的一个问候、可能是社工的一次活动安排、也可能是厨师做了一道老人中意的菜肴……在养老社区，每一个岗位在无形之中都在为营销助力。

第二，体验式营销需要全员配合：体验式营销是养老社区重要的营销打法，可能是体验一次老年营养餐，可能是体验一次3天2晚的试入住活动……这每一次的体验活动都需要全员的配合，给客户呈现出最好的服务。

第三，入住过程需要全员参与：通常情况下，一位老人入住养老社区，会经过来电咨询、现场参观、初步评估、床位预订、入住准备、正式入住这6个环节，这其中的每一个环节都并非只接触营销人员，比如在参观阶段会遇到其他员工和入住老人，在评估阶段会与医生、照护主任、社工接触……这其中每个环节遇到的、接触的人员，都会对客户最终是否决定入住产生或多或少的影响。

第四，客户资源分散在各个角色：养老社区的各个岗位其实都有自身的客户资源，比如，很多养老社区聘请的院长为医院背景出身，因此本身会有医院的客户渠道资源；养老社区的销售也有比较多的渠道和客户资源；养老社区的护理员也普遍有多年从业经历，很多老人和家属是愿意跟着护理员"走的"。因此，养老社区的每个岗位都有自身的客户资源，是全员营销的重要支撑。

3）养老社区营销的第3个特点是营销对象的多元化

入住CCRC养老社区的客户主要分为3种类型：自理、失能和失智，这其中，失能、失智客户很多已经不具备选择养老社区的能力，更多依靠子女或其他亲属完成，因此，虽然养老服务的对象是老人，但其实营销的对象是老人的子女和其他亲属、决策人。此外，即使是自理老人，大多数在入住养老社区前，也会征得子女和其他亲属的意见。目前入住养老社区的平均年龄在75至80岁,这一批老人大多是多子女状态,所以营销对象更加复杂。

4)养老社区营销的第4个特点是消费过程的复杂化

区别于购物、就餐等消费行为,养老消费过程相对复杂、周期较长,这主要有以下3个原因:

第一,入住过程的相对繁琐:通常情况下一位老人入住养老社区需要经过来电咨询、现场参观、初步评估、床位预订、入住准备、正式入住这6个环节,在入住准备环节,还要经过身体检查、物品准备,因此,整个入住过程通常需要5至10天。

第二,需要群体决策:大多数情况下,入住养老社区并非由老人单一决定,而是需要与配偶、子女或其他家庭成员群体决策,需要征得全部或绝大多数人的同意,整个决策过程通常会采取"家庭会议"的形式,因此决策过程相对复杂,不确定性增加。

第三,客户的心理反复:离开生活一辈子的家,对任何一个老人都是极其艰难的决定;将自己的父母送去养老社区,对任何一个子女也同样是极其纠结的选择,因此在整个入住过程中,往往会出现心理反复的情况。

5)养老社区营销的第5个特点是体验式营销和口碑打造极其重要

老人离开自己的家,住到养老社区,其实是选择了一种全新的生活方式,一种不一样的养老生活,那么,如何让老人在没入住前,就能感受到这种生活方式呢?最为有效的手段之一就是通过体验式营销,让老人身临其境的感受,这种体验可以是:品尝一次午餐,参加一次活动,2天1夜的入住活动,甚至是在参观过程中观察到的机构入住老人的生活状态……

体验式营销之外,口碑的打造也极其重要,因为口碑是目前行业内转化率最高、成本最低的营销渠道之一,当然,这背后需要建立在客户的对养老社区服务的高度认可之上,需要养老社区提供给客户超预期、感动的、品质稳定的服务。

体验式营销和口碑的打造是养老社区营销的共识,值得深入研究。

6)养老社区营销的第6个特点是具备投资属性

目前国内养老社区主要有4种销售模式:会员模式、趸交长租、保险模式、产权销售,无论哪种模式,从产品角度看,除了传统意义上的服务卖点之外,这种产品本身还具有较强的投资价值，这是传统养老机构所不具备的。

2. 养老社区营销难点分析

目前国内养老社区主要面临以下 5 个营销难点：无可靠分销渠道、产品/模式市场认知度较低、客户消费观念相对滞后、运营服务能力需进一步提升、营销人才稀缺。

1）无可靠分销渠道：目前行业内无可靠分销渠道，C 端客户资源极为分散。

2）产品/模式市场认知度较低：CCRC 养老社区作为新兴事物，产品/模式市场认知度较低，尚需一定的市场教育期。

3）客户消费观念相对滞后：养老社区普遍押金、月费较高，客户养老消费观念相对滞后，抗性较大。

4）整体运营服务需进一步提升：CCRC 养老社区体量大、业态复杂，对运营管理、服务能力、资源嫁接能力要求较高，国内少有成熟的运营管理团队，整体运营服务品质还有较大提升空间。

5）营销人才稀缺：国内目前养老相关专业稀缺，比较常见的是老年服务与管理（大专），毕业生多从事以护理为主的服务与管理工作，行业内营销人员多为跨行转入，即使本身是营销专业，但对养老行业还需要一段时间的经验积累，具备专业和经验基础的营销人才极为稀缺。

3. 养老社区营销的策略选择

养老社区营销策略的核心是——在价格和去化速度之间，找到一条公司认可的曲线，从行业实际情况看，我们大概会有以下 4 种策略选择，也成为"4 条曲线"：

打法 A 这条线代表"常规打法"：守住开业价格，不做大幅优惠，缓慢提升入住率，用相当长的时间达到运营稳定期，用时间换空间，保证客户质量的持续性。

打法 B 这条线代表"激进打法"：开业初期，通过低价策略，实现快速去化，之后进行小幅提价，做部分客群迭代，再之后运营达到稳定期，这是互联网的常规打法，做爆款、做流量，然后再提升经营效益。

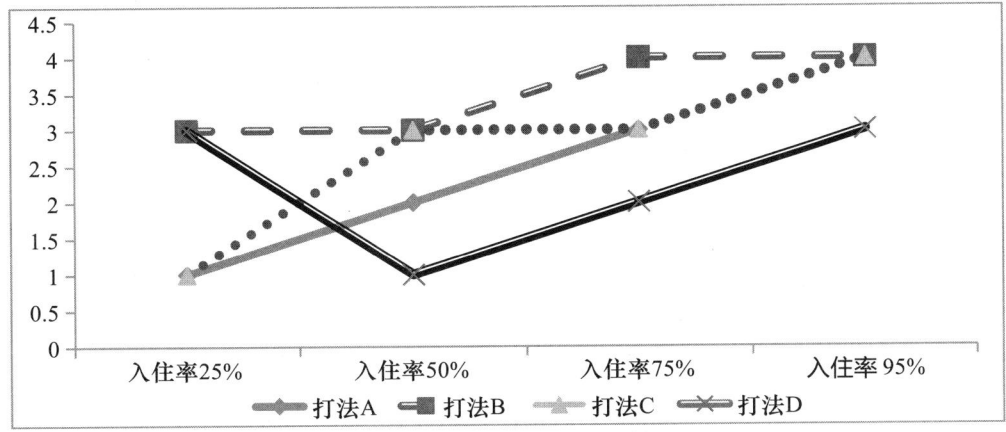

图 16.1-1　养老社区营销策略曲线

打法 C 这条线代表"被动打法":开业初期守价格,导致入住速度缓慢,然后在某一节点直接或变相降价,从而快速提升入住率,之后再逐步提价,达到运营稳定期。

打法 D 这条线代表"赌博式打法":开业初期,价格已基本达到市场接受上限,入住率逐步提升后,便迅速大幅提价,最终导致前期入住客户大量流失,经过相当长的一段时间,恢复到原来的入住率,之后再缓慢提升。

这四种营销策略,本质上没有孰是孰非,是不同企业,基于不同目标所制定的策略,但从项目经营的角度,一定存在一个"最优方案"。

二、养老社区的生命线——入住率与去化速度

如何评价一个养老社区?从不同的维度,可以有不同的评判方式,比如:建筑的设计、装修的档次、无障碍化程度、服务的理念、项目的规模、运营团队的组成等,但是最核心的评价要素只有一个,就是——"入住率",当然入住率的背后还有——去化速度、实际客单价。为什么入住率是最核心的评价要素?要从以下 3 个方面去看:

1)入住率是客户认可的直接表现

养老服务的核心是提供给客户需要的服务,而不是建立很多高端却空置的养老会所,入住率代表了客户对项目的认可,这种认可是综合性的认可,既包括了

硬件,也包括了服务。此外,入住率更是一个养老项目运营成败的直接体现。

2)入住率是保证企业良性运营的底线

一个养老社区前期投入和后期运营成本极高,如果没有一定的入住率作保障,项目是无法良性运营的,长期亏损很难持续。

3)入住率是运营能力打造的基础

只有建立在入住率的基础上,运营能力的打造才有价值、有意义,有了入住率的保证才可以接触更多的老人、拥有更多的服务团队、遇到更多的问题、找到更多的解决方案等,这些都是运营能力打造的基础条件。

另外,除了入住率,更应该关注入住率背后的2个重要指标——"去化速度"和"实际客单价",去化速度决定了一个养老社区达到满住的周期,实际客单价决定了一个养老社区的实际收入情况,这两个因素实际上决定了一个养老社区的经营情况,代表了"入住率"的含金量。

三、养老社区营销的四个认知层级

关于如何去理解养老社区的营销,只是单纯的"卖床位"或"卖房间"吗?一定不是。从认知角度,应有四个阶段的认知升级。

1. 认知层级一:研究销售

这个阶段项目刚刚预售或开业运营,"床位销售"是首要任务,"去化速度""入住率"决定了一个养老社区的生存状态,因此,这个阶段营销工作的全部重心是研究如何找到最有效、费效比最高的销售渠道,实现养老社区的快速入住,大多数项目目前都处在这个阶段。

2. 认知层级二:研究产品

当养老社区达到一定的入住率之后,作为营销团队,可以跳出销售的层面,进行产品的研究,此时,项目已经积累了一定的销售数据(来电、来访、预订、退订、入住、退住等),同时,也积累了行业主要竞品的研究和数据,基于这些数据的分析,可以看到哪类区位、哪种户型、哪种收费模式、哪种服务类型的产品客户接受度最高、市场去化速度最快。

3. 认知层级三：研究客户

通过大量的数据分析，找到客户接受度最高的产品之后，就可以进入营销的第三个阶段——研究这些产品特征背后的客户需求，与开业前的客户需求调研相比，此时的客户需求更接近真实。在研究客户需求的过程中，有几点需要格外关注的内容：

第一，一定要找到客户的真实需求，并进行验证，因为老年客户往往不会说出自己内心的真实想法；

第二，一定要将自理、失能、失智客户的需求分类研究；

第三，一定要将老人的需求和子女（家属）的需求同步研究，这两者往往既矛盾又统一；

第四，既要关注当下80岁老人的需求研究，也要关注当下60岁老人的需求研究，关注客户的迭代和需求变化。

4. 认知层级四：研究商业模式

当解决了项目销售问题、找到了客户认可度高的产品特征及这背后客户的真实需求后，就可以进入到研究的最高层级——商业模式与创新研究，打造一种全新的产品体系、收费体系、服务模式以及商业模式，既满足客户需求，又能为企业实现创收。

四、养老社区的客户画像与特点分析

通常情况下，CCRC养老社区都是覆盖全老龄段服务的，既包括服务自理老人的养老公寓、也包括服务失能半失能老人的护理机构、服务失智老人的失智专区，有些还会配置康复医院、护理院、一级综合医院等医疗机构。

1. 养老社区客户分析的6个维度

研究养老社区的客户画像与特点，首先要区分不同身体状况的客群，这是进行客户研究的基础，研究的前提；其次，从营销角度，如何理解养老社区的客户呢？建议可以采取6个维度的评估方法：

1）入住决策：关注最终的入住决策是以老人为主，还是以子女或其他亲属为主；

2）生活状态：关注老人当前的生活状态——是否独立居住、是否请保姆、是否经常去医院、是否自己做饭等；

3）文化层次：关注老人和子女的受教育程度，是否有海外教育经历等；

4）职业经历：关注老人和子女的职业经历；

5）消费能力：关注老人和子女的消费能力，老人主要关注退休金＋房产租金收入＋其他；

6）消费意愿：关注老人和子女对CCRC养老社区这种养老模式的认知度、认可度和消费意愿。

2. 养老社区客群决策的9大差异

自理型客户和护理型客户（失能、失智）在选择养老社区时的主要差异，主要体现在以下9个方面：

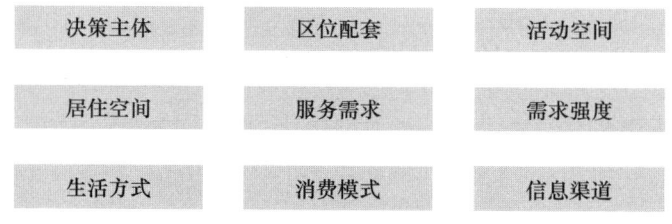

图 16.4-1　客群决策9大差异

1）决策主体：自理型客群更以长者本身为主，护理型客群更以子女/子女们为主；

2）区位配套：自理型客群更能接受近郊、远郊区域，护理型客群更偏城区；

3）活动空间：自理型客群需要更大、更开放、功能更多的活动空间，护理型客群主要活动空间以楼层的公共厅为主，功能偏复合型；

4）居住空间：自理型客群对居住空间的面积、设施配套要求更高，护理型客群对居住空间要求不高；

5）**服务需求**：自理型客群更偏向娱乐、健康、安全、享受，护理型客群更偏向医疗、护理、照料；

6）**需求强度**：自理型客群对养老机构需求更平缓，更多为关注，护理型客群大多为刚需，需求急迫；

7）**生活方式**：自理型客群更偏向居家型生活方式，灵活自由，护理型客群更偏向集中式机构管理，安全优先；

8）**消费模式**：自理型客群更接受会员制／床位趸交／高押金＋低月费方式，护理型客群更接受传统月费模式；

9）**信息渠道**：自理型客群信息渠道多为口碑、路边、电视、广播媒体，护理型客群多为子女主动搜索。

五、客户角度下的"需求、渠道、价格"

需求、渠道、价格不难理解，但这里强调的是"站在客户角度"去重新理解，因为只有真正了解客户的想法，才能为他们设计出需要的产品和价格。

1. 站在客户角度，重新认识"需求"

客户需求调研包括很多内容，图 16.5-1 是一些关于客户需求的调研细项：

是否会考虑把房子出租，补充养老费用
更喜欢接受哪种收费模式
更喜欢什么样的户型？开间？一居室？两居室？
希望养老社区能举办哪些活动？
什么情况下会产生住养老社区的想法？
您能接受的收费区间是什么？
喜欢什么风格的装修？
如果养老社区可以把自己的家具带过去，您是否愿意？
房间里希望配置哪些电器？如果作取舍会做哪些选择？
您希望房间、公区增加哪些设施？
更喜欢哪些配套空间？按喜好依次排序？
房间里希望配置哪些家具？如果作取舍会做哪些选择？
您接受和其他老人住一个房间吗？
您理想中的养老社区是什么样子的？
您更喜欢哪种用餐形式？
在选择养老社区时，更看重什么？
对医疗资源的需求到底是什么？
在参观过的养老社区中，您更喜欢哪个？为什么？
您会通过哪些渠道了解养老院？
您对区位的接受范围是什么？

图 16.5-1 客户需求调研细项

1）是关于养老社区客户调研对象的选择问题

对于养老行业，调研对象的选择是调研的核心，往往比问题还重要。那么关于调研对象该如何选择？建议是守住要两类人和两个底线：两类人指的是老人和家属；两个底线指的是已经入住养老机构的老人或者参观过多家养老机构的老人和家里有需要照顾的父母，最好是失能或者失智，在家已经请了保姆或者子女们轮班照顾的。

2）调研问卷设计时要注意的3个问题

首先，不要设置太多发散性的问题，而是以选择题为主，最好还增加一下注释，因为很多专业叫法，客户并不能理解。

其次，不要一味地做加法，而是让客户去抉择，留有遗憾。只有这样，才能看到他们的真正的需求痛点，养老社区不可能满足所有客户需求，因为客户不会为自己所有的需求付费，重要的是要找到众多需求的平衡点。

再次，讨论需求时，一定匹配上对应的收费，这样有助于找到哪些是客户真正愿意付费的需求。

3）调研时一定要亲自访谈，深入沟通

强调一点，就是调研时一定要亲自访谈、深入沟通，最好不要委托第三方，访谈的人分成两组，一组是"小白"，就是对养老行业没有任何经验和知识积累的，另一组是具备较强的从业经验和知识沉淀的，通过这种方式，或许会发现很多有意思的、与行业经验相反的结论。

2. 站在客户角度，重新认识"渠道"

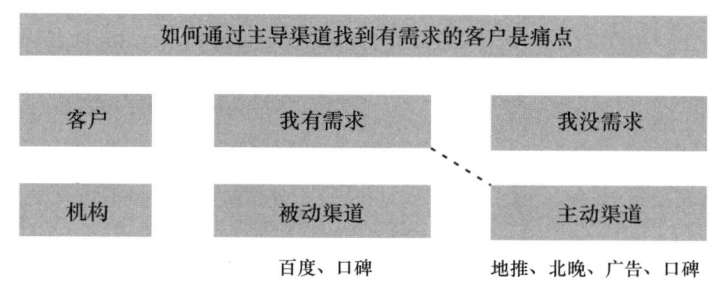

图 16.5-2　客户角度渠道认识

站在客户角度，渠道的出发点分为两种，一种是当客户有需求时，会主动通

过各种渠道寻找养老机构；另一种是当客户没需求时，则不会主动搜索。

对应的，作为养老社区，渠道可以分成两个维度，一种叫作被动渠道，即当客户在寻找养老社区时，可以被立刻找到，类似百度、大众点评都属于此类，这类被动渠道的核心价值在于增加覆盖面和曝光率；另一种渠道叫作主动渠道，即可以主动接触到客户，但这类客户大多数是当下，或者相当长的一段时间内没有入住养老社区需求的（但可以有其他需求，比如旅游、养生、保健、社交、理财等），类似地推、北晚、广告都属于此类，其中口碑是介入两种之间的一种渠道，既可以是被动的、又可以是主动的。

于是，可以清晰地看到养老社区营销的难点在于——如何通过主动渠道找到有需求的客户，当然不光是养老，这是所有行业的痛点，互联网的推送模式其实本质上就是解决这个痛点的，它基于大量的数据分析和精准算法，而目前养老行业尚不具备这个基础。

那么哪些渠道具备解决这个痛点的能力呢？传统的类似医院、老干部局、社区居委会、家政公司……他们掌握了有需求的客户，同时可以很轻易地接触到客户。除此以外，基于互联网模式的渠道才是真正的风口，降维打击会带来真正的营销变革。

3. 站在客户角度，重新认识"价格"

虽然养老社区有多种定价模式，但如果站在客户角度，会发现对于客户来说，其实只有两种模式：

1）押金：比如大多数养老社区的会员费、医疗押金，对于客户来说，只是暂时把钱放在养老社区，退住时还会全额或大部分退还，有些可能还能产生额外的增值收益；

2）消费支出：比如床位费、餐费、服务费，对于客户来说，这些是实实在在的消费，花出去就无法收回了。

对于当前大部分老人来说，因为人生经历都偏节俭，所以对于消费类的收费极为保守，但对于押金类的收费接受度会偏高一些，这也是"高押金＋低月费"模式的客户心理。

此外，虽然养老社区将费用拆分成几类，但对于客户来说，更关注"月费总价"，所以在定价时，首先应该确定总价范围，而不是确定分类价格再做加法。

在客户眼里，是如何对价格做比较的？客户首先会与市场同类产品的价格作对比，而并不关注社区本身的成本，因此，市场定价法是最靠谱的方式；其次，客户会关注社区本身可提供的产品和服务价值与价格的关系，也就是说，当养老社区能为客户创造价值和超额服务时，客户会更关注价值，而不是价格。

六、养老社区的核心卖点梳理

与常规养老机构、养老公寓、养老驿站等养老产品相比，养老社区的核心卖点主要有以下3个方向：

1. 高品质的生活方式

CCRC养老社区的核心卖点之一是可以实现更高品质的养老生活方式，比如：养老社区的产品形态更接近于普通的住宅小区，会让老人和子女减少入住养老院的心理压力；养老社区内的户型以居家居室为主（一居室、两居室等），在面积增加的同时，更营造出一种"家"的氛围；养老社区因其体量较大，较养老机构比，拥有更多的医疗、生活、娱乐等配套功能；养老社区可提供全周期、全龄段的服务，最大限度的解决老人在宅养老和持续照护的问题；有些养老社区会配有幼儿园，增进老人与隔代的交流与活动，更贴近社会生活；养老社区更方便子女看望老人，亦可实现在家做饭、在家陪住等功能，增进老人与子女、孙辈的亲情交流……

2. 全周期的养老服务

通常情况下，养老社区内会配有自理型养老公寓、护理型养老机构、专业医疗机构、失智特护专区等区域，可保证老人全老龄段、全周期、更专业的养老服务。

3. 有潜力的投资产品

CCRC养老社区多以会员制模式为主，从目前通行的会员模式看，这种产品除了满足老人当下的养老服务需求外,还兼具较大的投资属性,具备一定的升值空间,同时也可为子女养老提前锁定优质资源。

七、结论:产品是 1,营销是 0

营销的"道"是什么——不是去卖,而是去研究、设计那些符合客户需求的产品/服务,好的产品/服务自己会说话,客户自然会传播。

对标养老行业,就更是如此,面对的客户是极度理性的、是群体决策的、是会时刻失去的、是更务实的、是有更多选择的,这就要求首先要把产品/服务做好,用小米的 SLOGAN 表述就是:"坚持做感动人心,价格厚道的好产品",产品对了,就对了,这是互联网带给养老行业的最大启示。

产品永远是基础,营销仅仅是手段,产品是 1,营销是 0。

最后,以下 3 个观点,作为结尾,与大家分享:

1)营销的本质是对市场和行业的认知能力。

2)营销永远是核心运营能力,但绝不仅仅是解决入住率。

3)建立流量、建立跨年代的客群、建立与 C 端的长期黏性,是养老社区营销的方向。

江毅

中信信托养老信托业务执行经理

中信信托上海部　高级信托经理

中国注册会计师（CICPA）

香港理工大学理学硕士　国际房地产专业

上海市老年学学会老龄产业专业委员会"长者（老年）公寓发展趋势研究"课题组成员

解密 CCRC 中国养老社区经典案例模式解析

第十七章　CCRC 养老社区的金融化营销模式

一、非险资养老开发商的 CCRC 养老社区资金闭环痛点

近年来，不少地产开发商、国有企业及外资企业纷纷将国内养老社区作为重点开拓方向之一。部分企业已有实验性项目落地。但对于非险资开发商来说，养老社区的营销模式成为行业性痛点。

从政策上讲，一方面，国家鼓励各种性质土地开发养老机构（国土资厅发[2014]11 号）；但另一方面，以非住宅性质土地开发养老社区，将面临不能按户登记产权的制度限制。由此导致现有大部分养老社区不能采取传统分户产权营销模式。

为加快成本收回、实现滚动开发、扩大养老供给，满足人民美好晚年生活需求，目前养老行业主要采取"大额养老会员卡""大额养老押金"与"大额寿险保单"（保险模式）3 种营销对策。

这 3 种营销对策主要内容如表 17.1-1：

3 种营销对策主要内容　　　　　　　　　　表 17.1-1

销售模式	大额养老会员卡	大额养老押金	大额寿险保单
基本含义	1）老年客户支付大额会员费，取得养老会籍，获得养老社区长期居住权。 2）入住后，老年客户仅需支付服务费，不再支付床位费。 3）通常可以退卡，但退卡金额将根据入住年数按比例扣减。	1）老年客户支付大额押金，取得养老社区长期优先居住权。 2）入住后，老年客户需支付床位费+服务费。 3）通常可以全额退回押金	1）老年客户之子女购买大额人寿保单，成为保险公司的寿险被保险人。 2）保险公司向寿险被保险人赠送旗下养老社区的优先入住权，入住人包括被保险人及其配套、被保险人父母等。 3）入住人实际入住养老社区后，需支付床位费+服务费

续表

销售模式			大额养老会员卡	大额养老押金	大额寿险保单
法律关系			服务合同关系	担保合同（保证金）关系	人寿保险合同关系
开发商	优势		1）属于销售行为，可计入预收账款，利于财务报表。2）房价上行趋势下通常没有退卡压力。3）比"大额押金"更有市场竞争力	1）既收回硬件投入，又保留未来资产上涨权益（床位费上调权）。2）月费中还包含床位费，金额高于"大额会员卡"模式	1）既收回硬件投入，又保留未来资产上涨权益（床位费上调权）。2）保险产品的市场接受度较高。3）保险产品能够开拓金融机构代销等C端导流渠道
	弊端		1）老年客户普遍对"会员卡"存在顾虑，市场接受度较低，存在定价天花板。2）难以对接大型代销渠道，C端导流困难。3）涉嫌非法集资，存在合规性风险	1）老年客户普遍对"大额押金"存在顾虑，存在定价天花板。2）难以对接大型代销渠道，C端导流困难。3）押金不能确认为收入，提高负债率，不利于报表。4）涉嫌挪用押金与非法集资，存在合规性风险	1）公司承担保费收入的再投资风险。2）保险公司内部资金打通的监管限制
老人	优势		锁定床位费远期上涨风险	押金款可要求全额退还	保险产品的长期可靠性更强
	弊端		1）居住权益的长期稳定性存在风险，不能与开发商经营风险有效隔离。2）退卡存在风险，开发商可能不能及时足额支付退卡款项	1）居住权益的长期稳定性存在风险，不能与开发商经营风险有效隔离。2）押金退还存在风险，开发商可能不能及时足额返回押金款项	1）居住权益的长期稳定性存在风险，不能与开发商经营风险有效隔离。2）保单可能超售，优先入住权的行权存在不确定性

从实际销售去化效率看，"大额养老会员卡"与"大额养老押金"的销售去化效率均远低于"大额寿险保单"。以一个5万 m² 养老社区为例，"大额养老会员卡"与"大额养老押金"行业平均销售去化周期在5年以上，而保险公司往往能够在养老社区开业前就实现保单收入覆盖全部开发投资。

相对于"大额寿险保单"，"大额养老会员卡"与"大额养老押金"主要存在如下3方面的销售劣势：

1）产品形态——卖什么给个人客户？

从客户实际反馈看，"大额养老会员卡"与"大额养老押金"的市场认可度均不高,个人客户主要对消费权益与资金安全存在较大担忧,导致"大额养老会员卡"与"大额养老押金"项下的单房定价存在天花板。

而"大额寿险保单"作为保险金融产品,依靠保险公司的金融机构背书以及保险法对保险公司破产的法定禁止,使得客户对"大额寿险保单"具有更高的信任感。

2)代销渠道——如何找到目标客户?

"大额养老会员卡"与"大额养老押金"均难以对接大型房产中介或商业银行等大型代销渠道,只能依赖开发商自身营销团队,导致 C 端客户导流困难,成本高、效率差。

而"大额寿险保单"作为保险金融产品,能够进入商业银行私人银行等大型代销渠道。凭借丰富的高端个人客户资源,银行能够为险资养老开发商快速导入巨量的高端老年客户,从而大幅提高营销去化率。

3)合规隐患——是否存在合规隐患?

"大额养老会员卡"可能涉嫌非法集资,"大额养老押金"可能涉嫌押金挪用与非法集资。在目前养老行业整体良莠不齐的整体情况下,"大额养老会员卡"与"大额养老押金"未来面临全行业整顿的风险。

而"大额寿险保单"作为保险金融产品,是受金融监管部门监管的正规金融产品,合规隐患小。

二、养老社区"信托化营销"概述与优势

1. 信托的基本含义

信托的法律渊源是《信托法》。《信托法》是于 2010 年 4 月 28 日,经中华人民共和国第九届全国人民代表大会常务委员会第二十一次会议正式通过的法律。

根据《信托法》对信托的定义,信托是指委托人基于对受托人的信任,将其财产权委托给受托人,由受托人按委托人的意愿以自己的名义,为受益人的利益或特定目的,进行管理或者处分的行为。

以目前主流的理财型信托产品为例,个人投资人作为信托委托人,将自身现

金委托给信托公司,信托公司按照个人投资人的意愿,对个人投资人交付的现金进行投资管理,并将投资收益作为信托利益分配给个人投资人。

基于信托定义,信托有如下 3 个重要特征:

1)所有权、管理权与受益权的三权分离

信托一旦设立,委托人转移给受托人的财产就成为信托财产。信托财产上的权利性质非常特殊,表现为"权益的分离与重构"。一方面,受托人享有信托财产的名义所有权,他可以像真正的所有权人一样,管理和处分信托财产。另一方面,受托人的这种权利义务不同于民法上的所有权特征;受托人的处分权不包括从物质上毁坏或者从权利上放弃信托财产的自由;更不能将管理处分信托财产所产生的利益归于自己,信托财产的利益归属受益人。

2)信托财产的独立性

信托一旦设立,信托财产即从委托人、受托人以及受益人的自由财产中分离出来,成为一项独立运作的财产,仅服从于信托目的。

从委托人角度看,委托人一旦将财产交付信托,即在信托期限内失去主张该财产的权利。受托人角度看,受托人仅仅是名义上的所有权人,并不能够享受信托财产的利益,因此信托财产不归于受托人的固有财产或者成为固有财产的一部分。从受益人角度看,受益人主要享有信托利益的请求权,并不享有信托财产的支配权。

3)信托管理的连续性

信托管理的连续性主要是指已成立的信托不因委托人或受托人的存续而影响其存续。《信托法》第 51 条明确规定,信托不因委托人的死亡、丧失民事行为能力、依法解散、依法被撤销或被宣告破产而终止,仅在法律或信托文件另有规定时除外。同时,信托设立后,受托人即便因死亡、解散、破产、丧失行为能力、辞职、解职或者不得已事由而终止其处理信托事务的职务,信托关系也不因此而消灭。此时,可由信托文件指定的任命人选任新受托人。

2. 养老社区"信托化营销"概述

信托机制是目前国内金融行业内投资范围最广、运用方式最灵活的金融工具。根据笔者多年研究与实例探索,信托机制是可以广泛嫁接多种养老社区开发模式。目前国内主流的养老社区开发营销模式，均可以实施信托化改造。

从法律关系看，养老社区信托化营销的实质，是将现有养老社区营销的两方法律关系，转换为养老开发商、个人客户与信托公司的三方关系。其中，信托公司担任中间人角色，主要作用是平衡并保护养老开发商与个人客户双方的权利义务。

对于个人客户来说。信托公司向个人客户发行养老信托产品。个人客户是信托计划的委托人与受益人。

对于养老开发商来说。另一方面，信托公司与养老开发商构建某种交易关系，养老开发商成为信托公司的交易对手。

从资金流看，个人客户出资认购信托公司发行的信托产品，将自有资金划付给信托公司。信托公司收到个人客户交付的资金后，再将信托资金按照交易约定，划付给养老开发商。

3. 养老社区"信托化营销"优势（投资者视角）

站在非险资投资者角度，养老社区"信托化营销"主要优势是升级产品形态、拓宽销售渠道，最终促进项目加快销售去化，实现滚动开发快速布局。

另外，养老社区"信托化营销"还能够降低销售环节的合规隐患。

结合前述三大营销劣势的分析，信托金融工具的三大提升分析如下：

信托金融工具的三大提升分析　　　　　　　　　　表 17.2-1

提升方面	具体分析	信托特征
1. 升级产品形态 - 养老社区通过"养老信托产品"进行营销去化	1. 信托产品的市场信誉度通常高于养老会员卡。通过多年市场培育，信托产品在高端个人客户中已积累较好的口碑声誉与投资体验。 2. 信托公司是金融持牌公司，信用度较高。部分大型国有信托公司是具有高信用评级（诸如中信信托具有 AAA 主体评级）的金融机构，能够给养老社区显著的声誉支持。 3. 信托受益权具有全国性登记机构——中国信托登记有限公司。通过信托受益权持有养老权益，能够获得权利公示效果。 4. 信托关系《信托法》保护，法律层级较高	金融属性； 认可度高； 投资宽泛； 交易灵活

续表

提升方面	具体分析	信托特征
2. 拓宽营销渠道 - 开拓商业银行私人银行等大型代销渠道	1. 以"养老信托产品"作为接口,少数信托公司能够为非险资养老开发商开拓商业银行私人银行等大型代销渠道。 2. 凭借丰富的高端个人客户资源,银行能够为非险资养老开发商快速导入巨量的高端老年客户,从而大幅提高营销去化率。 3. 根据目前信托行业惯例,商业银行对信托公司实行代销白名单合作制度。并非全国所有信托公司都可以接入银行代销渠道	银行代销; 白名单制
3. 降低合规隐患 - 养老信托可以破解会员卡与押金的合规隐患	信托产品是受金融监管部门监管的正规金融产品,发行前必须向监管部门做事前报备,合规隐患小	金融监管; 合规性高

4. 养老社区"信托化营销"优势(个人客户视角)

从个人客户角度看,信托机制有如下几个优势:

1)金融化确权

通过引入信托关系,将"大额养老会员卡"与"大额养老押金"项下的老年客户的消费权益转换为信托产品后,使得养老消费权益得到金融化确权。

2)金融化保障

信托公司作为老年客户的受托人,负有勤勉尽责地维护老年客户消费权益的义务。通过嵌入专业风控措施,将提升老年客户的权益保护程度。

另外,信托机制中的受益人大会与受益人代表机制,可以为老年客户塑造利益共同体与集体决策机制,建成养老社区的住户委员会与住户委员会代表。

3)金融化分割

结合项目实际情况,信托公司可以运用信托工具,实现不可按户分割产权物业的信托化权益分割。

4)政府级权益登记

信托产品需要向中国信托登记有限责任公司登记委托人等基础信息。中国信托登记有限责任公司是全国性的登记机构,由中央国债登记结算有限责任公司控股,中国信托业协会、中国信托业保障基金有限责任公司、国内18家信托公司等共同参股。

通过引入信托产品，可以为个人客户实现养老社区消费权益的权利公示。

5）交易基础

基于金融化确权、权益登记与信托可交易性，个人之间可以通过信托产品的交易流转，实现养老社区消费权益的间接交易流转，从而为个人客户未来的卖出提供交易基础。

进一步，信托工具为创建养老社区消费权益的二手交易市场提供交易基础。随着养老社区消费权益二手交易市场的未来发展与成熟，养老信托产品将具有流动性，从而将反向促进个人客户更加认可养老信托产品，甚至产生养老信托产品的抵押融资可能。

6）税收优势

根据现行税收制度，信托金融产品的持有税负与投资收益税负相对较低。

三、养老信托产品的设计框架

1. 美国 CO-OP 模式的启发

1）美国 CO-OP 模式的简介

美国的房屋产权可以分为 2 种基本类型：

共有公寓（Condominium），产权人持有一套特定单元房间的产权。产权人需要向物业管理公司支付物业费用（Common Charges）。

合作公寓（Cooperative/CO-OP），权利人并不直接持有房间产权。权利人通过持有项目公司股份而间接持有房屋产权。同时，项目公司会与权利人签订一份特定单元房间的长期租赁合同（通常 99 年）。权利人需要向合作公寓董事会支付维持费（Maintenance Fees）。

综上所述，CO-OP 股东/住户具有 2 个法律地位：一是作为项目公司的股东之一，二是作为合作公寓特定单元房间的承租人。

CO-OP 股东的主要权利是长久地占有特定单元房间，通常是 99 年，并且可以在租约届满时进行续约。CO-OP 股东的主要义务是遵循合作公寓章程与租赁协议的约定，并根据约定向董事会支付维持费（Maintenance Fees）。

CO-OP 的董事会由股东会选举产生，董事会将制定《合作公寓章程》并对股东的股份出售、房间转租、房间修缮、股份抵押等具有审批权。

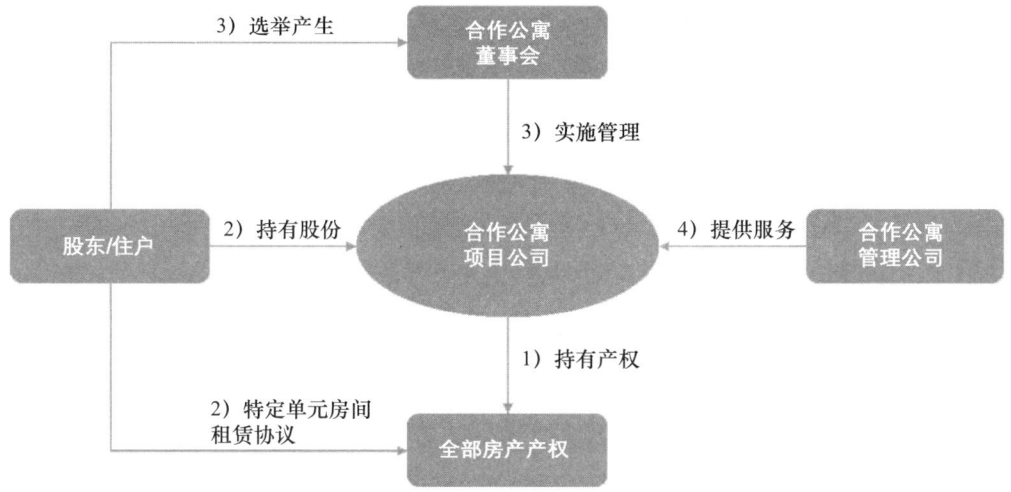

图 17.3-1　美国 CO-OP（合作公寓）的基本架构

2）美国 Coop 模式的租赁协议

CO-OP 的租赁协议主要条款包括：

租期

租赁协议通常是长期的，一般为 99 年。

维持费（Maintenance Fees）

股东有义务按照董事会的要求支付维持费（Maintenance Fees）。

公寓服务

项目公司应当维护并管理房屋并维持公共区域的整洁，应当为每个单元房间提供基础服务。

维修保养

项目公司有义务为整个建筑提供良好的维修保养服务。但股东/住户特定单元房间内部的修理保养义务由股东/住户自行承担。

特定单元房屋的重大装修

股东在对特定单元房间进行重大装修前，应当获得董事会的书面同意。

自住

通常要求股东/住户将特定单元房屋作为家庭的自住或主要居住的房屋。这是因为合作公寓并不希望当成房地产投资品。如果未经董事会同意，股东搬离合作公寓，且接受访客入住的，可能被视为擅自转租。董事会有权视情况终止与股东的租赁协议。

转售

股东拟转售特定单元房屋的，应当获得董事会的书面同意。董事会有权面试潜在买家并审查其个人资信情况。

转租

股东拟转租特定单元房屋的，应当获得董事会的书面同意。董事会有权面试潜在买家并审查其个人资信情况，并可能会对转租价格与转租期限作出要求。

股份抵押

经董事会同意，股东可以以所持股份与租赁权为自身债务提供抵押担保。借款人通常也会要求取得董事会关于同意抵押担保的函件。

3）美国 CO-OP 模式的主要优势

CO-OP 模式的主要优势是在产权与收益权相分离的情况下，实现了股东／住户长期居住权益的稳定性，具体有如下 4 点：

产权控制

通过成为项目公司股东并签订特定单元房间的长期租赁合同，住户对能够对该特定单元房间的产权形成有效控制。

长期稳定性

住户作为项目公司股东，不会因房地产市场的租金上涨压力而面临被产权人逼迫搬家的风险。这种安全性保证了住户及其家庭可以更好地融入社区，从而也增强了社区的稳定性。

民主决策

股东会选举产生的董事会通常任期为 1 年。通常每个特定单元房间分配 1 张选票。当董事会的表现严重不足时，股东会可以启动特殊选举流程重新选举董事会。

控制成本

项目公司股东／住户通过选举董事会，可以对运营预算施加影响，从而使得维持费（Maintenance Fees）维持在较低毛利水平。同时，合作公寓还可以通过批发采购财产保险、能源等降低成本。

2. 美国 CO-OP 模式直接套用中国的缺陷

美国 CO-OP 的运行依赖美国《Business Corporation Law》的规范，而中国目前没有类似的法律法规。因此现阶段在中国直接套用 CO-OP 模式，则只能参照《公司法》的有关规定进行运行，这可能使得模式运作发生诸多障碍与不便。诸如：

股东工商登记问题：

《公司法》规定，公司股东以在工商登记机构进行登记生效。登记材料中包括股东会决议等内容，这使得股权转让的实际操作将比较繁琐。

转让限制：

《公司法》规定，公司董事、监事、高级管理人员在任职期间每年转让的股份不得超过其所持有本公司股份总数的 25%。上述人员离职后半年内，不得转让所持有的本公司股份。这可能引发股东/住户对于担任项目公司董事、监事与高级管理人员的担忧，从而影响项目公司的运营。

异议股东股份收买请求权：

《公司法》规定，股东在出现公司连续 5 年不向股东分配利润，而公司连续 5 年盈利等情况下，可以要求公司按合理价格收购其股权。这导致项目公司的股权结构出现不稳定风险。

股东人数：

《公司法》规定，股份公司与有限公司的股东一般不得超过 200 人。

税收问题：

根据我国现行税收政策，公司盈利部分需要缴纳企业所得税，公司分配个人分红需要缴纳个人所得税，由此产生了个人股东的双重征税问题。

3. 中国版"信托养老合作社区"方案

中国版"信托养老合作社区"的交易安排主要如下：

第一步，养老开发商与信托公司达成合作意向

养老开发商与信托公司就养老社区的信托化营销方案达成合作意向，并构建信托型股权结构安排。具体操作上，由信托公司成为养老社区项目公司的股东，养老社区开发商作为合作方，提供开发支持，负责将养老社区项目建成竣工验收。

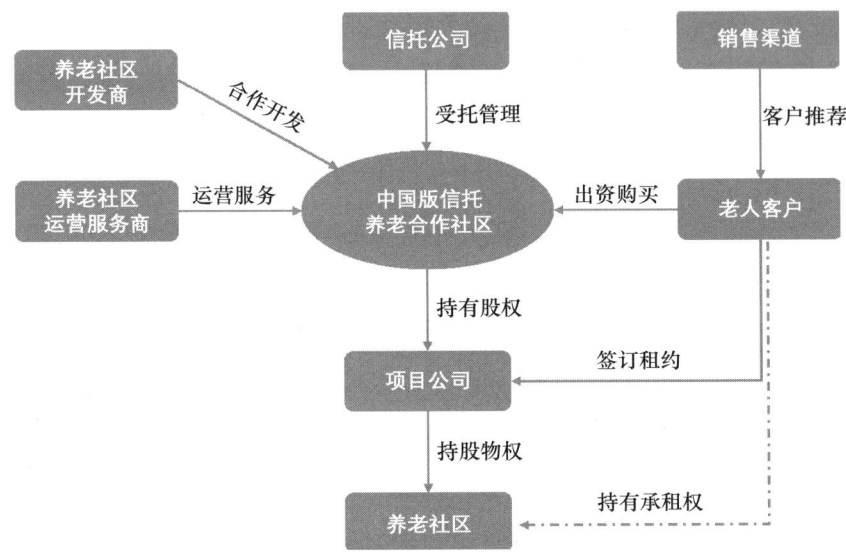

图 17.3-2　信托养老合作社区的交易结构图

同时，养老开发商与信托公司共同选定养老社区的运营服务商，负责为养老社区提供基础物业与医养等服务。

第二步，信托公司为养老开发商开拓代销渠道

信托公司为养老开发商开拓商业银行私人银行等代销渠道。根据养老社区的所在城市与项目特征，商业银行能够导入巨量的高端老年客户资源。

第三步，老年客户认购信托公司发行的养老信托产品

老年客户与养老开发商达成认购意向后，信托公司将向老年客户发行养老信托产品。老年客户以其现金认购养老信托产品，信托公司将收到的现金支付给养老开发商。老年客户继而与项目公司签订《租赁协议》，成为养老社区特定单元房间的长期租户。

第四步，老年客户与养老服务商签订服务协议

根据老年客户的自身情况，老年客户与养老服务商签订《医养服务协议》，双方约定服务清单与服务费用标准。

第五步，信托公司提升老年客户消费权益的保护程度

通过引入尽职调查、资金监管、资产抵押等专业金融风控措施，信托公司作为受托人能够提升老年客户的消费权益保护程度。

老年客户认购信托成为委托人与受益人后，信托公司还可以帮助其建立信托受益人大会与选举受益人代表。该信托受益人大会可以成为养老社区的利益共同体与决策联合体（类似业主委员会），受益人代表是其执行机构（类似业主委员会代表）。

第六步，信托公司为老年客户提供增值服务

信托公司作为金融机构，还能提供老年客户的分期支付金融服务。

老年人入住养老社区后，其自有房屋产生空置。信托公司可以自行或聘请外部服务商为其提供房屋资产管理服务，实现以租养老。

另外，信托公司还可以提供家族信托服务，为老年客户提供家族资产传承与看护服务。

第七步，养老信托产品的二级市场建立

信托受益权作为合法的金融资产，具有确权性与合法交易性。

信托公司可以与养老开发商、养老服务商与营销代理商等共同创建养老信托受益权的二级买卖市场，通过为老年客户代理出售其持有的养老信托受益权，为老年客户提供养老信托受益权的退出变现渠道。

4. 信托养老合作社区的法律关系

信托养老合作社区的法律关系主要包括如下几对关系。

1）信托公司与养老社区开发商之间的合作关系

养老社区开发商与信托公司签订《合作合同》，就信托化销售的相关安排进行约定。信托公司主要负责设计信托产品架构，并持有养老社区项目公司股权。养老社区开发商主要负责养老社区的开发建设等。

2）信托公司与老年客户之间的信托关系

信托公司与老年客户建立信托关系，老年客户成为信托委托人，信托公司成为信托受托人。老年客户基于对信托公司的信任，将其财产权委托给信托公司，由信托公司按老年客户的意愿，进行管理或者处分。

3）信托公司与养老社区运营服务商之间的服务关系

信托公司与养老社区运营服务商签订《托管合同》，约定信托公司聘请运营服务商为养老社区提供运营管理服务，具体包括养老社区日常经营、物业服务与医疗服务等。

4）信托公司与代理销售机构之间的代理关系

信托公司与代理营销机构签订营销《代销合同》，约定信托公司委托代理销售机构为养老信托产品提供代理营销服务。

5）老年客户与养老社区项目公司的租赁关系

老年客户与养老社区项目公司签订《租赁协议》，约定长期租赁安排，老年客户成为承租人，项目公司成为出租人。

6）老年客户与养老社区运营服务商之间的服务关系

老年客户与养老社区运营服务商签订《服务协议》，约定服务清单与服务费用标准。上述法律关系图如图 17.3-3：

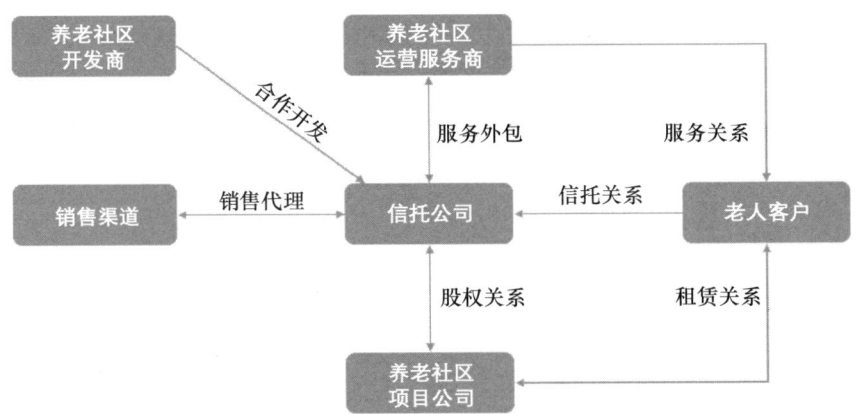

图 17.3-3　信托养老合作社区的法律关系图

张浩

泰康保险集团医养研发部　总经理

原方正集团　项目总监

原百度大数据部　产品总监

武汉大学健康学院　兼职教师

中国医疗卫生信息互联互通技术联盟　常务副理事长

第十八章 智慧养老平台助力 CCRC 养老社区建设优秀实践分享

一、智慧养老助力养老产业发展

1. 我国人口老龄化的现状与带来的问题

进入 21 世纪，我国迎来了人口迅速老龄化的时代。统计数据显示，截至 2017 年底，我国 60 岁及以上的老年人口有 2.41 亿人，占总人口 17.3%；预计到 2050 年前后，我国的老年人口数将达到 4.87 亿，占总人口的 34.9%。面对如此庞大的老年人群，同时具有高龄化速度快、未富先老以及地区化差异大等特点。如何做到"让每位老年人都老有所养、老有所依、老有所学、老有生活品质"，已成为一个重要的社会难题，同时也是养老产业发展的机遇。

2. 智慧养老的定义、政策支持与落地

养老产业的快速发展对养老信息技术提出了迫切要求。2015 年《国务院关于积极推进"互联网＋"行动的指导意见》提出"促进智慧健康养老产业发展"。2017 年三部委制定了《智慧健康养老产业发展行动计划（2017-2020 年）》，指出"智慧健康养老利用物联网、云计算、大数据、智能硬件等新一代信息技术产品，能够实现个人、家庭、社区、机构与健康养老资源的有效对接和优化配置，推动健康养老服务智慧化升级，提升健康养老服务质量效率水平。"

智慧养老的落地主要包括核心关键技术的突破，发展适用于智能健康养老终端的智能传感技术，室内外高精度定位技术，适老化人工智能技术和轻量级操作系统等；二是丰富智能健康养老服务产品，发展健康管理类可穿戴设备、便携式健康监测设备、自助式健康检测设备、智能养老监护设备、家庭服务机器人等；三是开发健康养老数据管理与服务系统，运用互联网、物联网、大数据、云计算

等信息技术手段，推进智慧健康养老应用平台、系统集成，包括但不限于服务于政府管理、监管行业的区域智慧养老平台，服务于各级养老机构及养老服务资源的机构智慧养老平台和服务于个人的养老服务应用平台。

智慧养老是一种新型的养老服务模式，本质上是一种服务于老年人的技术手段、产品或工具，发展时间较短。相较于种类繁多的智能终端设备市场，智慧养老平台的建设还处于起步阶段。

3. 智慧养老平台发展的历程与现状

智慧养老平台的发展是一个长期探索与攻坚的过程。养老科技领域已经涌现出了一批先行者，如深圳壹零后、北京三开科技、上海万达信息、上海抚理健康、北京青松康护、泰康保险集团等。涉足智慧养老平台的机构多诞生于北上广深等经济发达地区，时间跨度从 1995～2018 年不等，其中新型创业公司占比较大（具体见图 18.1-1、图 18.1-2）。

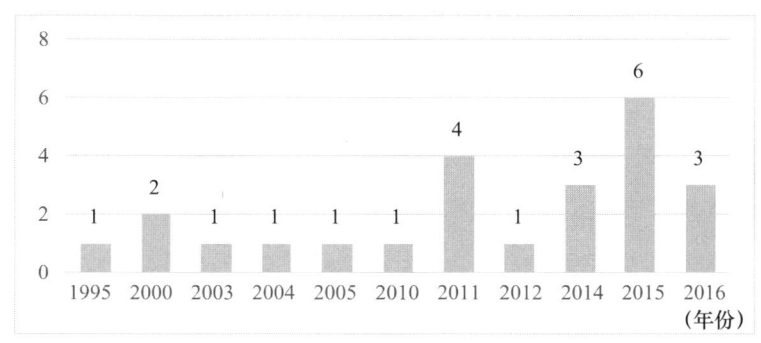

图 18.1-1　1995～2016 年我国智慧养老平台每年新增数量（单位：个）

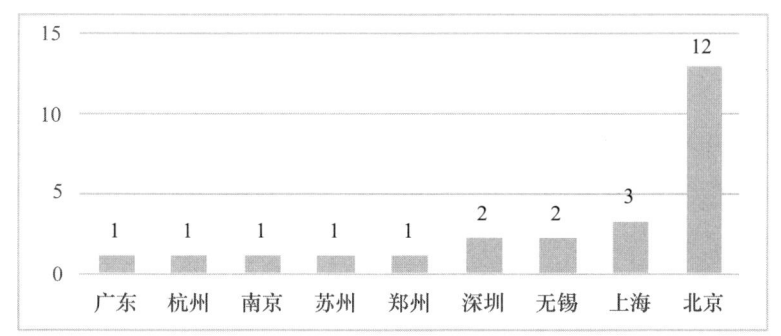

图 18.1-2　2016 年我国主要城市智慧养老平台数量汇总（单位：家）

智慧养老平台的解决方案已趋于多元化，包括区域养老政府监管系统、养护机构管理系统、居家上门服务系统、长期护理分级评估系统、养老住区解决方案等。典型的平台有：

1）泰康养老云平台（泰养云）

泰康养老云平台源自泰康之家 CCRC 养老社区的高品质服务，面向养老服务机构与政府提供 SaaS 解决方案。泰养云机构版以老年人健康档案为核心，涵盖一站式养老咨询申请、评估分级、生活照料、紧急援助、医疗保健、文化娱乐、心理慰藉等养老服务，分角色提供居住管理、评估管理、合同管理、长期照护管理、康复系统、费用管理、订单管理、志愿者系统、运营分析等应用和支撑服务功能，实现养老服务信息规范管理；泰养云区域版为政府部门提供以老年人养老档案为基础的数据支持服务接口，对接民政补贴经办系统、居家社区服务平台、机构养老云平台等应用，利用平台对接、整合和运用有效养老行业数据，为政府提供养老综合业务与监管服务。目前，泰康养老云平台已在南京沐春园护理院、北京南苑社会福利中心等机构落地。

2）三开智慧养老平台

三开科技 2010 年创立于北京，利用云计算物联网、大数据打造基于 SaaS 模式的智慧养老云平台，兼顾智能硬件、健康大数据服务、电子商务等产业链，旨在服务于居家养老、社区养老、地产养老、养老院等涉老机构。三开智慧养老平台已在广东泰成逸园、陕西省荣复军第一医院、保利地产等多地落地。

3）壹零后智慧养老解决方案

深圳壹零后信息技术有限公司，目标旨在提供一站式智慧养老解决方案，包括软件平台（PC 端、移动端、大数据应用）、智能化集成（基于场景的智慧照护软硬件及服务嵌入）、咨询服务，具有代表性的落地成果为广东南海、上海亲和源。

4）万达养老云

万达信息股份有限公司成立于 1995 年，其机构养护信息化产品包括四大板块，分别是养护机构、长者照护之家、日间照料中心和护理站等业态的信息管理系统，旨在通过物联网、移动应用及云平台等技术手段，协助养护机构提高业务管理水平及服务管理质量。

二、智慧养老平台在 CCRC 型养老社区的应用现状

1. 总体应用情况概述

CCRC 型养老社区，通过为老年人提供自理、介护、介助一体化的居住设施和服务，使老年人在健康状况和自理能力变化时，依然可以在熟悉的环境中继续居住，并获得与身体状况相对应的长期照护服务。鉴于 CCRC 型养老社区服务的多元性、长期性与复杂性，其对于智慧养老平台的要求也更高。

智慧养老在硬件方面要求：针对居民的建筑规划设计，良好的环境控制，医疗中心、文教中心、健身娱乐中心、购物中心、家政服务中心等社区配套。慧养老在软件方面要求：社区医疗体系，紧急呼叫及救护中心，健康增进体系、养老养生相结合；社区养生体系，丰富多彩的精神文化生活；通过物联网加互联网的方式，以信息化为驱动力，通过软硬件智慧设备、设施为载体，形成高效、生态的新型现代化养老社区。

2. 典型应用案例

1）国内典型应用案例一：泰康之家

经过十年努力，泰康之家引入美国 CCRC 持续照护模式，提供独立生活、协助生活、专业护理、记忆照护四种生活服务区域，社区内配建二级康复专科医院，实现高品质一站式退休生活解决方案。泰康之家以大规模、全功能、医养结合、候鸟连锁为特色，以活力养老、文化养老、健康养老、科技养老为管理理念，满足长辈"社交、运动、美食、文化、健康、财务管理和心灵的归属"七大核心需求，为居民打造"温馨的家、高品质医疗保健中心、开放的大学、优雅的俱乐部、长辈心灵和精神的家园"五位一体的生活方式。目前已经覆盖全国 13 个重点城市，可提供约 2 万户养老单元，北京、上海、广州、成都四地社区及配建康复医院已正式投入运营。

泰康智慧养老平台的建设与养老社区的建设同步，智能健康产品方面试点集成了健康管理类可穿戴设备、便携式健康监测设备、拉绳报警可定位挂绳等监测设备以及智能语音、智能面部识别等家庭智能 AI 技术。健康养老数据管理与

服务系统建设方面，基于泰康公有云基础设施平台，利用开源体系、领域驱动的微服务技术搭建了覆盖131个养老业务模块的自有知识产权的SaaS泰养云平台，以支持全国连锁、快速复制、高品质服务规范和服务质量的业务需要。

2）国内典型应用案例二：上海亲和源老年公寓（会员制养老社区）

上海亲和源老年公寓是由亲和源集团打造的首个会员制养老社区，项目于2006年4月开工，2008年开园运营。2010年开始全国连锁经营，先后成功建设运营9个连锁养老社区。上海项目位于浦东新区秀沿路，环境舒适优雅，交通方便快捷，毗邻地铁11、16号线，紧靠上海迪士尼乐园、万达购物中心、新国际博览中心及浦东机场等商业区域。社区是一个无障碍、花园式、生态型老年社区，占地125亩，建筑面积达10万m^2，规划15栋建筑共830余套高标准精装修养老公寓。

上海亲和源老年公寓结合现代化的科技应用，完善的社区内的智能化设备，将宜老化、科技化概念融入社区。根据管理需求提供CRM客户管理、房型房态、收费、集团化管理功能，高效管理社区会所、餐厅、医院/护理院、度假酒店、各种活动空间等生活医疗商业配套，同时为会员提供生活、健康、快乐三大板块的24小时秘书式服务，并因此荣获由上海大世界吉尼斯总部颁发的"规模最大的居家式老年公寓"荣誉。

3. 应用现状总结

CCRC养老社区的信息化建设起步较晚，在运用物联网、通信技术、大数据、云计算等现代科技手段上还有很大的提升空间。同时，国外会结合理论创新和实践应用对养老服务信息进行整合与利用，而国内缺少对此类信息的分析和运用，从而没有达到更为高效和人性化的服务。近几年来，众多机构投入到了智慧养老的学术研究和落地实践中，迅速发展、积极推动了智慧养老更为深入、细致化、创新性的各领域研究。国内的智慧养老发展应在现实基础上加强各类资源的整合、对数据进行科学的挖掘与分析、在理论创新的基础上结合实践，"以老年人为本"，提供更为人性化、便捷、高质量的智慧养老环境。

三、智慧养老平台的主要功能

1. 核心应用场景

智慧养老平台的核心应用场景,与CCRC养老社区的主要业务活动是密切相关的。从入住前的咨询、评估,到办理入住、生活服务、医疗健康、长期照护、文娱活动、消费记账,到最终离开社区,都可以在养老平台的具体功能中体现。

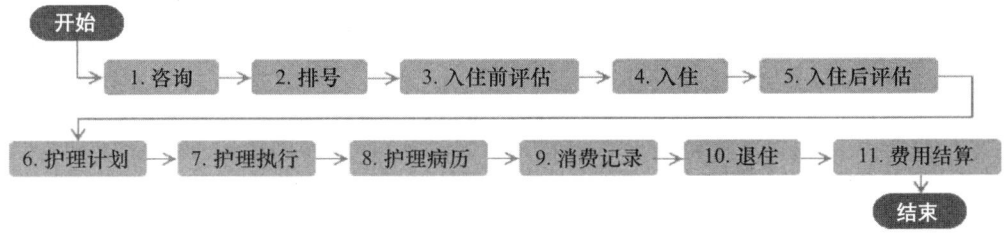

图 18.3-1　CCRC 养老社区的核心业务流程

2. 重点功能模块介绍

智慧养老平台的主要功能如下:

1)生活照料模块

生活照料模块支持为居民提供社区日常生活中所需的各项服务。营养膳食管理模块支持自助餐、点餐、团餐等餐饮服务,支持根据对居民评估的结果,制定营养配餐或处方配餐计划,支持移动端发起点餐、送餐、上门烹饪等服务,满足居民个性化营养膳食需求。保洁卫生管理底层提供一套完整的业务流,提供保洁服务项目管理、保洁员排班管理、保洁计划管理、保洁任务管理、评价管理、整改措施等功能;业务层面涵盖开荒保洁、入室保洁、专项保洁、公共区域等保洁业务。以入室保洁为例,根据入住后的综合评估结果,生活管家为居民制定保洁计划,系统自动分解保洁任务,每日推送给保洁人员执行,结束后居民在移动端对服务进行评价,社区收到评价反馈后将及时进行保洁管理改进。委托服务管理主要支持代步服务、代购物品、带领物品、代缴费用、文书服务等,居民在移动端发起服务请求后,生活管家根据请求内容提供相应的服务并获评价。安全保护模块支持出入平安、应急救助、消防安全、安全巡查、安全教育的管理,通过配备智能可穿戴设备,监测居民行动轨迹、异常行为(如跌倒),及时预警给生活管家,防走失、防跌倒、紧急报警;根据社区日常安全巡查计划给安保人员发送任务进行安全巡查等。物业维修主要功能包括定期检修、维修管理、管道疏通、灭蟑灭虫、水电服务等的管理。洗涤服务管理支持居民制定日常洗涤服务计划,在移动端预约洗涤服务,主要功能包括代送洗涤和上门洗涤,生活管家根据计划任务或预约任务提供服务并获评价。

图 18.3-2　养老智慧平台的主要功能示意图

2)长期照护模块

长期照护模块是支持 CCRC 养老社区的居民,尤其是介助、介护、失智等护理业态居民,贯穿全生命周期的长期照护业务。照护评估管理模块主要包括配置评估工具、照护评估管理、照护定级、照护记录查看等功能;照护评估是社区特色服务的入口,照护评估管理模块支持居民入住前评估、入住后评估,入住前评估主要使用 ADL、SPMSQ、MMSE 等量表,入住后评估主要使用认知能力、压疮风险评估、跌倒风险评估等量表,所有的评估任务管理、评估量表使用应支持移动端,方便服务人员在不同的场景中轻松、便捷地完成评估任务。照护计划制定模块主要是制定、查看和评价照护计划,支持配置照护计划内容、制定和查看和评价照护计划,如进行照护评价、评价修改和评价追加,以便准确反映照护措施的实施效果。照护计划执行模块支持照护计划的详细执行过程管理,包括当班工作任务清单与执行记录以及历史工作任务清单;考虑长期照护服务的场景,应提供移动端以便及时了解各项照护任务的执行情况。

3)医疗健康模块

医疗健康模块不是简单重复临床信息系统的复杂功能,而是通过支持互联互通的数据集成平台建设,解决医养结合的数据交换问题。外部系统对接模块支持对接 HIS 系统、体检系统等临床专业信息系统,以实现居民在医院就诊或体检后,通过数据交换获取诊断、病历、体检结果等信息。体征信息管理模块支持各类生命体征信息,如呼吸、心率、体温、血压、体重、血糖、血氧等,以及各类出入量体征信息,如胃管进食量、输液量、排尿量、伤口引流液等的采集录入与查看;对于不同的体征项目,系统根据标准限定其体征值的录入范围,以降低误操作的概率。随着电子医疗设备、可穿戴智能设备的推广使用,部分体征数据可以通过物联网技术实现实时采集与自动上传,另一方面系统支持护理人员通过移动工作平台快速维护体征信息,降低护理工作量的同时,也提高了信息的准确性。其中,体征表单功能主要是根据所录入的体征结果,系统自动生成每个客户的各类体征表单,作为其身体状况变化的参考,包括体温单(三测单)、体重单、出入量记录单等。康复管理模块支持康复评估、计划制定、生成任务、效果评估等康复流程,其中康复评估包括前期评估、中期评估、末期评估,是制定和调整康复计划的基础,康复计划的内容包括物理治疗、言语治疗、作业疗法、音乐疗法、水疗等,系统根据康复计划再分解不同角色的康复任务,执行后进行效果评价。健康档案由居民健康状况、病情变化、治疗过程等健康资料组成,传统的纸质健康档案基本是束之高阁,保管、查询、使用均不方便。智慧养老平台提供电子健康档案的功能,通过与相关业务模块的对接,健康档案模块获取了各业务环节中采集到的居民各方面的健康信息,包括评估、诊断、检验检查、病程记录、康复、健康管理、日常护理等各类健康数据,并根据时间维度,形成居民统一、完整、综合的健康档案,方便全面了解其健康状况。

4）文化娱乐模块

文化娱乐模块主要是支持社区内部的文化娱乐活动管理，以充实居民日常生活，提升其心理与精神面貌，如进行网上报名和智能签到等。老年大学模块主要支持对教师、课程的管理以及课程报名申请、上课电子签到等服务。健身娱乐管理模块主要支持各项文娱活动管理、活动报名申请、参与活动电子签到、活动评价反馈等功能。团体活动管理模块主要支持俱乐部管理、活动计划、物资管理、报名、签到等业务，居民自发组织的俱乐部团体可以向社区报备注册，成立后使用本功能制定和发布团体活动计划、定期举办活动。居民通过移动端可以查看课程计划、活动计划、俱乐部活动计划，自主报名，参加活动时通过人脸识别技术自动签到。

5）精神慰藉模块

精神慰藉模块通过以下功能协助社区实现对居民的精神关怀，缓解居民的孤独感。入住适应管理模块包括入住适应计划管理、适应任务管理，居民入住社区后，根据每位居民情况制定入住适应计划，系统根据计划自动产生任务推送给对应的工作人员，工作人员根据任务协助居民对社区生活的适应，并记录居民的适应情况，以便随时调整计划。关怀访视管理模块包括关怀访视计划管理、任务管理，根据每位居民情况制定关怀访视计划，系统根据计划自动产生任务推送给对应的工作人员，工作人员根据任务对居民进行访视，记录居民的日常情况并可随时调整访视计划。心理咨询管理模块支持对居民的关怀访视、健康评估后，定制合适的心理咨询计划，并自动生成相应的情绪疏导、心理支持、危机干预、精神疾病等服务任务，自动分发给各类工作人员及时处理。志愿服务管理模块提供志愿者与志愿团体管理（申请、注册、表彰）、志愿活动管理、时间银行等功能，支持居民线上或现下申请提供志愿服务，积累时间货币，将来换取社区提供的其他服务。

6）运营管理模块

运营管理模块用于支持养老机构日常运营的各项活动。营销管理模块包括意向客户管理、咨询登记、预约参观、预订排号管理等。客户管理模块包括客户信息维护、客户身份验证、人脸采集识别等以及根据客户业务活动形成完整的客户档案。居住管理模块包括入退住管理、房间/床位管理、房态图/床态图管理等，主要管理居民从入住到退住的各类居住相关事项，包括办理入住、换房/换床、退住、候鸟居住、住院、外出、居住历史查询等。费用管理模块包括居民财务账户的管理和费用管理，主要是账户的充值/退费、费用催缴、收据打印、账户记录，以及对费用记账、核销、结算、对账及各类明细查询打印等。人事管理模块包括人员考勤排班、薪资管理、员工关系、培训发展、福利管理、绩效管理等。供应链管理模块包括采购管理、出入库管理、库存管理、盘点、对账管理等。内控管理模块包括服务评价、服务改进、监控安全等。决策分析模块包括业务数据的统计报表、运营决策分析报表等，如入住报表、退住报表、回款报表、客户分析等。

四、智慧养老平台的技术实现

1. 智能养老的核心技术

互联网技术日新月异，其核心技术是人工智能（AI）、大数据（Big Data）和云计算（Cloud Computing），简称ABC，三者之间相互促进、辩证发展。云计算自2007年以来得到了蓬勃发展，其核心模式是大规模分布式计算，它将计算、存储、网络等资源以服务的模式提供给多用户，按需使用。从部署模式的角度，可分为公有云、私有云、混合云、行业云等；按照提供服务的种类，可分为基础设施即服务（IaaS）、平台即服务（PaaS）及软件即服务（SaaS）。云计算造就了大数据，其低成本、按需分配、可扩展、开源、泛在化等特点体现在大数据上时，就构成了大数据Volume（大量）、Velocity（高速）、Variety（多样）、Value（低价值密度）、Veracity（真实性）等五个特点。大数据和云计算驱动了人工智能的发展，以机器学习为代表的快速发展，尤其是深度学习的浪潮，引领了语音识别、图像识别、生物体征识别、自然语言处理等领域人工智能技术落地应用。

云计算（Cloud Computing）是基于互联网的相关服务的增加、使用和交付模式，通常涉及通过互联网来提供动态易扩展且经常是虚拟化的资源。云计算指IT基础设施的交付和使用模式，指通过网络以按需、易扩展的方式获得所需资源或服务。云计算是大数据分析的基础，通过公有云服务，结合云存储技术，实现数据的互联互通，可以发挥数据价值的最大化；同时云计算、云存储也是智慧养老平台提供服务的基础，将数据放到云上供机构存取，授权的使用者可以在任何时间、任何地方，透过任何可联网的装置连接到云上方便地存取数据。这样利用云服务，智慧养老平台可以同时为海量级的CCRC养老社区提供各具特色的服务，而各养老社区仅仅只需要投入一台能联网的设备即可，因此通过云计算、云存储提供的云服务是一种便捷化、特色化、智能化的服务。

大数据（Big Data）又称为巨量资料，指需要新处理模式才能具有更强的决策力、洞察力和流程优化能力的海量、高增长率和多样化的信息资产。其意义不在于掌握巨量的数据信息，而在于对这些含有价值的数据进行专业化处理。大数据分析技术对于智慧养老来说是必不可少的核心技术之一，通过利用临床认证的可穿戴设备进行数据采集和积累，智慧养老平台通过收集数据并运用大数据的分析方法，可以及时发现和反馈老年人的身体情况变化；例如智能手环可收集老年人的心率、睡眠情况，智能床垫可对老年人进行心电监护，收集老年人夜间的心电情况变化，智能鞋垫可收集老年人的步态变化情况，通过这些智能设备标准化的数据采集并分析，可以得出老年人的心脏健康情况变化、睡眠质量变化、活动能力变化等各项生命体征的变化情况，实时监控老年人的健康；对于 CCRC 养老社区来说这是非常重要的，因为一个老年人从完全可以自理入住社区，到最后年老需要长期照护，直至生命的终点，一直都在 CCRC 养老社区度过，通过全周期的数据采集，即可通过智慧养老平台收集的各项数据，分析并推算出老年人何时需要进行更换护理等级进行专业照护，提前做好相应的服务准备、调配各项资源，大大提高 CCRC 养老社区的管理能力和服务水平，达到资源的合理利用。

人工智能（Artificial Intelligence）是研究、开发用于模拟、延伸和扩展人的智能的理论、方法、技术及应用系统的一门新的技术科学。人工智能是计算机科学的一个分支，研究领域包括机器人、语言识别、图像识别、自然语言处理和专家系统等。面部识别是基于人的脸部特征信息进行身份识别的一种生物识别技术，包括图像摄取、人脸定位、图像预处理以及人脸识别（身份确认或者身份查找），已在金融支付、通关领域、园区监控、嫌犯识别等多个场景落地应用。针对老年人的面部特征，如面部皱纹增加、上下眼睑袋形成、鼻唇沟加深、老年斑变化、皮肤光滑度和色泽的变化以及面部骨骼特别是颌骨的变化等，开发适老性的面部识别技术，支持社区门禁管理、公共区域活动轨迹监控、用餐购物和费用缴纳等场景的快捷支付。语音识别是另外一个人工智能已落地的分支，对于瘫痪在床或失能老年人，语言可能是他们和外界交流的唯一途径，通过声纹识别可以实现对老年人的身份确认，通过语音的文字识别可以将老年人的语言转换为可视化的文字，并且随着智能音箱、智能机器人的技术发展，人机交互将会变得越来越成熟，因此智慧养老平台在 CCRC 养老社区运用这种技术可以更好地与老年人进行交互，为老年人提供高质量的服务，未来或大有可为。

2. 微服务与中台服务架构

技术框架选型，是智慧健康养老应用平台的建设的第一步。面对养老服务业务的复杂性、机构能力与需求的多样性，传统的单体架构 一个归档包包含了应用所有功能的应用程序；代码维护难度大、臃肿的部署、局限的弹性与扩展能力，阻碍团队与技术革新。而互联网时代进化出的微服务架构是以开发一组小型服务的方式来开发应用，经常采用 HTTP 资源 API 的轻量机制相互通信，并能通过全自动的部署机制来进行独立部署；具有代码维护简化、可独立部署、高扩展与伸缩、自由选择开发语言等优点。中台服务架构是伴随着产业规模不断扩大、业务多元化而形成的，可以将中台服务架构理解是微服务架构的升级。阿里巴巴提出了"大中台小前台"的战略，并在新电商领域获得成功，主要是强化业务中台和数据中台，把前端的应用变得更小更灵活。当中台越强大，能力就越强，越能更好地快速响应前台的业务需求。

3. 智慧养老平台的系统架构

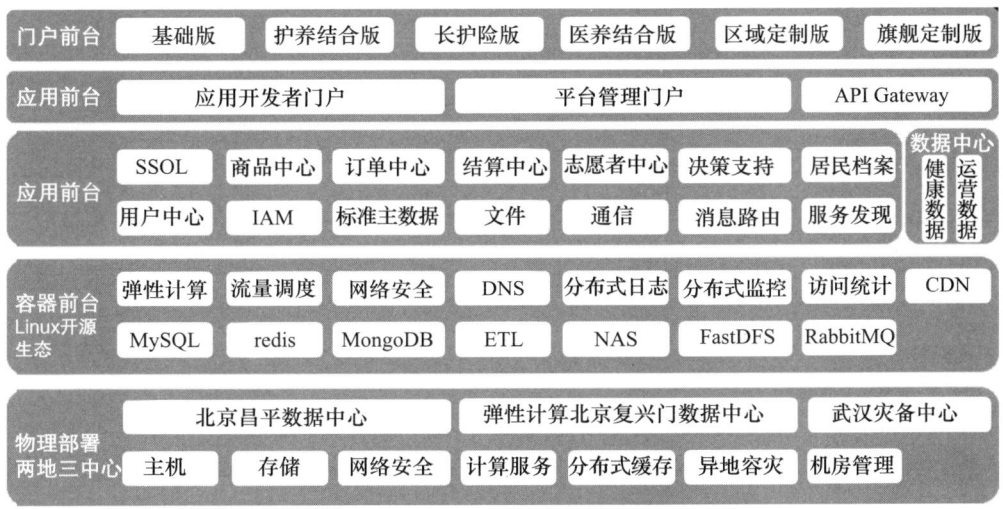

图 18.4-1　智慧养老平台的系统架构图

五、智慧养老平台在 CCRC 养老社区应用展望

1. 新技术创新应用助力智慧养老平台成长

随着物联网技术的发展,智能手环、智能床垫、智能音箱等一大批智能硬件设备日趋丰富,以物联网及智能设备为基础的智慧养老的应用逐渐成熟,信息化手段极大地延伸养老服务供给的广度与深度,改善了养老服务。目前的智能设备与养老的结合,主要应用在安全、健康、便捷三大方向。

1)安全方向

由于老年人身体机能减退、机构人员资源有限、老年疾病等特点,老年人突发情况的响应处理等安全事项是养老机构尤为关注的问题。室内定位报警系统将互联网、智能穿戴设备、物联网等技术相融合,老年人佩戴定位手环或胸牌,工作人员便可在中后台查看其在养老机构内的实时位置和活动历史轨迹。老年人发生险情,可主动按击手环或胸牌的报警按钮报警,工作人员通过地图定位或调用就近摄像头,准确掌握报警地点,第一时间前往救援,保障老年人生命安全。

2)健康方向

通过智能手环、智能床垫等设备,老年人无感知的情况下,7×24 监控老年人身体情况。当老年人身体指标发生异常,中后台系统自动报警,监护人员可以第一时间采取急救措施。支持实时采集生命体征数据,常见的有血压、体温、心率等,这些数据会采集到养老云平台健康数据中心,形成老年人的健康档案,为临床护理人员、运营管理人员提供精准的健康趋势数据,做好健康管理工作。

3)便捷方向

智能机器人可陪伴老年人聊天,为老年人点播他们喜欢的戏曲、曲艺、新闻等。也可以通过智能机器人呼叫机构服务,如通过机器人来呼叫前台、完成订餐等操作,还可通过机器人与家人视频聊天。这一切的服务的发起老年人只需通过说话告知机器人即可。智能机器人的"陪伴"给老年人增加了生活乐趣,丰富了老年人精神生活,同时也降低了机构运营服务成本。

2. 智慧养老平台赋能 CCRC 养老社区落地

"一流企业做标准、二流企业做品牌、三流企业做产品",业务规范与数据标准是养老机构建设智慧养老平台的基础。标准化流程的初步形成象征着机构养老管理体系的成熟。而对于尚未落成或经营早期的 CCRC 养老社区而言,标准化流程带来的制度化和规范化毫无疑问将成为他们的迫切需求之一。智慧养老平台在提供信息化服务的同时,还将创造性地为养老社区结合已有 CCRC 的最佳实践定制一套标准化流程,通过其标准化流程规范信息化管理,满足居民、服务人员及管理人员的多层次需求,将多角色职能串联起来,成为一个有机整体。

资源是社会经济活动中人力、物力和财力的总和,是社会经济发展的基本物质条件,具有稀缺性;养老产业服务资源紧张、素质有待提升也是挑战之一。如何在有限的人力、物力和财力内实现资源的合理配置是永恒的话题,智慧养老平台通过对已有 CCRC 养老社区最佳实践的大数据分析,可为多个方面的服务资源整合和优化配置提供智能解决方案。以人员配置为例,针对不同护理等级的照护区以及该照护区老年人的数量,合理安排医护人员的类型和数量;根据护士及护理员的活动轨迹,合理设置护士站布局,使得护理人员的日常工作效率得到提升,同时提高了遇突发情况时的反应速度。

我国智慧养老尚处于起步发展阶段,政策、服务标准正在不断完善,随着养老主流人群消费能力、养老理念、生活方式的变革升级,传统的养老模式将与智慧养老结合得更加紧密,信息化、智能化与物联网技术在未来的养老体系中将起到关键作用。

李光松

睿佳医联健康管理有限公司CEO

原北京交通大学机电学院　讲师

原泰康健康产业投资有限公司采购中心　副总经理

原索迪斯集团 Sodexo 供应链管理部　中国区采购总监

原京东集团 全国招标中心总监 政府采购与供应链管理顾问

第十九章 CCRC 养老社区采购供应链管理

一、CCRC 养老社区的供应链管理阐述

对于传统行业的供应链管理，大家都不陌生，对于 CCRC 养老社区的供应链管理，行业中并未形成科学规范的管理模式，具体原因分析如下：

1）CCRC 养老社区的供应链管理归属于间接采购范畴，间接采购的供应链管理，在我国的规范化发展和重视的程度并不强，行业处于整体发展阶段。

2）CCRC 养老社区的供应链管理范畴横跨几个业态的整合：物业管理、餐饮管理、医护管理、家政管理……既要兼顾各行业本来的积累，又要兼顾行业间的整合，更要考虑行业标准化与 CCRC 养老集团（或社区）的定位、选择及即将形成的自身发展特色等。因此 CCRC 养老社区的供应链管理更为复杂。

以上是针对国内 CCRC 养老社区供应链管理的现状做的简单描述，CCRC 养老社区的供应链管理，应该如何操盘呢？

CCRC 养老社区整体供应链的管理，依然需要遵从于传统行业的集团化间接采购供应链管理的业务逻辑进行全局管控。供应链管理本身就是一门理论结合实践的学科范畴，需要结合传统行业供应链管理及 CCRC 养老社区供应链管理的经验来制定管理方案。

1）所有供应链管理规划之前，一定要参与到 CCRC 养老社区管理的战略层面中来，哪些是外包？哪些是自营？我们追求的利润目标、成本目标的定位如何？基于收费标准、营业收入、固定资产投入、行业定位区间等各种要素的叠加，将会清晰地定义供应链管理的模式及其在整体 CCRC 养老社区中价值贡献的定位。

2）单体型 CCRC 养老社区的供应链管理，想要管理好并不难，无非是在一阵杂乱无章的"筹开战役"中逐步规范、逐步提升。但是对于集团化 CCRC 养老社区供应链的管理，必须考虑到整体规划，从战略层面做好规划后，分步实施，

逐步到位。集团化 CCRC 养老社区供应链管理的难点在于区域的差异化与集团的标准化如何有机、有效地融合，做到"形散而神不散，全国管控一盘棋"。

3）对于集团化 CCRC 养老社区供应链的管理，所谓的战略规划就是要做到"胸中有图、脚下有路"的状态。规划之初，就要知道整体的供应链管理，要"从哪里来，到哪里去"。这就是所谓的"目标清晰、路径有效、结果导向"。

按照项目制管理的方法，我们概括 CCRC 养老社区供应链管理，大概可以分为以下"三部曲"：

1）全局规划与数据分析阶段；

2）组织规划与分步实施阶段；

3）循环往复与持续优化阶段。

以上"三部曲"按照项目制管理的逻辑不断延展开来，CCRC 养老社区整体供应链的管理既可以生动地为大家呈现出来。如果这个三部曲，是一首整体旋律的话，那么 CCRC 养老社区供应链管理整体就是一个"拉网小调"，每一个管控的类别就是那个渔网最小的单元格，所谓的形散而神不散，其实就是这整张网，如此整齐划一，全国范围 CCRC 养老社区的供应链管理就全部在一张网里面，尽在掌控之中。

二、CCRC 养老社区的供应链管理的"经纬法则"

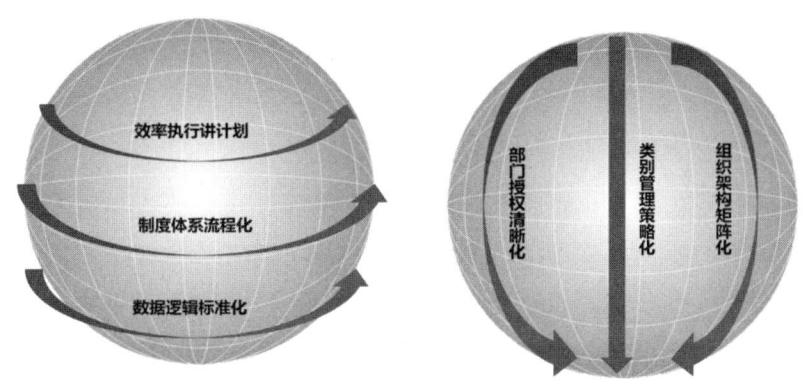

图 19.2-1　供应链管理"经纬法则"——横看成岭侧成峰

当然"没有规矩，不成方圆"，能够有效完成以上"三部曲"，需要严格遵守一个基本法则：即本文作者总结的供应链管理的"经纬法则"。遵循了经纬法则，就相当于获得了供应链管理的制胜法宝。遵从了这个基本的经纬法则，在实施过程中就能够抓住几条"虚拟主线"，这就是贯穿整个 CCRC 养老社区供应链管理的"上层建筑——精神主线"。

1. 供应链管理"经纬法则"——纬线

1）效率执行讲计划

计划横跨需求部门主管部门（事业部或事业部专业条线）、需求部门、采购部门、一线执行部门。计划的制定与执行是需求部门、供应链管理部门、一线执行部门协同制定并共同遵守的。这样才能做到真正意义上的协同，在不同的节点、不同的阶段遵循供应链管理的不同步骤，分步实施，协同落地。

2）制度体系流程化

供应链管理整体的制度体系可以分解为制度与流程两部分。制度规划出大的原则，流程描述具体节点推进的过程中涉及的预算、审批、组织、授权、执行与反馈。

3）数据逻辑标准化

所有数据必须遵从信息化、标准化的业务逻辑推进，采购类别须有一个统一的编码规则，遵循三级分类编码规则具体到产品，如此标准化的数据逻辑应用到信息化的实施过程中，整体 CCRC 养老社区的信息化才会是有价值的业务数据、有价值的流程体系，这是后面类别管理策略执行的基础。

2. 供应链管理"经纬法则"——经线

上节所述的三条纬线是从外部组织横跨供应链管理组织再到外部组织落地执行的一个横轴。光有横轴，是无法完成高效的供应链管理的，必须有纵轴贯穿始终，才能实现"网格化"管理。

1）部门授权清晰化

从预算的制定到招采计划的执行，每一个关键节点都离不开审批，审批既影响供应链管理执行的效率，也影响到项目成本的管控及执行。这里的审批授权既包括需求部门的审批授权，也包括供应链管理部门内部的审批授权，当然也包括公司整体财务、法务等相关中后台职能部门的审批授权。

2）类别管理策略化

供应链管理的本质，是对各个采购类别（标的物，含服务类）的执行策略有一个清晰明确的定位。只有制定了清晰的类别管理策略，才能彰显供应链管理中的专业化。当然，类别管理策略与公司整体的发展战略、部门不同阶段的发展定位是息息相关的，类别管理策略并不是一成不变的策略，而是随着主营业务的不同发展阶段及状态，进行因地制宜的调整。

3）组织架构矩阵化

在供应链管理部门规划组织架构的时候，需要考虑两条主线：一虚一实。即一条主线是虚线，以类别管理团队为核心；另一条主线是实线，以供应链管理职能为核心。这就是矩阵式结构。

（a）类别团队：要充分考虑采购覆盖了哪些类别，然后按照类别的大类进行组织架构的规划。从集中到分散、从总部到地方，每一个类别管理都是总部制定策略，地方执行策略，这样的一个类别管理团队，能够将需要小组协同的事项落实执行到位，使得类别管理策略得以贯彻。

（b）职能团队：抛开类别管理团队这条虚线，另一条组织架构规划的主线就要考虑供应链管理的供应商开发与管理职能、招采执行过程管理职能、订单管理职能、数据分析职能……供应商开发与管理中各员工的角色与类别管理策略制定与执行小组完全可以重叠并且有交叉，如此才能体现类别管理的专业性，在需求管理与供应商管理中，赋能于组织，实现高效协同。

三、CCRC 养老社区供应链管理的实施阶段

以上的分析与阐述主要针对 CCRC 养老社区供应链管理搭建了一个宏观性的理论框架，下面我们将一起来展开具体工作，如何做到分步实施、掷地有声，使 CCRC 养老社区供应链管理完美呈现。

1. 基础阶段

在打基础的阶段，企业需要具备全局观念，明确管理范围与管理边界，做好类别分析与支出分析，同时做好总分协同的规划与布局。

1）什么是全局观？

所谓全局观就是要正确分析企业所处的发展阶段，部门发展战略服从于企业发展战略，正确分析并定位部门的阶段性使命和战略重点，制定部门的组织架构和人员规划，制定部门阶段性目标。

2）明确管理范围与管理边界

明确供应链管理的边界很重要。企业需要清晰地知道：哪些部门的采购交给我们做了？哪些部门的采购是我们做一部分，他们做一部分？供应链管理制度适合本部门还是本公司？抑或是本社区或者本集团？这里面的边界管控，需要掌握"度"。柔性管理是最好的管理，笔者一向主张在需求部门需要你的时候，供应链管理部门永远都尽可能勇敢地向前迈半步，勇于承担责任，敢为公司担当，具备了这样的管理边界的能力，才能够做到部门的内部与外部有机融合，形成紧密共同体，达到"你中有我，我中有你"的境界，才能在执行过程中做到"无缝链接"。

特别是对于新建的养老社区，需求部门的团队都在磨合阶段，有时对业务的规划与布局尚不清晰，对于有些采购需求，很难一时提出能够有效地为供应链管理部门执行采购所用的需求。这时候，供应链管理部门的类别团队就需要勇于承担，协助需求部门明确需求，这勇敢的半步，其实就是要主动完成需求管理的动作。供应链管理部门的类别团队不断协助需求部门进行供方市场调研，组织供应商进行技术交流，直到需求部门有了清晰的方向，提出了明确的需求，制订了明确的采购执行计划。这个动作就是所谓的需求管理，本文在后面也将会提到，需求管理是整个供应链管理的核心与价值所在，真正的供应链管理部门，需求管理做得好，后面的采购执行就不会走偏。

3）明确类别分析与支出分析

类别分析就是摸清家底儿，是开展工作的关键。明确了类别，就知道搭建什么样的队伍，招聘什么样的类别经理；也就可以依据企业所处的阶段和类别策略，制定供应链管理策略。类别管理是基础性工作，不能按照任务分配，一定是按照管理类别定义角色。供应链管理一定要以类别管理为主线，避免平铺式，否则来一个任务就随意分配一个任务，这样的供应链管理团队，谈不上专业性，也谈不上整体规划，始终处于疲惫奔命的状态。类别分析的深度，供方调研的深度以及需求的管理深度将决定类别管理的成败。

支出分析需要明确工作的主次，懂得抓大放小，才能初见成效。支出分析的结果不能完全以金额为导向，不是支出金额越高就越重要，需要结合企业发展的阶段性重点目标来判定其类别的重要性。支出分析能够让团队对下一步实现集团化供应链管理的优先次序有一个预判依据，并因此来制定管理的原则：哪些类别做集中采购；哪些类别是总部制定策略，地方执行策略……在支出分析的数据中，现金支出的范畴一定不能忽视。现金支出能够提示企业，哪些采购的范畴还没有真正管理好？是出现了应急采购，还是出现了可预见的采购支出？供应链管理部门的服务没有跟上？对现金支出的分析将为后面的 CCRC 养老社区的备用金管理与循环使用提供了一个良好的数据支撑。

4）做好总分协同的规划与布局

供应链管理的灵魂实质是类别管理策略。有了类别管理策略，再庞大的组织都有章可循，能够将类别管理策略贯穿始终。抓住供应链管理的实质，集团化形成间接采购管理就能做到形散而神不散，既能做到策略上统领全局，又能实现执行时因地制宜。

从下图的全国布局的 CCRC 养老项目供应链管理的总分关系中可以看出，从总部到地方，完全遵循类别管理策略，总部制定战略与策略，集中采购管理；外埠分支机构执行战略与策略的同时，因地制宜执行属地化采购管理。如此地集中与分散相结合，整体的供应链管理才可以实现全国一盘棋：标准化、可复制、可推广。

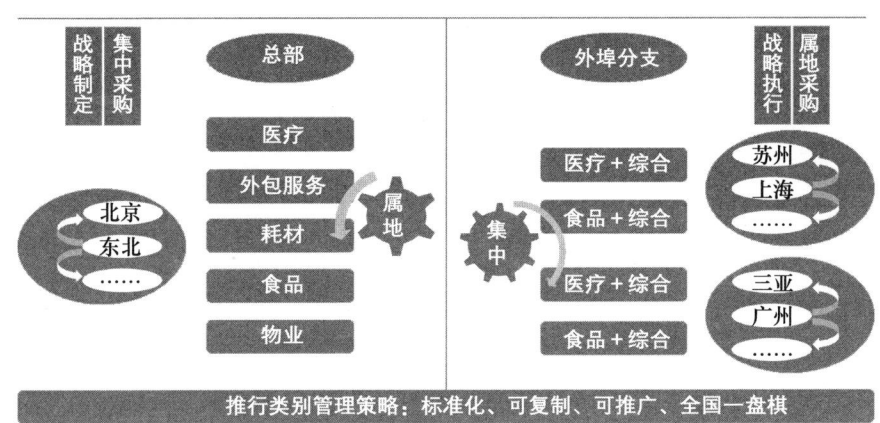

图 19.3-1　全国布局的 CCRC 养老项目供应链管理的总分关系图

2. 实施阶段

实施阶段需要做好以下标准动作：组织架构的规划与搭建；制度体系的编制、培训与实施；注重标准化的整体实施信息化；变革并对变革安排好优先次序；与需求部门、执行部门紧密衔接，按照既定计划协同执行；执行过程中强调过程管控。

1）组织架构的规划与搭建

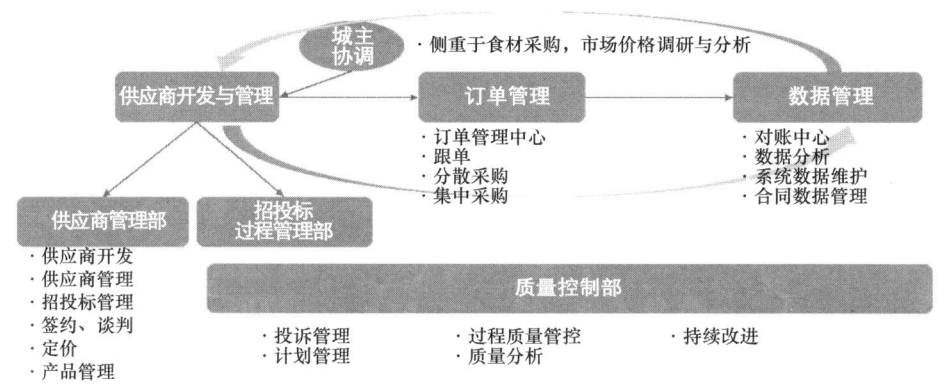

图 19.3-2　供应链管理部门的职能角色搭建的组织架构图

（a）供应商开发与管理中心

供应链管理部门中最核心的是供应商开发与管理中心，它好比企业的人力资源部门，招聘来什么样的员工，就会给企业带来什么样的成长空间。在一个企业迎接变革的时候，企业的 HR 往往都是先驱者，会制定一些超前的策略迎合未来的发展预期，供应商开发与管理部亦是如此。高度的专业化和信息化社会中，没有一家现代企业可以不依赖于外部供应商独立成长。选择外部供应商其实是利用外部的力量做强自己，外部供应商选的好企业才会如虎添翼。供应商开发与管理中心恰恰就是引入供应商，开发认证供应商，管理供应商的核心部门。供应链管理中一直强调的类别管理的专业性其实就是强调供应商开发与管理的核心竞争力。供应商开发与管理中心对内需要了解企业的战略和需求部门的需求，对外需要了解供方市场和成本定位。做强企业的供应商开发与管理中心并使之主动参与到需求管理中来，这个企业的供应链管理强大，部门一定会是一只强大的队伍。

鉴于外部供应商与企业的共同发展有一个磨合的周期，所以企业的管理者通常需要给予供应链管理部门 1～2 年的成长周期。这个周期内，供应商在学习甲方的管理模式，甲方也在与供应商一起共同成长。对待企业的供应链管理，一定不要漠视它客观的成长周期性。

（b）订单管理中心

不同的企业处在不同的发展阶段，管理的效率是有差异的，因此订单管理中心可集中管理，也可分散管理。在企业中，如果仅有一个单体的 CCRC 养老社区存在的时候，订单管理中心可以独立存在去支持一个社区的采购执行与订单管理。互联网的管理模式，已经超越了属地的物理局限性，因此当一个企业有两个或两个以上 CCRC 养老社区复制存在时，订单管理中心的职能一定要提升到总部，也就是集中管理订单，提升效率。注意，这里所说的是订单管理中心的职能提升到总部，而不是订单管理中心一定要提升到总部。基于运营成本的考虑，订单中心在物理属性上是可以游离于总部或者属地模式之外的，这要结合一个企业发展的历史去纵向考虑如何设置，设置在哪里。就像京东的呼叫中心设在宿迁，而不是北京一样，总有它的历史渊源。

（c）数据管理中心

数据管理中心是基于供应商开发与管理中心这个部门制定的核心战略，去执行数据管理的任务。任何一个标准化的动作，其思想都是来源于供应商开发与管理中心的核心类别经理的。因为类别经理对产品或者服务的理解最为深刻和专业，这一点企业必须给予足够的重视。很多企业在数据维护与管理过程中，往往背离了数据标准化的核心，使得系统的数据越来越失去了本应赋予的意义，最后形成理不清的数据垃圾。举例来说：食品采购是讲究分类的，不同类别的产品其报价周期是不一样的。根据高危食品、低危食品分类的管理，两者在考察供应商时采用的策略也是不同的。同一分类的产品，在遵守命名规则的前提下，系统里的数据总是可以调用和对比的，但是在给产品编码时，如果背离了当初制定的命名逻辑规则，就会使得系统的数据偏离了标准化的实质意义，越来越"不中用"。

真正高效的供应链管理部门能够做到组织透明化、扁平化、审批节点迅速且落地、系统高度流畅标准化。以专业化协作为基础，一切以业务为导向，以类别为导向。

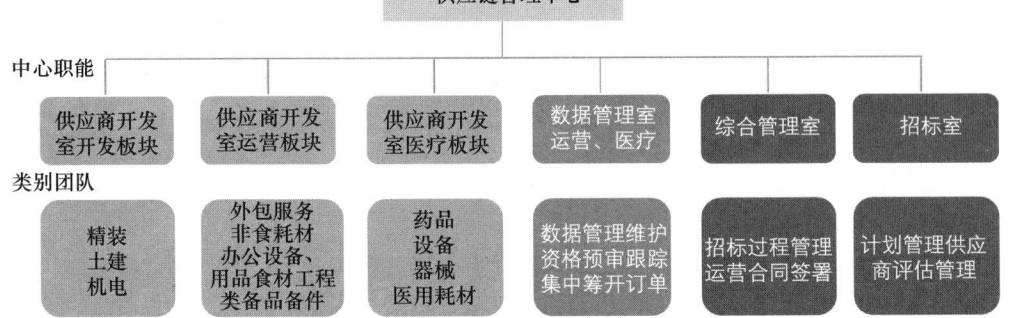

图 19.3-3　供应链管理中按照职能及类别管理策略搭建的组织架构图

2）制度体系的编制、培训与实施

　　企业供应链管理的组织架构规划与搭建完成之后，需要依据既定的组织架构编制严格的制度体系以确保其落地。企业供应链管理的制度体系有三层级内容：第一层级是各类管理制度，包含统辖类的管理办法，如供应商管理办法、战略采购管理办法、招投标过程管理办法等；第二层级是各类管理办法，包含各业务板块的招财管理办法，如建设工程类招标采购管理办法、设计服务类招标采购管理办法、运营医疗类采购管理办法等；第三层级是各类管理细则，包含各业务板块招采管理细则，如建设工程招标计划管理细则、设计服务类招标计划管理细则、医疗运营类管理细则等。企业供应链管理的制度体系编制完成后要对相应部门的员工进行培训，保证制度实施。需要注意的是，企业供应链管理战略中供应商管理办法需要公司整体运营 1～2 年后根据实际运营状态及结果制定。

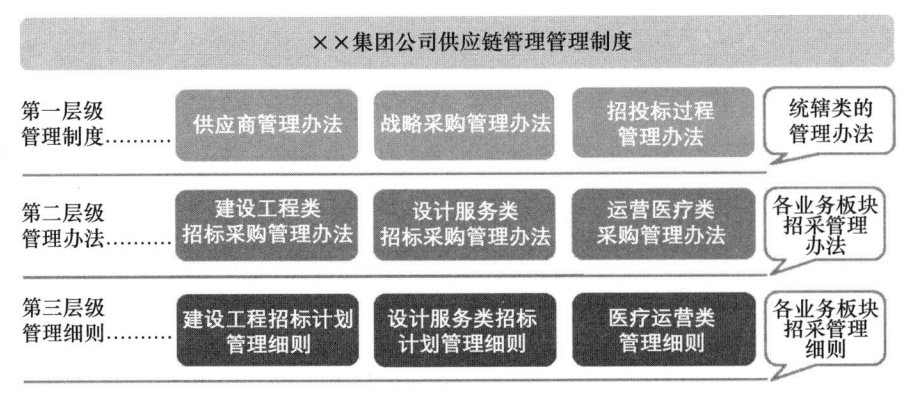

图 19.3-4　××集团公司供应链管理管理制度图

3）注重标准化及其整体实施

任何一个企业在实施信息化之前，都应该做好标准化。标准化的具体办法可以从以下两方面入手：

首先是业务流程重组，向标杆企业看齐，学习业内最佳实践的模式，根据业内最佳实践的模式，结合企业自身的情况，设定符合企业自身的模式。信息化变革离不开组织的变革与授权，离不开流程的优化与制度的实施。对于多业态的集团化公司，在养老社区成立之初，就应该充分考虑到把信息化嵌入到集团的信息化体系中来，否则后面的信息化统一工作将会面临很多现实的困难。

其次是强化专家组角色，才能做到类别管理的标准化。类别标准化有助于集团内部形成合力，一方面便于业务的开展与复制，便于成本的管控和标准化作业；另一方面由于标准化的管理使采购变得更加富有效力，能够降低管理成本和重复招采的频次。专家组是标准化的原动力，建议一个集团的专家组应该放在事业部之外，而不是事业部的内部。因为专家组只有独立于事业部之外才具备独立的发言权，才能起到独立专家团队的作用。专家组与供应链管理部门的协同将直接推动标准化过程，而这个过程本身，就决定了事业部的运营成本（采购成本、作业成本等）。所以我们通常推行标准化，不能简单地一刀切，而要将产品分级别，事业部按照在市场中的定位与成本预算，来决定选择哪个级别的产品或者服务。当然所有的标准化过程，也需要请事业部的使用部门或者需求部门参与进来，客户的需求与体验也是不能忽视的。标准化的过程可以逐步推进，逐年改善。一般养老社区在运营平稳的两年内，基本可以完成标准化的过程。然后随着经营方向及成本的调控，不断地优化，螺旋提升。

另外，专家组除了主导产品或服务标准化的过程之外，也能够指导养老社区各专业条线的运营与作业指导流程，从而实现标准化流程在集团内部推广与复制的过程，提升整体管理的品质；也能够在一线和事业部对某类产品或者服务提不出明确的需求时，给予更专业的技术层面的指导和分析。很多服务性企业，比如索迪斯，之所以其模式可以成功在全球八十多个国家复制，很大程度上归功于分布全球的主导着每一个专业条线的标准化管理的六个专家中心。

针对养老社区的类别管理与标准化管理，总结如下：

（a）类别管理：策略化、数据化、标准化、可复制、可优化；

（b）明确品类管理责任人，专家指导标准化；

（c）医疗板块和养老板块外包服务共享，制定标准，监管标准执行、差异化管理；

（d）总分联动，集中采购与属地采购结合、不断优化；

（e）需求标准化带动作业指导流程标准化，循环往复，不断优化。

4）实施信息化变革并对变革安排好优先次序

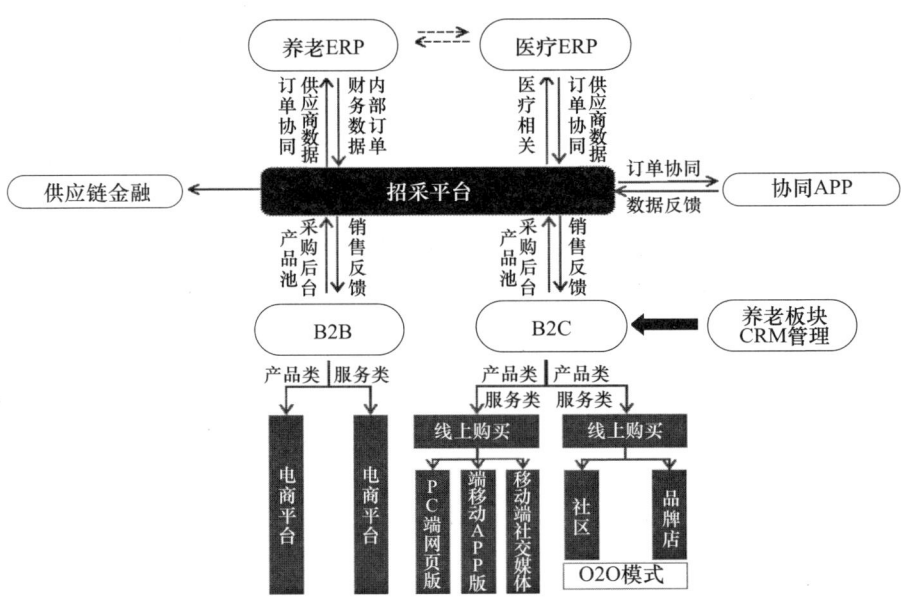

图 19.3-5　CCRC 养老社区供应链管理信息化规划图

信息化程度关联企业的命脉，是企业占领战略落地、效率提升、模式创新制高点的利器。供应链管理最讲究的是协同，这不仅仅是企业内部的协同，更有与供应商的协同。所以敏捷的供应链管理，一定要以信息化建设为基础。同时，当今社会的信息化发展日新月异，信息化建设也要安排好优先次序、分清轻重缓急，不断变革。

5）与需求部门、执行部门紧密衔接，按照既定计划协同执行

供应链管理部门应该明白所有的招标采购及订单管理都不是某一个部门的事情。对需求部门的接口必须明确，需求部门的授权必须清晰，这一点最关键。出现问题时，往往乱的不是本部门，而是其他相关部门，诸如授权不清晰及决策人或者决策组织不清晰等原因造成的。因为制定制度和系统的时候，需要把需求部门的岗位都设定好。在具体的执行中，招采项目的完成需要与前中后台通力协同推动招采计划的落地。

服务于需求部门，协同于相关内部客户，才是真正的供应链管理。没有协同的供应链管理如同自说自话。间接采购的需求管理比直接采购的需求管理要难很多，尤其需要强大的沟通能力和团队协作能力。需求不是供应链管理部门闭门造车决定的，在需求不清晰的情形下，协同各相关部门的力量制定能够得到需求方认同的解决方案并确认的过程，才是真正的需求管理，才是供应链管理部门的价值所在。

养老社区筹开时，非房产类部品的筹备通常需要半年左右的时间。整个过程就是按照总控计划执行招采协同与管理的过程。招采是对于计划内的新增需求而言，订单流转则是针对日常消耗的物资或者服务。如此循环往复，一个社区筹开与运营的过程就随之展开了。

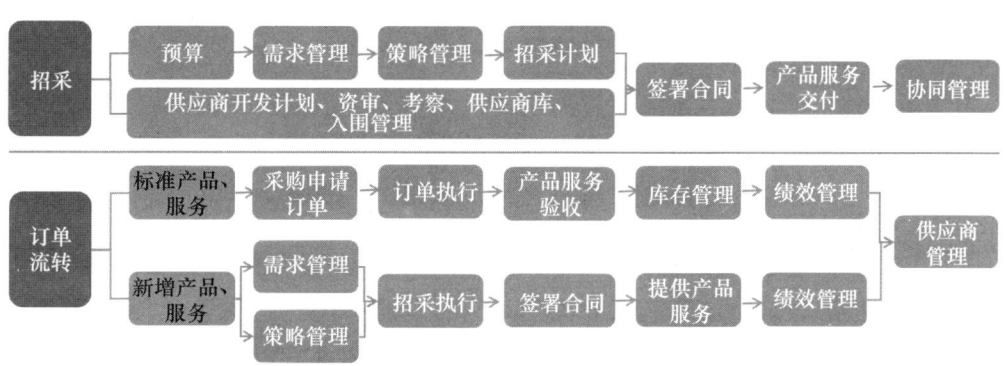

图 19.3-6　供应链管理中招采和订单流转的流程图

6）执行过程中强调过程管控

制定了缜密的计划并且按照计划执行不代表就可以高枕无忧了，还要在执行过程中进行过程管控。有些企业在项目发展初期没有注意到过程管控的重要性，严重掣肘了项目的后续发展。比如业内很多集团化公司都是在子公司发展的很强大的时候才考虑集团化管控，这时候很多基础数据已经很难实现数据互联互通，最后只能被动地退而求其次，只抓取财务数据，将财物数据集中。这样的情形，其实是失去了一次集团化管理优化供应链的机会。

采购招标的三级管控表　　　　　　　　　　　　　　表 19.3-1

流程阶段	内容
一级计划	项目全周期总控计划：包含所有分项目启动及完成的时间节点、责任部门、责任人、预算
二级计划	所有分项目的关键节点计划：具体预算、需求部门、责任部门、协同部门、协同小组
三级计划	每一个项目的具体招标采购实施计划：包含预算、团队、供应商开发与考察、供应商筛选、入围、招投标过程、签署合同、采购执行等全部细节

××××项目供应商资审筛选及招采购过程文件目录　　表 19.3-2

企业主体：	××××××××
需求类别：	××××
创建人：	×××
日期：	××××-××-××

1. 供应商资审过程文件

序号	阶段	名称	是否有	备注
1.1	供应商资审	生产型供应商基本信息调查表		
1.2		销售型供应商基本信息调查表		
1.3		服务型供应商基本信息调查表		
1.4		供应商财务状况表		
1.5		供应商法务类承诺书		
1.6		供应商资信类承诺书		
1.7		供应商资证要求表		参考使用

2. 供应商筛选及招采过程文件

序号	阶段	名称	是否有	备注
2.1	提交需求	泰康之家采购需求申请表	有	OA 呈批
2.2	供应商筛选	需求沟通会议会议纪要	有	
2.3		供应商长名单	有	
2.4		资质文件记录	有	
2.5		供应商考察报告	有	选择提供
2.5.1		供应商考察报告 生产型行业特殊认证（需求沟通会共同讨论）加项	有	选择提供
2.6		技术或样品测试报告	无	选择提供
2.7	供应商筛选	供应商筛选标准	有	
2.8		入围供应商名单	有	

续表

序号	阶段	名称	是否有	备注
2.9	供应商招采过程管理	供应商技术标准排他性确认	有	医疗设备、IT 设备必须
2.10	供应商招采过程管理	综合评估表		
2.11	供应商招采过程管理	技术方案评估表		选填
2.12	供应商招采过程管理	商务方案评估表		
2.13	供应商招采过程管理	商务报价表（产品类）		选填
2.14	供应商招采过程管理	商务报价表（服务类）		选填
2.15	供应商招采过程管理	招采谈判过程评审报告		选填
2.16	供应商招采过程管理	签约供应商名单		
2.17	招采过程文件归档	归档记录表		

供应商筛选及招采过程文件归档记录表　　表 19.3-3

合同编码			合同名称		
买方			卖方		
采购内容			合同形式	☐	框架协议
合同有效期	××××-××-×× 至 ××××-××-××			☐	一次性采购
合同金额			项目预算金额		
付款方式			合同经办人		
采购形式			供应商筛选及招采过程文件		
	☐	简易招标	提交需求	☐	2.1 ××社区采购需求申请表
	☐	询比价	供应商筛选	☐	2.2 需求沟通会议会议纪要
	☐	直接委托	供应商筛选	☐	2.3 供应商长名单
	☐	零星采购	供应商筛选	☐	2.4 资质文件记录
	☐	紧急采购	供应商筛选	☐	2.5 技术或样品测试报告
供应商资审过程文件			供应商筛选	☐	2.6 供应商考察报告
资审	☐	1.1 生产型供应商基本信息调查表	供应商筛选	☐	2.7 供应商筛选标准
资审	☐	1.2 销售型供应商基本信息调查表	供应商筛选	☐	2.8 入围供应商名单
资审	☐	1.3 服务型供应商基本信息调查表	招采过程管理	☐	2.9 综合评估表
资审	☐	1.4 供应商财务状况表	招采过程管理	☐	2.10 技术方案评估表
资审	☐	1.5 供应商法务类承诺书	招采过程管理	☐	2.11 商务方案评估表
资审	☐	1.6 供应商资信类承诺书	招采过程管理	☐	2.12 商务报价表（产品类）
资审	☐	1.7 供应商资证要求表	招采过程管理	☐	2.13 商务报价表（服务类）
其他事项			招采过程管理	☐	2.14 招采谈判过程评审报告
其他事项			招采过程管理	☐	2.15 签约供应商名单

3. 优化阶段

优化阶段需要对于供应链管理的全过程及节点不断复盘和优化，抓住供应商绩效管理的主旋律，抓住关键指标，不断与供应商共同提升质量与效率，使得公司内部与外部形成有机的融合，部门内部与外部形成有机的融合。

供应链管理质量管理报告样例　　　　　　　　　　表 19.3-4

- 供应商质量（2018 年 6 月）：
- **XX 养老社区**：验收合格率××%，准时交付率××%。
- **YY 养老社区**：验收合格率××%，准时交付率××%。
- **XX、YY 养老社区**均无运营类供应商质量异常事件上报

- **XX 康复医院**：药品供应商准时交付率××%，医疗耗材供应商准时交付率××%。
- **YY 康复医院**无运营类供应商质量异常事件上报

- 供应链运营质量：
- **XX 养老社区**：第二季度平均库存××万元；食品类平均库存周转天数××天，较第一季度大幅下降；非食品类平均库存周转天数××天，较第一季度大幅下降。
- **YY 养老社区**：第二季度平均库存××万元；食品类平均库存周转天数××天，较第一季度大幅下降，并趋于较好水平；非食品类平均库存周转天数××天，较第一季度有所增加

- **XX 康复医院**：第二季度末库存××万元；药品平均库存周转天数××天，较第一季度大幅下降；医疗耗材平均库存周转天数××天，较第一季度大幅下降；其余库存为日杂用品。
- **YY 康复医院**：第二季度末库存××万元；药品平均库存周转天数××天，较第一季度大幅上升；医疗耗材平均库存周转天数××天，较第一季度大幅上升；其余库存为日杂用品

在优化阶段要注意，对于集团的集中采购与一线社区自行采购，不能简单地划线，必须经过一段时间的磨合后逐步形成如表 19.3-5 所述的规则。这既能给一线灵活度，又能在每个月供应链与社区协同复盘的时候，发现问题，解决问题。标准化产品库中的项目越多，社区的运营越不被动。一般来讲，社区从开业至平稳运营两年后，新增、突发的需求就很少了，绝大部分的需求，都能在标准化产品库中找到。这就是供应链管理的价值所在。

供应链管理的集团化采购与社区自采的对比分析　　　　表 19.3-5

采购类别	集团化采购	社区自采
核心特点	以类别为导向集团化集中管控	零星物资及紧急需求采用自采
采购流程	1. 类别专家团队； 2. 制定类别管理策略； 3. 标准化数据库、持续优化； 4. 集中管控订单； 5. 供应链全过程质量管控	1. 采购与财务无缝衔接、紧密合作； 2. 严格定义现金采购（零星采购）、紧急采购的管理原则、办法。例如：审批流程、类别、金额、报销、备用金…… 3. 虚拟物料管理：月度盘点、系统数据分析、标准化进系统、标准订购流程（不断优化数据库）； 4. 现金采购申请：采购中心知会、执行后走备用金报销流程（采购中心签字确认）； 5. 备用金月度循环、年度盘点后，再审批备用金额度